NOTIONS ÉLÉMENTAIRES

# D'HISTOIRE NATURELLE

IMPRIMERIE DE PILLET FILS AINÉ, RUE DES GRANDS-AUGUSTINS, 5.

# NOTIONS ÉLÉMENTAIRES

# D'HISTOIRE NATURELLE

RÉDIGÉES

## D'APRÈS LES PROGRAMMES ARRÊTÉS LE 9 AOUT 1852

A L'USAGE

Des élèves des Lycées, des Petits Séminaires,
des Écoles primaires et des aspirantes au brevet de capacité

## Par A. SALACROUX

Docteur en médecine de la Faculté de Paris, professeur
d'histoire naturelle au lycée Saint-Louis, auteur des *Nouveaux
Éléments d'histoire naturelle*.

# PARIS

CHEZ COCCOZ, LIBRAIRE-ÉDITEUR,

RUE DE L'ÉCOLE DE MÉDECINE, 30.

1852

# NOTIONS ÉLÉMENTAIRES

# D'HISTOIRE NATURELLE

## CONSIDÉRATIONS GÉNÉRALES.

L'*Histoire naturelle* est cette partie des sciences physiques, qui a pour objet la connaissance des corps existant naturellement sur la terre ou dans son sein, et qui apprend à les distinguer entre eux.

Il n'y a pas longtemps encore, on divisait de prime abord les corps terrestres en trois grandes sections ou *règnes ;* les *minéraux,* les *végétaux* et les *animaux ;* et l'on disait des premiers qu'ils *croissent,* des seconds qu'ils *croissent* et *vivent,* des troisièmes qu'ils *croissent, vivent* et *sentent :* MINERALIA CRESCUNT, disait le célèbre Linné, VEGETABILIA CRESCUNT ET VIVUNT, ANIMALIA CRESCUNT, VIVUNT ET SENTIUNT.

Cette définition aphoristique paraît d'abord excellente : mais quand il s'agit de l'appliquer, elle n'est pas, à beaucoup près, aussi facile en pratique qu'en théorie. En effet, il est des plantes qui semblent jouir de la faculté de sentir ; les pétales de la *dionée attrape-mouche* (*Dionœa muscipula*), se contractent quand ils sont touchées par un insecte, et le percent de leurs aiguillons, si une prompte fuite ne le soustrait à leur atteinte. Qui n'a entendu parler des mouvements de la *sensitive* (*mimosa sensitiva*), lorsqu'elle est exposée, nous ne dirons pas au contact d'un corps solide, mais à la simple influence d'une ombre, comme celle d'un nuage qui passe ? Or, peut-on dire raisonnablement que ces deux plantes, et plusieurs autres analogues, sont entièrement dépourvues de sensibilité ? Ou bien résoudrait-on la difficulté, en disant que ce n'est pas de la sensibilité, mais seulement de l'*irritabilité* et de l'*excitabilité* ? Quand on se paye de mots, on peut se contenter de ces explications; mais quand nous cherchons une différence réelle entre l'irritabilité ou l'excitabilité d'une part, et la sensibilité de l'autre, nous avouons que nous n'en trouvons aucune. Toutefois, dans les exemples que nous venons de rapporter, on peut aisément dire que les plantes citées sont tellement faciles à reconnaître qu'il n'est personne, même parmi les plus ignorants, nous dirions presque les plus stupides, qui ne puisse pratiquement les distinguer, malgré leur sensibilité apparente ou réelle, des animaux les plus disgraciés et les moins sensibles.

Mais il est d'autres êtres dont la nature est beaucoup plus douteuse, et dont les propriétés caractéristiques sont incomparablement moins faciles à saisir; nous citerons entre autres les corallines, les éponges et plusieurs autres espèces intermédiaires aux animaux et aux plantes. Leur nature est tellement ambiguë, que les naturalistes les plus distingués ont hésité et hésitent encore sur la place qu'ils doivent leur assigner, les uns les regardant comme des végétaux, les autres comme des animaux inférieurs.

Ces difficultés ardues, pour ne pas dire insurmontables, jointes à de nombreux rapports qui unissent ensemble le règne animal et le règne végétal, ont engagé les naturalistes de nos jours à réunir ensemble ces deux règnes en un seul, et à ne former que deux règnes des corps de la nature : le *règne organique*, comprenant les animaux et les végétaux, et le *règne inorganique*, qui ne renferme que les minéraux.

Si cette réunion de deux règnes en un avait besoin d'être justifiée, il ne serait pas difficile de trouver d'excellentes raisons qui établissent les ressemblances qui rattachent les animaux aux végétaux, et les différences qui distinguent les uns et les autres des corps inorganiques.

### § I. *Rapports des animaux et des végétaux.*

Lorsqu'on examine un animal ou un végétal, soit extérieurement soit à l'intérieur par la dissection, on voit que les parties qui composent son corps sont presque toutes *hétérogènes*, ou de nature différente ; c'est, à l'extérieur, une enveloppe (la *peau* ou *l'écorce*) protégeant les parties intérieures ; au dedans, un assemblage de parties solides et liquides, dont les proportions varient dans les diverses espèces de corps.

Telle est la structure que nous présentent l'animal et le végétal le plus simple ; telle est aussi celle que nous offrent en dernière analyse les espèces les plus composées. On doit donc regarder chacun de ces êtres comme une combinaison plus ou moins compliquée de solides et de liquides, qui agissent les uns sur les autres, et qui produisent, par cette action réciproque, un mouvement intérieur dont on ignore la nature, mais dont ils sont évidemment les agents; c'est à ce mouvement que l'on donne le nom de *vie*. Les plantes et les animaux sont par conséquent également doués de cette propriété étonnante, et méritent à pareil titre le nom de *corps vivants*. Il n'est donc pas exact d'appliquer cette dénomination aux animaux, d'une manière exclusive, comme on le fait quelquefois; elle leur appartient sans doute, mais elle leur est commune avec les végétaux : aussi les naturalistes ne s'en servent-ils que lorsqu'il s'agit de désigner collectivement ces deux sortes d'êtres.

Il est facile de voir, d'après ce que nous venons de dire, que la *vie* n'est pas une entité ou un être réel, existant indépendamment des corps qui en sont doués; elle n'est que le résultat ou l'effet de l'action des parties constituantes de certains corps particuliers; elle est, comme l'a dit le professeur Richerand, *l'ensemble des phénomènes qui se passent dans les corps organisés durant un temps limité.* C'est donc avec raison que les diverses parties de ces corps, qui sont les seuls agents de ces phénomènes, ont reçu le nom d'*organes*, qui veut dire instruments, et que la réunion et la disposition variée qu'elles affectent dans chaque corps a été nommée *organisation*. Ainsi les mots *vivant* et *organisé* sont des termes tout à fait synonymes, dont le premier exprime l'effet et le second la cause.

Quoique la *vie* soit le résultat du concours de tous les

organes réunis, chacun d'eux a une destination spéciale et une action qui lui est propre : cette action porte le nom de *fonction*. Ainsi la glande lacrymale produisant les larmes, les muscles exécutant les mouvements, etc., on dit que la fonction de la grande lacrymale est la production des larmes, celle des muscles est l'exécution des mouvements, etc. Il est clair, d'après cela, qu'il ne saurait y avoir de *fonction sans organe*, et tout dérangement dans une fonction suppose nécessairement une altération dans l'organe qui l'accomplit.

Tous ces corps vivants ont besoin de se *nourrir*, c'est-à-dire de s'approprier des matières étrangères qu'ils assimilent à leur substance, et qu'ils incorporent à leurs organes ; il est facile de concevoir pour eux cette nécessité. Tous les corps organisés, les animaux comme les végétaux, sont doués de la vie, c'est-à-dire d'une activité particulière, qui exige le concours de plusieurs organes ; or, n'est-il pas évident que ces organes sont, par le seul fait de leur action, sujets à s'altérer, à s'user? Si donc cette altération et cette usure n'étaient réparées, à mesure qu'elles se font, la machine organisée, si l'on peut s'exprimer ainsi, serait bientôt hors de service et impropre à l'entretien du mouvement vital. Le but de la *nutrition* est d'empêcher ce résultat destructeur, en attirant du dehors au dedans du corps les matériaux propres à réparer les pertes que les organes éprouvent en remplissant leurs fonctions.

Un autre rapport entre les animaux et les végétaux, rapport qui dépend de leur structure organique, c'est la *fixité de la forme* et du *volume* de leur corps pour

tous les individus d'une même espèce. Tous ces individus, en effet, doivent être composés des mêmes organes ;
et comme ces organes sont dans une dépendance mutuelle, puisque, comme l'a dit le philosophe Kant, la
raison de l'existence de chacune des parties d'un corps
organisé se trouve dans leur ensemble, il est évident
que ces organes doivent toujours être disposés de la
même manière les uns par rapport aux autres ; leur
*forme* doit donc être la même, et doit être aussi rigoureusement déterminée par celle de leurs organes considérés isolément. Il en est de même de leur *volume* ;
comme chacun des organes qui composent le corps organisé est à peu près de la même dimension dans tous
les individus de la même espèce, il s'ensuit que le volume général de ce corps doit être déterminé par celui
des organes qui le constituent, et ne peut varier que
dans des limites très-bornées, sans que la nature du
corps change.

Un dernier rapport qui unit les animaux aux végétaux, c'est celui de leur *fin.* Tous les êtres organisés,
par cela même qu'ils sont formés d'organes actifs et
destructibles, doivent nécessairement *mourir* après un
temps variable, mais limité pour chacun d'eux à des
bornes qu'ils ne dépassent que rarement, et en deçà desquelles ils ne restent que par des circonstances acciden-
telles ; leur *durée* est donc bornée et non indéfinie.

§ II. *Différences des corps organisés et des corps
bruts.*

Si maintenant nous voulons comparer les êtres organisés aux minéraux sous ces mêmes rapports, nous trouverons que ces êtres sont entièrement différents.

D'abord en examinant leur *structure*, nous ne trouvons, dans la disposition des parties du minéral, rien que l'on puisse assimiler à l'organisation ; toutes ces parties sont parfaitement *homogènes* ou semblables ; le minéral est donc *inorganique* et dépourvu d'organes. Qu'on divise un bloc de cristal en autant de fragments que l'on voudra, chaque fragment ressemblera aux autres par sa nature ; il sera composé de *quartz* comme le bloc entier. De plus, chacun de ces fragments a une existence indépendante de celle des autres, et, selon l'expression de Kant, a en lui-même la raison de son existence ; c'est pour cela que le minéral est ou solide ou liquide ou gazeux, selon le plus ou moins d'élévation de la température, et ne saurait offrir, étant exposé à un degré de chaleur déterminé, une consistance partie solide, partie liquide ou gazeuse, comme cela s'observe naturellement dans tous les corps organisés.

En second lieu, un minéral peut *croître* aussi bien qu'un corps organisé ; mais son mode *d'accroissement* n'est pas le même ; tandis que ce dernier se *nourrit* en *introduisant dans son intérieur* des substances *étrangères* qu'il s'incorpore, le premier attire, en vertu des lois de l'affinité, des molécules semblables à celles qui le constituent et qui se placent à sa *surface extérieure*. Ce phénomène a reçu le nom de *cristallisation* ou d'*agrégation*, selon que les molécules se disposent régulièrement ou sans régularité.

Troisièmement, la *forme* et le *volume* des minéraux

n'offrent aucune fixité : d'abord l'indépendance mutuelle de leurs parties constituantes en rend la disposition tout à fait indifférente ; la forme générale du tout l'est donc également. Que le marbre ait la forme d'une statue, d'un piédestal, d'un mortier, etc., ce sera toujours du marbre ; la *forme* est donc pour eux une propriété tout à fait accessoire. Il en est de même relativement au *volume ;* ce dernier peut devenir excessivement grand ou demeurer excessivement petit, sans que la nature du minéral soit altérée.

Enfin, les minéraux, étant dépourvus d'organes et par conséquent d'activité vitale, ne sont pas sujets à s'user ; et s'ils s'altèrent, c'est par l'action des corps qui les entourent ; ils sont réellement *inaltérables* par eux-mêmes et ne peuvent mourir ; leur *durée* est donc illimitée.

### § III. *Différences des animaux et des végétaux.*

Les animaux et les végétaux se distinguent à leur tour par des caractères importants, quoique moins tranchés que les précédents.

Ainsi, les uns vivent sans avoir la conscience de leur existence ni de celle des objets qui les entourent : ils n'exécutent d'autres mouvements que ceux qui résultent de l'exercice de leurs fonctions nutritives ou génératrices, et cela sans que leur volonté paraisse y prendre aucune part : ils sont complétement dépourvus de la faculté de *sentir* et de *se mouvoir*, et n'ont par conséquent pas d'organes spéciaux ni pour sentir ni pour se mouvoir. Les autres, doués de cette double faculté, sont impressionnés par tout ce qui les environne, et selon les

impressions qu'ils en reçoivent, ils peuvent s'en rapprocher ou s'en éloigner à leur gré : ils ont par conséquent
des organes particuliers pour l'exercice de l'une ou de
l'autre faculté. Et comme ces êtres sont sujets à se déplacer, et peuvent se trouver dans des circonstances où
ils n'ont pas d'aliments à leur portée, il leur faut de plus
un réservoir intérieur, où ils conservent continuellement des provisions de nourriture : ce réservoir a reçu
le nom de *cavité alimentaire ou digestive*, espèce de
poche formée par la rentrée de la peau dans l'intérieur
du corps.

Telles sont les principales différences qu'offrent les
corps vivants, et qui ont déterminé les naturalistes à
diviser le règne organique en deux règnes secondaires;
celui des ANIMAUX, qui ont en partage la faculté de
*sentir*, de se *mouvoir* et de *digérer*, et celui des VÉGÉ-
TAUX qui sont privés de ce triple attribut. Mais si ces
différences sont les principales, elles ne sont pas à beaucoup près les seules.

Ainsi, relativement à la *structure*, nous savons que
le corps des uns et des autres est organisé, et résulte
d'une combinaison de parties solides et de parties liquides, dont la proportion détermine le degré de consistance de l'organisme. Mais, chez les animaux, la partie
liquide forme généralement, à elle seule, les dix-neuf
vingtièmes de la masse, quelquefois davantage ; tandis
que, dans les végétaux, la partie solide l'emporte en volume et en poids sur la partie liquide. On sait en effet
qu'en faisant dessécher dans un four le cadavre d'un
homme du poids de cent trente livres, on le réduit à

1 *

quelques livres pesant, parce que les liquides s'évaporant, il ne reste plus que les solides. La diminution serait encore plus forte si l'on faisait dessécher de même un poisson, un mollusque et surtout un zoophyte. Au contraire, un végétal soumis à la même dessiccation, tout en perdant une grande partie de son poids, en conserverait beaucoup plus. Ne savons-nous pas que les poutres, qui entrent dans nos constructions, se conservent intactes pendant plusieurs siècles? et sans prendre des exemples dans des végétaux aussi compactes, le foin que nous serrons dans nos greniers, perd-il un poids comparable à celui que perd le cadavre dont nous avons parlé?

La *composition organique* des animaux en général est beaucoup plus compliquée que celle des plantes : indépendamment des appareils nécessaires à l'exercice de la sensibilité et de la motilité, que nous savons être l'apanage exclusif des animaux, ces derniers ont plus d'organes pour les fonctions qui leur sont communes avec les végétaux. Ainsi, chez eux, l'élaboration des aliments est opérée par leur mélange avec un grand nombre de liquides, produits par des glandes (le foie, le pancréas, etc.) qui n'existent pas chez les espèces de l'autre règne. Il en est de même pour la circulation, la respiration, etc.

La *composition chimique* est également différente : dans les végétaux, on ne trouve en général que trois principes médiats ou trois sortes de matières, savoir : l'oxygène, l'hydrogène et surtout le carbone. Dans les animaux, au contraire, nous trouvons constamment les trois principes précédents, et de plus de l'azote, dont les proportions sont même supérieures à celles des trois autres éléments. Ainsi dans les animaux nous avons un principe de plus, et c'est l'azote qui prédomine ; tandis que les végétaux nous offrent un élément de moins, et sont principalement composés de carbone.

La *décomposition*, après la mort, s'opère aussi d'une manière différente ; ce qui du reste s'explique très-bien par la différence de structure et de composition chimique. Comme dans les animaux ce sont les liquides et l'azote qui sont en plus grande proportion, et que ces corps sont éminemment volatils, il s'ensuit que leurs cadavres doivent tomber rapidement en putréfaction, et se décomposer en leurs éléments. C'est le contraire dans les végétaux : comme ce sont les solides et le carbone qui prédominent, leur décomposition, après la mort, est et doit être beaucoup plus lente que celle des animaux.

Il résulte de la comparaison que nous venons de faire des *animaux*, des *végétaux* et des *minéraux*, que l'ensemble des corps qui se trouvent naturellement à la surface de la terre ou dans son sein, forme trois règnes, appelés *zoologie*, *phytologie* ou *botanique* et *minéralogie*.

# ZOOLOGIE.

L'étude des animaux embrasse la connaissance des organes qui composent leurs corps, et celle des fonctions que ces organes accomplissent. En les analysant avec soin, on observe que ces organes et ces fonctions se rapportent à deux ordres, ceux de *nutrition* et ceux de *relation*.

### Fonction de nutrition.

Cette fonction a pour objet l'entretien, le développement et la réparation des organes, à mesure qu'ils s'usent.

Le principal agent de la nutrition chez les animaux, est le *sang*. Ce fluide, qui contient les éléments de tous les organes, continuellement apporté par les vaisseaux dans les différentes parties du corps, fournit à chacune d'elles les matériaux nécessaires à leur développement et à leur entretien, et leur enlève en même temps les débris que l'usure en a détachés pour les amener au dehors : c'est dans ce mouvement que consiste la *circulation*. Cette fonction a pour agents principaux le *cœur*, qui met le sang en mouvement, les *artères*, qui le portent du cœur aux autres organes, et les *veines* qui de ces organes le ramènent au cœur.

On conçoit qu'il doit y avoir une grande différence de composition entre le sang qui doit servir à la nutrition et celui qui a déjà servi à cet usage. Le premier contient des principes que n'a pas le second ; et ce dernier est chargé de débris organiques qui ne se trouvent pas dans l'autre ; aussi lui a-t-on donné dans ces deux états deux noms différents : celui de sang *artériel* dans le premier, et celui de sang *veineux* dans le second.

Ce dernier ayant fourni aux organes les principes vivifiants et s'étant chargé de leurs débris usés, ne peut plus servir à la nutrition avant d'avoir réparé les uns et de s'être débarrassé des autres ; tel est le but de la *respiration*, fonction dans laquelle l'air, agissant sur le sang, lui rend ses éléments nutritifs et lui enlève ses débris organiques.

Pour que la respiration s'accomplisse, il faut que le sang veineux soit mis en contact avec l'air dans un organe spécial ; c'est ordinairement une cavité intérieure, qui communique d'une part avec le cœur d'où il reçoit le sang, et de l'autre avec l'air atmosphérique ; de manière que ce dernier puisse agir sur le fluide nourricier, lui rendre les propriétés qu'il a perdues, lui enlever les débris organiques qu'il contient, en un mot le transformer en sang artériel.

Observons, en parlant de la respiration, qu'elle peut être accomplie par deux sortes d'organes principaux : les *poumons* avec lesquels l'animal respire l'air en nature, comme cela a lieu pour l'homme, les quadrupèdes, les oiseaux, etc.; et les *branchies*, qui sont propres aux espèces aquatiques, et qui servent à extraire de l'eau le peu d'air qu'elle contient ; nous trouvons ces sortes d'organes chez les poissons, les mollusques, etc.

Le sang veineux et le sang artériel se transforment sans cesse l'un dans l'autre; mais, comme ils ne doivent pas se mêler ensemble, il ont chacun un cœur particulier; un *cœur droit*, qui reçoit le sang veineux à mesure qu'il arrive des différentes parties du corps et qui le lance dans l'organe respiratoire, et un *cœur gauche* qui reçoit le sang artériel qui vient de respirer et qui l'envoie aux divers organes qu'il doit nourrir. Il y a donc réellement deux sortes de circulation, la *circulation pulmonaire* ou *branchiale*, qui a pour centre le cœur droit, et envoie le sang veineux à l'organe respiratoire, et la *circulation générale* qui reçoit l'impulsion du cœur gauche et lance le sang artériel dans toutes les parties du corps.

Mais si la respiration redonne au sang les propriétés qu'il avait perdues en servant à la nutrition, elle ne peut le faire que pendant un certain temps. A force de réparer les organes, ce liquide finit par s'épuiser, et il ne reprend plus les qualités nutritives par un simple contact avec l'air; il faut qu'il reçoive des aliments plus substantiels; c'est par la *digestion* que s'opère cette seconde espèce de réparation.

Cette fonction s'accomplit dans cette cavité intérieure, dans laquelle l'animal tient toujours de la nourriture en réserve pour les moments où il n'en a pas à sa portée. Cette cavité porte le nom de canal *alimentaire* ou *digestif*, parce qu'elle sert de réservoir aux aliments, et qu'en même temps elle les digère et leur fait subir les altérations convenables pour les rendre propres à être mêlés au sang. Elle communique ordinairement au de-

hors par deux ouvertures, la *bouche* et l'*anus*, par lesquelles elle reçoit la nourriture et en rejette le résidu
ou la partie qui n'a pu être digérée et qui forme les
*excréments.*

Pour que les aliments deviennent propres à être in-
corporés aux organes, le canal digestif présente dans sa
longueur divers renflements, dont les principaux sont
la *bouche* et l'*estomac*, dans lesquels ils séjournent plus
ou moins longtemps, et dans le voisinage desquels sont
placées des *glandes*, qui produisent les liquides nécessaires pour en faciliter la digestion. C'est ainsi qu'on
trouve dans la bouche les glandes *salivaires* dont le
produit (la *salive*) imbibe et ramollit la nourriture. De
même, les parois de l'*estomac* sont remplies de petites
glandes qui, pendant la digestion, versent dans son intérieur le *suc gastrique*, liquide analogue à la salive et
qui, s'unissant aux aliments, les change en une pâte
molle, appelée *chyme*. Au delà de l'estomac se rencontrent le *foie* et le *pancréas*, autres glandes qui produisent la *bile* et le *suc pancréatique*, lesquels mêlés au
chyme le séparent en deux portions bien distinctes ; les
*excréments* qui sont rejetés au dehors par l'*anus*, et le
*chyle* qui est un liquide laiteux, renfermant la partie
nutritive des aliments.

Le chyle une fois formé est pompé par une multitude
innombrable de petits canaux (*vaisseaux chylifères*) qui
ont leur orifice dans l'intérieur même du canal alimentaire et vont le porter dans un réservoir, nommé *cana*
*thoracique*. Celui-ci le verse dans une *veine* dans laquelle
il se mêle avec le sang, et qui va le porter dans le cœur

droit, pour qu'il aille à l'organe respiratoire subir l'action vivifiante de l'air; c'est alors seulement qu'il peut servir à la nutrition de l'animal.

### *Fonction de relation.*

Cette fonction sert à mettre les animaux en rapport avec le monde extérieur, c'est-à-dire avec les objets qui les environnent. Ces rapports s'établissent de deux manières, par la *sensibilité* et par la *motilité*. Par la première, ils sont informés des impressions que les objets exercent sur eux, et par la seconde, ils s'en rapprochent ou s'en éloignent, selon la nature de ces impressions.

Quoique le but de ces deux fonctions soit bien distinct, elles sont cependant dans une telle dépendance mutuelle qu'elles ne sauraient exister séparément. Que serait en effet un animal exposé à toutes les impressions extérieures et privé du mouvement volontaire? Qu'on se figure ses transes et ses angoisses à la vue d'un danger qu'il ne pourrait éviter, et ses privations à l'aspect d'un objet convoité qu'il ne saurait atteindre! Celui qui sans avoir la sensibilité aurait la motilité, jouirait-il d'un meilleur sort? Livré à des mouvements désordonnés, sans guide pour se diriger, il se jetterait dans des dangers inévitables, au milieu desquels il ne pourrait tarder à trouver la fin de sa malheureuse existence. Aussi ces deux facultés sont-elles toujours développées au même degré dans le même animal, et ont-elles un centre commun, *l'encéphale*, qui est en même temps chargé d'apprécier les impressions que les corps extérieurs produisent à la surface de son corps et de diriger les organes du mouvement dans l'exercice de leurs fonctions.

Pour que l'encéphale puisse atteindre ce double but, il communique avec la surface du corps et avec les organes du mouvement par le moyen de petits cordons appelés *nerfs*, dont la fonction est de lui transmettre les impressions de la première et de porter ses ordres aux seconds. Mais ce ne sont pas les nerfs qui sont chargés de recevoir ces impressions ni d'exécuter ces mouvements ; il y a pour ces deux fonctions des organes particuliers : les *sens* pour la première, les *muscles* pour la seconde.

L'encéphale est donc le point central, duquel partent ou auquel aboutissent tous les nerfs ; par eux, il tient tous les autres organes sous sa dépendance, et les harmonise entre eux, pour les faire concourir ensemble à l'accomplissement des fonctions et à l'entretien de la vie.

Cet organe ou plutôt cet appareil est constamment divisé en deux parties latérales, qui forment un double cordon régnant de chaque côté du corps, et offrant de distance en distance des renflements plus ou moins considérables (*les ganglions*), qui communiquent chacun avec son congénère par un filet transversal. La première ou les premières paires de ces ganglions sont généralement plus volumineuses que les autres, et forment une masse considérable que l'on appelle *cerveau ;* c'est cet organe dont la tête est le siége, qui paraît être l'agent principal des perceptions et des volitions. La position des autres est moins constante ; tantôt ils sont épars sur les côtés du canal intestinal, et d'autres fois ils sont disposés longitudinalement en une double chaîne qui règne sur toute l'étendue du corps.

Tous les nerfs qui partent de l'encéphale sont soumis à l'empire de la volonté, et les muscles auxquels ils se rendent n'agissent que par ses ordres. Or, il est des mouvements qui s'exécutent sans que l'animal en ait la conscience, quelquefois même malgré lui, et qui cependant doivent être déterminés par des nerfs. On a remarqué que les organes ainsi soustraits à l'influence de l'encéphale, doivent leur faculté contractile ou sensitive à un autre centre nerveux, auquel on a donné le nom de grand *sympathique*. Mais il faut observer que le grand sympathique communique fréquemment par ses filets nerveux avec le système encéphalique : c'est pour cela que dans certaines circonstances (les maladies), nous éprouvons des impressions de la part d'organes, qui dans l'état naturel ne nous en transmettent aucune.

Pour que les nerfs puissent remplir le double but auquel le Créateur les a destinés, il est nécessaire qu'ils soient convenablement disposés : aussi se terminent-ils dans des appareils auxquels on a donné le nom de *sens*, quand ils sont destinés à recevoir une impression, et de *muscles*, lorsqu'ils doivent exécuter des mouvements.

### A. *De la sensibilité et de ses organes.*

Il est évident que les organes des sens, étant destinés à recevoir les impressions extérieures, doivent être placés à la surface du corps. A cet effet, le corps des animaux est recouvert de toutes parts par la *peau*, enve-

loppe que sa structure rend éminemment propre à les
recevoir : elle est composée de trois principales couches
ou membranes superposées ; la première, le *derme*, est
un tissu ferme et résistant, qui donne à l'enveloppe la
force nécessaire pour qu'elle puisse protéger les parties
sous-jacentes, ainsi que les organes des sens. La seconde
couche, le *corps muqueux* ou *réticulaire*, est une espèce
de réseau formé par l'entrelacement d'une multitude
innombrable de filets nerveux et de vaisseaux sanguins,
et dans les mailles duquel se dépose le *pigment* ou la
matière qui détermine la couleur de la peau ; de sorte
qu'en réalité, le corps muqueux se compose de trois
parties distinctes, le *tissu vasculaire* qui est chargé de
la nutrition de l'organe, le *tissu nerveux* qui lui donne la
sensibilité, et le *pigment*, auquel la peau doit les diverses
nuances que nous remarquons dans les différents animaux. Le *corps muqueux* est constamment placé à l'extérieur du derme, immédiatement au-dessous de la
couche la plus extérieure de l'enveloppe, l'*épiderme*.
Celui-ci se compose de plaques minces, transparentes,
inorganiques, qui par leur réunion constituent une membrane destinée à mettre le tissu nerveux à l'abri de l'influence des agents extérieurs. Le développement relatif
des tissus organiques de la peau est subordonné à la
destination de cette membrane : quand elle est spécialement destinée à protéger les organes intérieurs, le
derme a plus de solidité et de consistance, l'épiderme
est plus dur et plus épais : si au contraire elle doit être
un organe de sensibilité, le tissu nerveux est plus développé, et l'épiderme se fait remarquer par sa transpa-

rence et par sa délicatesse ; si enfin elle est spécialement destinée à l'absorption, l'épiderme est à peu près nul, et la couche vasculaire très-épaisse.

Outre ces trois parties essentielles, l'enveloppe cutanée est garnie de *muscles* qui lui impriment les mouvements nécessaires, et de petites *glandes* qui sécrètent divers produits destinés à la conserver dans l'état d'intégrité convenable à l'exercice de ses fonctions, ou à la protéger, conjointement avec l'épiderme, qui lui-même n'est probablement qu'un de ces produits. Tels sont les poils, les écailles, les plumes, etc.

Comme les impressions varient selon les agents physiques qui les déterminent, il est nécessaire que la peau soit diversement modifiée, selon la nature de ces agents. Ainsi la partie qui sera chargée d'apprécier les sons ou la température, devra être différente de celles qui seront destinées à percevoir la lumière ou les odeurs. C'est pour cela que l'enveloppe cutanée offre des appareils particuliers pour chacune des impressions spéciales qu'elle est susceptible de recevoir ; ce sont ces appareils qui constituent les *organes des sens.* Ces organes sont au nombre de cinq, les *yeux*, les *oreilles*, les *narines*, la *bouche* et la *peau.*

On voit, d'après ces notions générales sur la sensibilité que l'appareil organique de cette faculté se compose de trois sortes d'organes : les uns sont placés à la surface du corps et sont disposés de manière à recevoir les impressions (*les sens*) ; les autres sont cachés au centre de l'organisme, et sont destinés à apprécier les impressions (*l'encéphale avec ses dépendances*) ; les troisièmes, enfin, servent à établir la communication entre les deux autres appareils (*les nerfs*). C'est de l'action réunie de ces trois sortes d'organes que résultent les *sensations* qui sont au nombre de cinq, comme les organes qui les produisent, savoir : la *vision*, l'*audition*, l'*olfaction*, la *gustation* et la *taction*.

Remarquons que chaque sens est susceptible de recevoir deux espèces d'impressions ; l'une passive, à laquelle la volonté n'a point de part, l'autre active et soumise à la volonté. Ainsi l'animal peut *voir* ou *regarder*, *entendre* ou *écouter*, *odorer* ou *flairer*, *goûter* ou *savourer*, *toucher* ou *palper*.

Le sens du *toucher* est le plus général ; il a pour siége et pour organe toute l'enveloppe cutanée ; mais celle-ci n'est pas également propre dans toutes ses parties à la perception des qualités tactiles : elle n'est telle, que dans les endroits où elle est abondamment fournie de nerfs et où l'épiderme est fin et délicat, comme à l'extrémité des doigts de l'homme, à la trompe de l'éléphant, au mufle du bœuf, aux barbillons des poissons, aux antennes des insectes, aux tentacules (*cornes*) des escargots, etc. Les parties que recouvre un épiderme épais, ou qui ne contiennent que peu de nerfs, sont en général très-peu sensibles et impropres à l'exercice d'un toucher délicat ; tels sont le sabot du cheval, le talon de l'homme, le bec des oiseaux, la carapace des tortues, les nageoires des poissons, la coquille des mollusques, le test des homards, etc.

Les qualités que le *toucher* fait connaître à l'animal sont plus nombreuses que celles qu'il doit à chacun des autres sens ; il apprend à connaître le degré de *tempé-rature* des corps, leur état de *sécheresse* ou d'*humidité*, leur *volume*, leur *forme*, leur *densité*, c'est-à-dire, le rapport de leur volume avec leur poids, ou, en d'autres termes, leur *pesanteur* ou leur *légèreté*, enfin leurs *rapports de situation*, soit envers lui, soit entre eux.

Le *goût* est exclusivement destiné à apprécier les *saveurs* et à faire connaître à l'animal les qualités dangereuses ou bienfaisantes des aliments dont il veut se nourrir. Sa place était par conséquent naturellement fixée à l'entrée de la *cavité digestive*, où il fait l'office d'une sentinelle vigilante, qui empêche l'introduction de toute substance pernicieuse à la santé de l'organisme. Le mécanisme de ce sens ne diffère presque pas de celui du toucher : le corps sapide mis en contact avec la membrane qui tapisse l'entrée de la cavité alimentaire, y détermine une impression agréable ou désagréable que les nerfs du goût transmettent à l'encéphale. On voit que le rôle de ce sens, tout borné qu'il est, est cependant, par sa destination, d'une importance majeure, et n'est guère moins indispensable que le toucher.

L'*odorat* est un sens moins essentiel que les précédents ; il paraît n'être que le suppléant ou l'adjudant du goût, qu'il prévient de loin de la nature de l'aliment qui peut tenter la convoitise de l'animal. Cependant il est des cas où il peut rendre d'autres services ; c'est lorsqu'il prévient du voisinage d'un corps dangereux, tel qu'un ennemi redoutable ou une atmosphère irrespirable. C'est par ce sens que le cerf est averti de l'approche des chiens qui le poursuivent. La position de

l'organe chargé de cette perception varie selon les espèces animales : mais en général il est placé à la tête
dans deux cavités particulières, les *fosses nasales*, dont
les parois sont tapissées d'une membrane délicate, appelée
*pituitaire*, dans laquelle s'épanouissent les ramifications
du nerf *olfactif*, et sur laquelle les particules odorantes
viennent se déposer et produire l'olfaction. On voit par
là que le mécanisme de ce sens ne diffère de celui du
toucher, qu'en ce que la cause de la sensation se trouve
dans un fluide gazeux, au lieu d'être dans un corps solide ou liquide.

L'*ouïe* instruit l'animal des vibrations moléculaires des
corps, c'est-à-dire des *sons* et des *bruits* divers qui se
produisent autour de lui ; ce sens réside dans deux cavités
de la tête que l'on appelle *oreilles*. Ces cavités sont
remplies à leur extrémité interne d'une substance pulpeuse et facile à ébranler, au milieu de laquelle flotte
l'extrémité des *nerfs acoustiques*. Les vibrations des
corps, se communiquant de proche en proche à travers
les couches d'air qui séparent le corps sonore de l'*oreille*,
arrivent jusqu'à celle-ci, et produisent dans sa pulpe un
ébranlement que les nerfs transmettent au cerveau.

La *vue* est destinée à faire connaître la lumière et les
couleurs, et par elles la figure, la forme, la distance et
les rapports des corps entre eux. Ce sens a son siége
dans deux appareils situés dans deux cavités de la face,
les *yeux*, dont la structure est assez compliquée. Ces
organes ont la forme d'un globe creux qui est tapissé au
dedans d'une membrane mince, de couleur foncée ( *la
choroïde*), excepté cependant à sa partie antérieure qui

demeure transparente et prend le nom de *cornée*. L'intérieur du globe de l'œil est rempli d'une substance pulpeuse, analogue à celle de l'oreille (*le vitré*), et dont la partie postérieure est recouverte par la *rétine*, qui paraît formée par un épanouissement du *nerf optique*. Cette disposition de l'œil rend le mécanisme de la *vision* facile à comprendre. La lumière en traversant l'espace, arrive jusqu'à la *cornée*, qui la laisse passer, puisqu'elle est transparente ; elle pénètre avec la même facilité à travers le *vitré* qui est pareillement diaphane, et va par conséquent frapper la *rétine*, sur laquelle elle détermine l'impression sensitive qui constitue la *vision*.

### B. De la motilité et de ses organes.

La *motilité* est cette faculté qu'ont tous les animaux de pouvoir se déplacer, soit en totalité, soit en partie ; l'exercice de cette faculté constitue la *locomotion*, dont les *muscles* sont les organes principaux et les seuls vraiment indispensables. Les *muscles* sont des faisceaux de fibres ou de filaments charnus, dont la *contractilité* est la propriété essentielle. Ce sont eux qui forment en grande partie la *chair* que nous mangeons. Fixés par leurs extrémités à deux points opposés, ils doivent nécessairement, quand ils se contractent ou se raccourcissent, rapprocher ces deux points éloignés, et y produire un déplacement plus ou moins considérable selon la force de leur contraction. Mais une fois le déplacement opéré, il faut un nouveau muscle pour ramener les organes à leur position naturelle ; de là la nécessité de deux muscles au moins pour l'exécution du mouvement le plus simple ; et ces deux muscles sont dits *antago-nistes* l'un par rapport à l'autre, parce qu'ils agissent en sens inverse. Si, par exemple, l'un fléchit le bras, l'autre est destiné à l'étendre ; quand le premier l'éloigne du corps, l'autre l'en rapproche.

Les muscles sont donc les organes essentiels du mouvement ; mais, pour qu'ils puissent remplir leurs fonctions, il faut qu'ils soient sous l'influence des nerfs, et cette influence est tellement nécessaire, que la section du nerf qui se rend à un muscle entraîne infailliblement la *paralysie* de ce dernier, et lui rend le mouvement impossible. Mais, si le mouvement est impossible sans les muscles, les muscles seuls n'en peuvent exécuter que de peu étendus ; c'est ce que nous observons dans les vers, les limaces et dans tous les animaux privés de parties dures. Pour que les mouvements aient toute l'étendue et la précision convenables, il est indispensable que l'action musculaire soit secondée par celle de leviers solides dont l'ensemble constitue le *squelette,* intérieur ou extérieur, qui sert en même temps à déterminer la forme du corps de l'animal, et à protéger les organes de la nutrition et de la sensibilité, qui en sont toujours environnés. Et comme ces instruments ne peuvent servir aux mouvements qu'autant qu'ils sont mis en jeu par les muscles, on les regarde comme les organes *passifs* ou accessoires du mouvement, tandis que les muscles en sont les organes *actifs* ou essentiels.

En général les *muscles* ne s'attachent pas directement aux parties dures ; c'est presque toujours par l'intermédiaire de cordons plus ou moins longs et gros, appelés *tendons*, ou de membranes plus ou moins larges, mais toujours solides, qu'on désigne sous le nom d'*aponé-vroses*. Un des tendons les plus remarquables du corps de l'homme est le *tendon d'Achille*, qui sert à unir les muscles du mollet au talon, qu'ils relèvent dans la marche.

C'est ici le lieu de parler de la *voix et des divers bruits* que font entendre les animaux; car c'est un troisième moyen qu'ils ont de communiquer avec le monde exté-rieur. Ce sont toujours les muscles qui en sont les or-ganes, car ces bruits sont constamment produits par le mouvement de certains organes du corps; c'est quel-quefois par le frottement d'une partie dure contre une autre de même nature, comme chez le cricri et la plu-part des insectes bruyants; mais le plus souvent c'est par le passage de l'air à travers une ouverture qui, en se rétrécissant ou en s'élargissant, produit un son plus ou moins aigu : l'homme, les quadrupèdes, les oiseaux, etc., sont dans ce dernier cas. Le but que la nature s'est pro-posé en donnant à l'animal la faculté de faire entendre ces bruits, est tantôt d'effrayer un ennemi, tantôt d'é-pouvanter une proie. Le plus souvent un animal crie pour faire connaître à ses semblables qu'il est agité par quelque passion violente, tourmenté par quelque besoin impérieux ou menacé de quelque danger.

Après avoir exposé en abrégé les principales fonc-tions des animaux, nous allons passer à l'étude des *classifications zoologiques*. Comme le nombre de ces êtres est extrêmement considérable, il serait impossible à la mémoire la plus heureuse d'en retenir les caractères distinctifs sans le secours d'une bonne méthode, dans laquelle on réunit ensemble tous ceux dont les propriétés sont les mêmes et peuvent être exposées simultanément.

Tous les naturalistes s'accordent en un point au sujet de la classification des animaux ; c'est qu'il faut baser les divisions sur des caractères d'autant plus importants, qu'elles embrassent un plus grand nombre d'espèces. Mais cet accord n'existe plus quand il s'agit de réduire la théorie en pratique, c'est-à-dire lorsqu'il s'agit d'apprécier l'importance des caractères. On prétendait autrefois que ces êtres formaient une *échelle, chaîne* ou *série* animale, qui partant de l'être animé le plus simple s'élevait par gradation jusqu'à l'homme. Mais la connaissance plus approfondie de ces êtres, et l'observation des nombreux points de contact que la plupart des animaux ont ensemble, ont fait abandonner cette idée chimérique, et d'après l'ingénieuse idée du célèbre Linné, qui voulait que l'on distribuât les animaux de la même manière que les géographes disposent les provinces et les gouvernements d'un état, les zoologistes modernes ont divisé le règne animal en plusieurs groupes plus ou moins naturels. Mais les auteurs sont loin de s'entendre sur le nombre et l'étendue de ces groupes. Aussi compte-t-on un grand nombre de classifications dont les plus suivies sont les trois suivantes, sur lesquelles nous allons donner quelques détails.

*Linné* que nous venons de citer, qui le premier eut l'heureuse idée de désigner tous les corps de la nature par deux noms, l'un *générique* servant à faire connaître

leurs rapports, et l'autre *spécifique* destiné à en indiquer
les différences, et qui créa la nomenclature zoologique
actuellement en usage dans toutes les parties du monde ;
*Linné* divisa les animaux en six classes, les *mammifères*, les *oiseaux*, les *amphibies*, les *poissons*, les
*insectes* et les *vers*. Les quatre premières de ces classes
répondent à très-peu près à celles que nous nommons
encore ainsi, avec cette seule différence que le nom
d'amphibies a été remplacé par celui de *reptiles*. La
classe des insectes comprenait tous nos articulés, excepté
les annélides qu'il rejetait dans la dernière classe ; celle
des vers renfermait les annélides, les entozoaires, les
mollusques nus et à coquille, enfin les zoophytes.

La classification de M. Duméril offre trois perfection-
nements bien marqués sur celle de Linné ; d'abord il
réunit les mammifères, oiseaux, reptiles et poissons, en
un seul groupe, celui des *vertébrés*, qui tous ont en effet
les rapports les plus intimes. En second lieu il divisa les
insectes en deux classes, les *crustacés* et les *insectes*, et
en rapprocha les *annélides*. Enfin il divisa les vers de
Linné en deux classes, les *mollusques* et les *zoophytes*.

Le troisième système zoologique dont nous parlerons
est celui de Cuvier ; c'est celui que l'on suit générale-
r ent, c'est celui que nous avons par conséquent dû
suivre, et que nous allons exposer. Le seul changement
remarquable que nous lui ferons subir, sera de mettre
les articulés avant les mollusques, ainsi que le font maintenant la plupart des zoologistes, et que semble l'exiger
la nature des rapports qui réunissent les premiers avec
les vertébrés.

Il a d'abord partagé les animaux en quatre grands embranchements, d'après la disposition de leur système nerveux : les *vertébrés*, les *articulés*, les *mollusques* et les *rayonnés*.

1° Les *vertébrés* ont tous un *squelette intérieur*, charpente qui détermine la forme de leur corps, favorise leurs mouvements et protége leurs organes les plus essentiels ; leur encéphale, renfermé dans une boîte osseuse, est toujours placé *au-dessus* du canal digestif, et se compose d'une masse antérieure, le *cerveau*, et d'un gros cordon postérieur, la *moelle épinière*. Ils ont toujours cinq sens, quatre membres au plus, un canal intestinal à deux ouvertures, l'une antérieure, l'autre postérieure, une bouche transversale, deux cœurs musculaires ordinairement réunis en un seul organe, des poumons ou des branchies pour respirer, le sang rouge contenu dans les vaisseaux fermés.

2° Les *articulés* ont leur enveloppe composée d'une série d'anneaux transverses, mobiles les uns sur les autres, et formant une espèce de squelette extérieur, pour protéger les organes de la sensibilité et de la nutrition, et pour servir de point d'appui aux membres. Ceux-ci sont toujours articulés et au nombre de six au moins, excepté dans un très-petit nombre d'espèces qui en manquent absolument. Leur encéphale consiste en deux cordons, régnant le long de leur tronc, *au-dessous* du canal intestinal, et renflés de distance en distance en nœuds ou *ganglions*, dont le plus considérable, situé dans la tête, porte le nom de *cerveau*. Leurs organes des sens, presque aussi développés que ceux des vertébrés.

sont ordinairement au nombre de cinq, quoiqu'on n'en connaisse pas toujours le siége. Leurs mâchoires, quand ils en ont, sont latérales; leur sang est généralement blanc et froid; ils manquent le plus souvent de cœurs, respirent par presque toutes les parties de leur corps, et n'ont pas ordinairement de véritable circulation.

3° Les *mollusques* n'ont point de squelette intérieur ni extérieur, ni par conséquent de forme bien déterminée; leurs organes les plus importants sont protégés par une peau molle mais solide, garnie intérieurement de muscles pour la locomotion, et encroûtée, dans beaucoup d'espèces, d'une matière calcaire qui la transforme en *coquille*. Leur encéphale se compose de plusieurs masses éparses *sur les côtés* du canal digestif, et dont la principale, située à peu de distance de la bouche, porte le nom de *cerveau*. Ils n'ont jamais cinq sens, et manquent de membres articulés; leurs cœurs sont toujours séparés, leur respiration s'opère dans un appareil spécial, analogue à celui des poissons et nommé *branchies*; leur sang est froid et incolore.

4° Les *rayonnés*, au lieu d'avoir les organes de la fonction de relation disposés symétriquement et par paires, comme les précédents, ont toutes leurs parties extérieures placées autour d'un point central, ce qui donne à leur corps une forme analogue à celle d'une étoile. Leur système nerveux est rarement distinct, et se confond avec les parties environnantes; quand il existe, il est rayonné comme tous les autres organes; ils n'ont ni organes sensitifs ni membres articulés, et la plupart d'entre eux passent leur vie constamment fixés à la même place. Leur corps est quelquefois tellement homogène qu'ils ont la génération scissipare ; ce qui joint à leur forme rayonnée, comme les pétales d'une fleur, leur a fait donner le nom de *zoophytes*, qui signifie *animaux-plantes*.

## I<sup>er</sup> embranchement. — VERTÉBRÉS.

Cet embranchement, dans lequel se trouvent compris l'homme, les quadrupèdes, les oiseaux, les reptiles et les poissons, renferme les animaux dont l'organisation est la plus compliquée, qui ont les sensations les plus multipliées, les mouvements les plus précis et l'intelligence la plus développée. Les plus grands rapports dans la forme des principaux organes les unissent tous d'une manière si intime, qu'il est impossible de ne pas reconnaître qu'ils ont été créés sur le même plan et d'après le même modèle. Leur corps, toujours symétrique, excepté chez certains poissons, tels que le turbot, la sole, etc., se compose constamment de trois parties, *la tête*, *le tronc et les membres*, dont la composition et les usages offrent peu de différences.

Quoique les animaux de cette division aient dans toute leur structure une ressemblance tellement frappante, qu'il est impossible de ne pas s'apercevoir qu'ils ont été créés d'après un même type, cependant, en considérant la nature de leur respiration, et les différents degrés d'énergie qu'elle présente dans les divers animaux de cet embranchement, on trouve, dans les modifications que nous offre cette importante fonction, une base pour les diviser en deux sections; celle des vertébrés *à sang chaud* et celle des vertébrés *à sang froid*.

Chez les premiers, les deux cœurs, quoique réunis en un seul organe, n'ont aucune communication directe entre eux; de sorte que tout le sang veineux se rend dans les poumons, et que la respiration est complète. C'est pour cela qu'ils ont le sang et le corps chauds et d'une température indépendante de celle de l'atmosphère. Et pour que cette chaleur ne se dissipe pas à l'air, leur peau est recouverte de *plumes* ou de *poils*, qui la concentrent dans l'intérieur de l'animal. Quelques espèces aquatiques seulement ont la peau nue; mais, dans ce cas, on trouve au-dessous d'elle une épaisse couche de graisse, qui produit le même effet que les plumes et les poils dont les autres sont pourvus.

Cette section se divise naturellement en deux classes, d'après le mode de leur génération et l'énergie de leur respiration; la première comprend les *mammifères* et la seconde les *oiseaux*.

Les *mammifères* ont la génération *vivipare* et des *mamelles*, espèces de glandes destinées à produire le *lait*, première nourriture du jeune mammifère. Leur bouche est garnie de dents pour broyer la nourriture; leur corps est couvert de *poils* ou très-rarement nu (les baleines, les dauphins) et pourvu de membres propres à la marche ou à la nage. Leur respiration est *simple*, c'est-à-dire que le contact de l'air avec le sang veineux n'a lieu que dans les poumons.

Chez les *oiseaux*, au contraire, le respiration est double, et s'opère non-seulement dans les poumons, mais encore dans diverses cavités du corps où l'air pénètre, après avoir traversé l'organe respiratoire ; ce qui leur donne plus de chaleur et d'énergie qu'à ceux de la classe précédente. Leur génération est d'ailleurs ovipare, leur corps couvert de *plumes*, leur bouche armée d'un *bec*, et leurs membres antérieurs sont conformés en *ailes* et disposés pour le vol.

Les vertébrés à sang froid ont, ainsi que leur nom l'indique, une température inférieure à celle de l'homme, et variable selon les vicissitudes de l'atmosphère, ce qui rendait inutiles pour eux ces plumes et ces poils qui conservent la chaleur au corps des mammifères et des oiseaux. Aussi leur peau est-elle nue ou simplement couverte d'écailles. Leurs cœurs sont ordinairement séparés, ou s'ils sont réunis, il existe une communication directe entre eux. Du reste, la cause de l'abaissement de leur température n'est pas la même pour tous. Dans les uns qu'on appelle *reptiles*, la respiration est pulmonaire ; leurs cœurs communiquent directement ensemble, de manière que le sang veineux se confond plus ou moins avec le sang artériel ; ce qui fait qu'il n'y a qu'une partie du premier qui aille respirer ; leur génération est ovipare, et leurs membres sont plus ou moins propres à la marche, ou manquent absolument. Chez les autres qu'on nomme *poissons*, la respiration est branchiale et se fait par l'intermédiaire de l'eau ; leurs cœurs sont constamment séparés : leurs membres, tout à fait impropres à la marche, sont disposés en *nageoires* et ne peuvent servir qu'à la natation. Du reste, leur génération est ovipare comme celle des précédents.

Ainsi les vertébrés se divisent en définitive en quatre classes : les *mammifères*, les *oiseaux*, les *reptiles* et les *poissons*.

## Iʳᵉ CLASSE. — MAMMIFÈRES.

La classe des *mammifères* se compose principalement des vertébrés, que les anciens avaient appelés *quadrupèdes*, parce qu'en effet la plupart d'entre eux se servent de leurs quatre membres pour marcher. Mais les naturalistes modernes ont changé cette dénomination, d'abord parce qu'il y a des animaux, tels que les *tortues*, les *lézards*, les *grenouilles*, etc., qui marchent comme eux à quatre pattes, et qui cependant en diffèrent considérablement par leur organisation et par leurs habitudes; ensuite parce que, parmi les espèces auxquelles on appliquait le nom de quadrupèdes, il s'en trouvait plusieurs, tels que l'homme, la chauve-souris, etc., qui ne marchent pas à quatre pattes; et enfin parce qu'il existe un grand nombre de vertébrés, tels que le dauphin, les baleines, qui n'ayant que deux membres, se trouvent exclus de cette classe, quoique toute leur conformation intérieure soit la même que celle des autres animaux qu'elle comprend. On a donc préféré le nom de *mammifères*, parce qu'il convient parfaitement à tous ces vertébrés, qui ont en effet constamment des mamelles, et qui se ressemblent d'ailleurs par les points les plus essentiels de leur organisation.

Les *mammifères* doivent être placés à la tête du règne animal, non-seulement parce qu'ils forment la classe à laquelle l'homme se rapporte par les principaux traits de sa conformation physique, mais encore parce que ce sont de tous les animaux, ceux qui jouissent des facultés les plus multipliées, des sensations les plus délicates, des mouvements les plus variés, et dont l'organisation générale paraît combinée pour produire une intelligence plus parfaite, moins esclave de l'instinct, et par conséquent plus susceptible de perfectionnement.

Les mammifères sont des vertébrés vivipares, pourvus de mamelles et nourrissant d'abord leurs petits du lait produit par ces glandes. Ce sont les animaux les mieux organisés de leur embranchement; ils ont le sang rouge, à globules circulaires et nombreux; deux cœurs, l'un pulmonaire et l'autre aortique, réunis ensemble et placés dans la poitrine, entre les deux poumons; leur circulation est donc double; leurs poumons sont enveloppés dans la plèvre, et sans adhérence avec les parois thoraciques; leur respiration est par conséquent simple; leur trachée-artère est cartilagineuse en avant, et membraneuse en arrière; leur larynx est unique et garni de muscles particuliers, pour la production des sons; leur poitrine est séparée de l'abdomen par un diaphragme complet; leur bouche est divisée en deux compartiments par une cloison verticale, le voile du palais; elle est presque toujours entourée de lèvres charnues et le plus souvent armée de dents de trois sortes, canines, incisives et molaires; elle renferme une langue volumineuse et très-mobile, ainsi que des glandes salivaires plus ou moins développées, selon le régime de l'animal; leur œsophage est long, parce qu'il règne sur toute la région cervicale et thoracique de la colonne

vertébrale; leur estomac est grand, unique ordinairement, multiple chez les ruminants et les cétacés; leur
foie, à plusieurs lobes, est presque toujours pourvu
d'une vésicule biliaire, et verse la bile dans le duodé-
num par deux conduits; tous ont un pancréas; leurs
intestins sont divisés en deux parties, le grêle et le gros,
que sépare la valvule cœcale et souvent un cœcum;
leur cerveau est très-développé, surtout les deux hémis-
phères que sépare une lame médullaire, dite corps calleux; leurs yeux sont pourvus de deux paupières avec
le rudiment d'une troisième placée au grand angle de
ces organes; leur oreille offre toujours un pavillon
assez grand, excepté chez les espèces aquatiques; leur
caisse renferme quatre osselets tendus entre la membrane du tympan et celle de la fenêtre ovale; leurs narines, très-étendues dans les cavités de la tête, s'ouvrent
en arrière dans le pharynx; leur corps est presque
toujours couvert de poils; leurs membres sont au nombre de quatre, excepté chez les cétacés, et disposés généralement pour la marche, quelquefois pour le saut
ou la nage, rarement pour le vol.

Les *habitudes* des mammifères sont généralement
intéressantes. Doués d'une intelligence supérieure à
celle de la plupart des autres animaux, moins impérieu-
sement maîtrisés par leur instinct, leurs actions ont plus
d'analogie avec les nôtres : ils ont la même manière de
marcher, de se nourrir, de se reposer, etc.; aussi la
mammologie est-elle la mieux étudiée de toutes les parties de la zoologie. On aime à connaître les ruses variées
que ces animaux emploient pour tromper leurs victimes

ou pour échapper à leurs ennemis; les soins affectueux que la plupart d'entre eux prodiguent à leurs petits; la prévoyance qu'ils manifestent quelquefois durant la belle saison, pour se mettre à l'abri des intempéries de l'hiver ou de la disette; l'art avec lequel quelques-uns d'entre eux se construisent une demeure commode pour eux et pour leur famille; les séjours variés qu'ils recherchent de préférence, etc.

Mais de toutes ces particularités que nous offre la vie des mammifères, il n'en est pas de plus curieuse que leur *hivernation* ou léthargie hivernale. Tous ceux qui nous présentent ce singulier phénomène sont de petite taille, et se nourrissent d'insectes, de fruits ou de grains, qui manquent durant la mauvaise saison : ils périraient par conséquent de faim et de besoin, faute d'aliments, s'ils conservaient leur vivacité ordinaire : l'engourdissement dans lequel ils tombent, ralentissant toutes leurs fonctions, rend moins considérables les pertes qu'entraîne nécessairement l'activité vitale, sans cependant les empêcher entièrement. Une preuve qu'elles sont encore très-réelles, c'est qu'au moment où ces petits êtres cessent d'agir, ils ont un embonpoint remarquable, tandis qu'à l'époque de leur réveil, ils sont d'autant plus maigres que leur léthargie a duré plus longtemps. Deux observations, l'une anatomique et l'autre physiologique, que l'on a faites sur les animaux *hivernants*, méritent d'être notées, parce qu'elles servent à expliquer l'origine de la graisse dans tous les animaux, et quelques autres faits importants : chez eux le sang veineux est proportionnellement plus abondant que le sang artériel, et leurs artères carotides sont plus petites que celles des autres animaux de leur classe. D'où il résulte : 1° que le sang veineux n'est pas étranger à la production de la graisse, et 2° que le cerveau des animaux hivernants reçoit moins de sang vivifiant, et doit avoir moins d'activité que celui des autres mammifères. On peut d'après cela expliquer, par la prédominance des deux espèces de sang, la différence d'activité que l'homme présente selon son âge et sa constitution. Chez l'enfant, qui n'a pas pour ainsi dire de graisse, le mouvement est presque continuel ; chez le vieillard, où la graisse est presque toujours abondante, l'inactivité est presque complète : l'homme maigre est très-actif, celui qui est chargé d'embonpoint fuit toute espèce de mouvement violent. Un autre fait qui viendrait à l'appui de cette manière de voir, c'est-à-dire à faire regarder le sang veineux comme produisant la graisse, c'est que les personnes attaquées de varices sont toutes d'un embonpoint remarquable.

Quoique toutes les œuvres sorties des mains de Dieu soient également parfaites en elles-mêmes, puisqu'elles remplissent toutes le but pour lequel elles ont été formées, il est néanmoins certain que les mammifères, considérés par rapport à l'homme, jouissent d'une supériorité incontestable sur tous les autres êtres de la création ; et cette supériorité semble leur avoir été accordée par la nature elle-même, qui ne les a mis sur la terre qu'en dernier lieu, après leur avoir préparé une demeure convenable et les aliments nécessaires à l eur subsistance. En effet, dans les fouilles que l'on a faites

dans l'intérieur du globe, on s'est assuré que les plantes, les zoophytes, les mollusques, les poissons et les
reptiles peuplaient depuis longtemps la terre, lorsque les
mammifères ont paru à sa surface. Ces animaux sont
donc les plus importants à connaître pour l'homme.
Doués des facultés analogues aux siennes, leurs actions
se ressentent de cette ressemblance, et leurs habitudes
ont avec les nôtres des rapports très-remarquables. Les
services nombreux qu'ils rendent aux arts, à l'agriculture, à l'économie domestique, etc., ajoutent encore à
l'intérêt qu'ils nous inspirent naturellement. Quelques-
uns méritent notre attention par le mal même qu'ils
peuvent nous faire; tels sont la souris, le rat, le hamster, etc. Aussi n'est-il pas de parties de la zoologie dont
on se soit autant occupé, et qu'on connaisse aussi bien
que la *mammologie* : et cette connaissance a été d'autant
plus facile à acquérir, que la plupart de ces animaux
ont pu être apprivoisés, et s'accoutumer à la vie domestique.

Les mammifères sont répandus dans toutes les parties
du monde ; il n'est presque pas d'îles un peu considérables où l'on n'en ait trouvé quelques espèces. Mais tous
ne se rencontrent pas partout ; il en est même très-peu
qui soient vraiment cosmopolites comme l'homme : il
n'y a que trois ou quatre espèces domestiques qui l'aient
accompagné partout : le cheval, le rat et la souris. En
général les espèces américaines ne se trouvent jamais
dans l'ancien continent; tels sont le jaguar, le tapir, les
singes à queue prenante, etc. Il faut cependant excepter
celles qui habitent les régions polaires, comme le renne,

l'ours blanc, l'élan, le blaireau, etc., qui, ne redoutant pas le froid, passent facilement d'un continent à l'autre. La Nouvelle-Hollande, l'île de Madagascar et toutes les contrées un peu considérables ont des espèces particulières d'animaux qui leur appartiennent exclusivement : les makis ne se trouvent qu'à Madagascar, les kanguroos qu'à la Nouvelle-Hollande, etc.

La classe des mammifères se divise en huit ordres; le huitième celui des *cétacés* se reconnaît aisément en ce qu'il n'a que deux membres antérieurs, tandis que tous les autres en ont quatre.

Ceux-ci forment deux sections : les espèces *ongulées* ou à sabots, et les espèces *onguiculées* ou à ongles.

Parmi les ongulés on distingue l'ordre des *ruminants,* en ce qu'il n'a que deux sabots et qu'il rumine; ce qui exige dans ses organes digestifs une disposition particulière. Les *pachydermes,* privés de la faculté de ruminer, ont un, trois, quatre ou cinq sabots.

La section des onguiculés est plus nombreuse que celle des ongulés. Elle comprend d'abord les *marsupiaux,* mammifères singuliers, à génération anormale, dont le bassin supporte toujours deux os surnuméraires servant ordinairement de soutien à un repli de la peau de l'abdomen, qui forme une espèce de poche (*marsupium*)*;* leurs petits naissent de très-bonne heure et à peine ébauchés. Les autres onguiculés ont la génération normale et n'ont pas d'os surnuméraires; ils forment cinq ordres dont les uns ont trois sortes de dents, et les autres manquent d'incisives ou de canines ou même de toute espèce de dents.

On nomme *édentés* ceux qui sont privés d'incisives ; ce qui fait paraître au premier abord leur bouche tout à fait privée de dents : plusieurs sont même réellement édentés.

Les *rongeurs* ont deux incisives séparées des molaires par un espace vide, et manquent par conséquent de canines.

Les ordres restants ont les trois sortes de dents ; mais les *carnassiers* n'ont le pouce opposable aux autres doigts à aucun de leurs membres ; tandis que les *quadrumanes* l'ont ainsi conformé aux quatre extrémités.

### I<sup>er</sup> *Ordre*. — QUADRUMANES.

Les *quadrumanes* sont, de tous les mammifères, ceux qui ressemblent le plus à l'homme par leur conformation générale et par leur organisation intérieure. Leurs dents, presque toujours en même nombre que les nôtres, ont à peu près la même disposition, et leurs molaires sont généralement tuberculeuses, et par conséquent frugivores. Leur canal intestinal, leurs cœurs, leurs poumons, et tous les organes de la nutrition comparés aux nôtres n'offrent que des différences très-légères. Leur cerveau, quoique moins volumineux, se fait remarquer par le nombre et la profondeur de ses sillons, et par la saillie qu'il forme postérieurement sur le cervelet. Leurs yeux, pareillement dirigés en avant, sont renfermés dans des orbites bien complètes et séparées de la fosse temporale par une cloison osseuse. Leur conque auriculaire est petite et présente des saillies analogues à celles de l'oreille humaine. Leurs narines, médiocrement développées, n'acquièrent jamais cette ampleur qu'elles ont chez les carnassiers et dans plusieurs autres mammifères. Leur face est presque nue, leur cou bien distinct, leur poitrine plus large qu'épaisse, leurs mamelles toujours placées sur la poitrine et au nombre de deux, excepté dans un genre, etc.

Cependant, malgré ces rapports et plusieurs autres que présente leur anatomie, il ne faut pas croire, comme certains naturalistes n'ont pas craint de l'avancer, que ces êtres soient des hommes dégénérés. Sans parler de notre supériorité intellectuelle et du don de la parole que nous avons reçu du Créateur, il existe entre eux et nous des différences trop profondes, pour que la transformation des uns dans les autres soit possible ; les organes du mouvement surtout diffèrent essentiellement des nôtres par leur conformation, par leurs usages et par leur grandeur relative. Ils sont tous terminés par des mains, et les postérieurs ne se distinguent de ceux de devant que parce qu'ils ne peuvent exécuter de mouvements de rotation ; ceux de derrière sont plus grêles et plus courts que les nôtres ; leurs mains sont extrêmement étroites, et surpassent souvent la jambe et l'avant-bras en longueur ; leur pouce est au contraire tellement court, que son extrémité atteint à peine la racine du doigt indicateur ; disposition qui, jointe à la rudesse de leur peau et de leurs mains, ainsi qu'aux callosités qu'un frottement continuel contre l'écorce des arbres y détermine, rend ces organes impropres à l'appréciation des qualités tactiles d'objets finis et délicats. Chez eux, de plus, les muscles du mollet et de la fesse sont trop minces pour pouvoir tendre fortement le membre ; ce qui fait que ces animaux ont toujours une attitude accroupie, même quand ils se tiennent debout ; leurs plantes, quand ils sont dans cette position, ne touchent la terre que par leur bord extérieur, ce qui leur rend la station verticale pénible et difficile à tenir longtemps. Aussi les voyons-nous, toutes les fois qu'ils sont vivement poursuivis, se jeter à quatre pattes et se hâter de gagner quelque arbre où ils puissent trouver un asile. C'est là, en effet, que la nature a fixé leur place ; la longueur de leurs quatre mains, la flexibilité de leurs doigts et la disposition des plantes de leurs pieds, qui sont tournées l'une contre l'autre, leur donnent une facilité extraordinaire pour grimper et pour s'accrocher aux branches. C'est pour cela qu'ils établissent constamment leur domicile au sein des forêts, et les arbres les plus élevés sont ceux qu'ils préfèrent pour y faire leur séjour.

Une particularité qui étonne dans les habitudes des quadrumanes, c'est la force, la souplesse et l'étendue de tous leurs mouvements, surtout lorsqu'ils sont sur les arbres. Ils franchissent souvent, en jouant ensemble, des espaces de vingt pieds d'étendue sans presque aucun effort ; et, lorsqu'ils se voient poursuivis par quelque ennemi plus fort qu'eux, ils font des sauts et des bonds dont l'étendue est vraiment effrayante.

La ressemblance que la face de certains *quadrumanes* présente avec celle de l'homme, la mobilité de leurs yeux et de toute leur physionomie, et surtout la conformation de leurs membres, leur permettent de contrefaire une multitude d'actions humaines ; ce qui a beaucoup contribué aux exagérations qu'on trouve sur leur compte dans les récits des voyageurs. Au lieu de voir dans ces grimaces un simple résultat de leur organisation, ils les ont regardées comme des imitations volontaires et se sont extasiés sur l'intelligence et l'adresse de ces animaux. Souvent même, peu contents de décrire ce qu'ils avaient vu, ils se sont mis à broder leurs histoires, et ont été jusqu'à leur accorder la parole et même une intelligence supérieure à la nôtre. Ces exagérations sont d'autant moins pardonnables, que le récit simple et naïf de leurs habitudes naturelles est assez piquant par lui-même pour n'avoir pas besoin du secours de l'imagination.

Tous les quadrumanes vivent dans les forêts les plus profondes des contrées méridionales de l'ancien et du nouveau monde. L'Amérique du sud, la Chine, les Indes et l'Afrique sont les pays où l'on en rencontre le plus ; le midi de l'Europe n'en nourrit qu'une seule espèce, encore y est-elle rare et est-elle originaire de l'Afrique. Leur nourriture consiste principalement en fruits, en racines tendres, en cannes à sucre, en melons, etc. ; quelques espèces ne dédaignent pas les coquillages, et surtout les insectes, dont elles sont très-friandes.

L'ordre des quadrumanes se divise en deux familles, les *singes* et les *lémuriens*. A la première, se rapportent, comme principaux genres, les *orangs*, les *gue-nons*, les *macaques* et les *cynocéphales*, tous de l'ancien continent, ainsi que les *alouates*, les *sapajous* et les *ouistitis*, qui appartiennent au nouveau monde.

La seconde famille comprend les *makis* ou singes à

queue de renard, les *loris* ou singes paresseux, et les *tarsiers.*

### *II<sup>e</sup> Ordre.* — CARNASSIERS.

Les naturalistes attribuent au mot *carnassier* un sens bien plus étendu qu'on ne le fait ordinairement; au lieu de ne l'appliquer qu'aux animaux qui se nourrissent exclusivement de chair, ils le donnent à tous les mammifères onguiculés, pourvus de trois sortes de dents, dont le pouce est inopposable aux autres doigts, et dont l'abdomen est dépourvu de cette poche dans laquelle les marsupiaux renferment le produit de leur part prématuré. D'après cette définition, les *carnassiers* forment l'ordre le plus nombreux de la mammologie, car il comprend non-seulement toutes les espèces qui méritent ce nom dans toute la force du terme, mais encore les chauve-souris, les taupes, les hérissons et les différentes espèces de phoques. Tous ces animaux présentent en effet les caractères que nous avons assignés aux carnassiers.

L'étendue de l'ordre des *carnassiers* et les différences d'organisation qui se remarquent dans les animaux qu'il comprend, ont permis de le diviser en trois familles, dont on pourrait faire trois ordres distincts : ce sont les *chéiroptères*, les *insectivores* et les *carnivores.*

### I<sup>re</sup> *Famille.* — *Chéiroptères ou chauve-souris.*

On reconnaît aisément les *chéiroptères*, en ce qu'ils ont les parties latérales du tronc garnies d'un repli de la peau étendue entre leurs quatre membres, repli qui permet à la plupart de leurs espèces de voler avec autant d'agilité que les oiseaux. Les doigts des membres antérieurs, dont les os sont allongés outre mesure, font à son égard l'office des baguettes d'un parasol, en la tenant étendue pendant le vol.

Les habitudes des *chauve-souris* sont très-curieuses. La sensibilité de leurs yeux ne leur permettant pas de supporter la lumière du jour, elles ne volent que la nuit ou plutôt durant le crépuscule, dont la faible lumière suffit pour les diriger dans la recherche de leur proie. C'est à sa poursuite qu'elles sont occupées, lorsque, pendant les belles soirées d'été et d'automne, nous les voyons voltiger avec tant de rapidité, en décrivant dans les airs mille circuits et évolutions différentes. Elles engloutissent ainsi, dans leur vaste gueule, des quantités prodigieuses de phalènes et d'autres insectes de nuit. Lorsqu'elles sont repues, elles regagnent leur retraite, qui est tantôt un arbre bien touffu, tantôt une caverne dans laquelle la lumière peut à peine pénétrer. Là, au moyen de leurs pieds de derrière armés d'ongles aigus, elles s'accrochent aux petites branches de l'arbre ou aux aspérités de la voûte, et, s'enveloppant de leurs ailes comme d'un large manteau, elles réparent, par le repos du jour, les fatigues de la nuit. Cette position qu'elles prennent constamment, et qui peut paraître fatigante, n'étonne nullement, quand on sait que les *chauve-souris* ne peuvent pas s'envoler de terre, et qu'elles n'y marchent qu'avec beaucoup de peine et de difficulté. Aussi ne s'y arrêtent-elles jamais volontairement, et, quand elles s'y trouvent par accident, elles se hâtent de gagner quelque éminence voisine, afin de pouvoir prendre leur essor. Pour se faire une idée de leurs embarras et de leurs fatigues en ces occasions. il suffit de se rappeler la structure de leurs membres antérieurs. Il faut qu'elles commencent par ployer leur immense membrane, et enfonçant ensuite l'ongle du pouce dans le sol, pour s'y faire un point d'appui, elles attirent péniblement leur corps vers ce point ; dans un mouvement semblable du membre opposé, elles l'entraînent un peu plus loin ; de sorte que leur progression, sur un sol uni, se compose d'une suite de culbutes dans lesquelles leur corps se porte alternativement à droite et à gauche, et décrit une suite de zig-zags.

Pour compléter l'histoire naturelle des *chauve-souris*, il nous reste à dire quelque chose sur un phénomène très-remarquable, que nous n'avons vu dans aucun des animaux précédents, mais que nous retrouverons plus tard dans plusieurs autres ; nous voulous parler de l'*hivernation*. Tous les ans, vers la fin de l'automne, lorsque les premiers froids commencent à se faire sentir, on voit, dans les pays tempérés, tous ces chéiroptères disparaître tout à coup ; et, tant que la mauvaise saison dure, aucun d'eux ne se montre dans les airs. Que deviennent-ils pendant ce long intervalle ? Ils se cachent dans des souterrains profonds et inaccessibles aux vicissitudes atmosphériques ; et là, réunis en troupes nombreuses, suspendus à la voûte de ces souterrains par leurs pattes de derrière et enveloppés dans les plis de leurs ailes, ils tombent dans un engourdissement complet qui dure pendant tout l'hiver. Toutes les *chauve-*

*souris* d'Europe sont sujettes à cette léthargie annuelle, dont sont exemptes les espèces qui habitent les pays chauds de l'ancien et du nouveau continent.

Le nombre des *chauve-souris* étant très-considérable, on les a divisées en plusieurs genres dont les principaux sont : les *chauve-souris* proprement dites, les *oreillards*, les *phyllostomes* dont le *vampire* est une espèce célèbre, les *roussettes* ou chauve-souris frugivores, etc.

### II^e *Famille. — Insectivores.*

Un caractère bien essentiel et bien tranché sépare les insectivores des chéiroptères ; c'est la conformation des membres antérieurs qui, chez les uns, sont organisés pour le vol, tandis que, chez les autres, ils sont uniquement propres à leur servir de soutien sur un terrain solide, ou à creuser le sol pour y pratiquer une retraite pour l'animal.

Ils sont également nocturnes et sujets à l'hivernation ; leur nourriture se compose de fruits, de petits quadrupèdes et surtout d'insectes ; aussi plusieurs naturalistes, frappés des nombreux rapports qui unissent ces deux familles de carnassiers, et des différences qui les séparent de celles des carnivores, les ont-ils réunies en un seul groupe qu'ils nomment, d'après son régime, l'*ordre des insectivores.*

Tous ces animaux sont de petite taille, ont le naturel timide ; ils vivent généralement dans des trous souterrains, qu'ils se pratiquent eux-mêmes, ou dont ils s'emparent quand ils les rencontrent. Quelques espèces se cachent seulement dans de vieux troncs d'arbres ou dans les buissons, et même parmi les touffes d'herbes.

La famille des *insectivores*, beaucoup moins nombreuse que la précédente, nous offre cependant plusieurs genres importants ou remarquables. Tels sont les *hérissons*, les *taupes* et les *musaraignes*.

### IIIe Famille. — Carnivores.

La famille des *carnivores* comprend un grand nombre de carnassiers faciles à caractériser par le défaut de cette membrane latérale qui distingue les chéiroptères, et par la forme tranchante de leurs molaires. Ce sont des animaux chez lesquels l'appétit sanguinaire, développé par la finesse de l'odorat, favorisé par une dentition puissante, et secondé par des forces musculaires considérables, acquiert son plus haut degré d'énergie, et détermine un penchant irrésistible pour le sang et la chair palpitante ; genre d'aliments que la brièveté de leur canal intestinal rend d'ailleurs indispensable à la plupart d'entre eux. Cette habitude ou plutôt cette nécessité de se nourrir de proie vivante fait rechercher à ces animaux l'isolement et la solitude. Ne pouvant se procurer leur nourriture que par la force ou par la ruse, ils doivent se montrer jaloux de tous les rivaux qui peuvent la leur disputer. Aussi chacun d'eux s'établit-il dans un canton, dans lequel il ne souffre jamais aucun de ses semblables. Et si l'un deux cherche à s'y fixer ou seulement y entre par mégarde, le propriétaire du bien lui livre bataille, et n'a de repos qu'il n'ait chassé l'envahisseur, ou qu'il ne soit chassé lui-même.

Il est évident que les *carnivores* étant forcés par leur

organisation de vivre de proie, il leur fallait des armes pour la terrasser. Leurs membres antérieurs, doués d'une grande vigueur et terminés d'ailleurs par des doigts plus ou moins mobiles, armés d'ongles aigus et tranchants, sont éminemment propres à cette destination, à laquelle concourent également la conformation de leur bouche et surtout la disposition de leur système dentaire. Leurs mâchoires généralement courtes, sont mises en mouvement par des muscles puissants qui leur donnent une force extraordinaire, et produisent cette largeur énorme qu'on remarque dans la tête des carnassiers les plus redoutables ; mais ce sont principalement les dents qui forment leur meilleur moyen d'attaque. Ils ont six incisives fortement serrées les unes contre les autres, deux canines grosses et saillantes, un nombre variable de molaires, dont la couronne est surmontée d'éminences tranchantes, qui, se rencontrant avec celles de la mâchoire opposée, font de leur mâchoire des espèces dé ciseaux, éminemment propres à couper et à déchirer les chairs de leurs victimes.

Avec ces armes formidables les *carnivores* ont reçu de la nature les moyens d'atteindre leur proie fugitive ou de s'en emparer par la ruse. Les uns, tapis dans une cachette, attendent patiemment son arrivée, tandis que les autres la suivent à la piste, à l'aide de leur odorat ; ceux-ci, errant silencieusement au milieu des forêts, la surprennent endormie dans son gîte ; ceux-là, au contraire, après l'avoir arrachée à sa retraite par leurs cris, s'élancent à sa poursuite et en triomphent par la rapidité de leur course.

Au reste, quoique tous les animaux dont nous parlons aient reçu en partage la puissance nécessaire pour vaincre leurs victimes, ils ne sont pas tous également carnivores. Leur penchant pour la chair est toujours subordonné à la disposition du système dentaire et surtout à la forme des dents molaires. En général il est d'autant plus violent que ces dernières sont plus tranchantes, et d'autant moins impérieux que leur couronne est plus tuberculeuse. La réunion d'éminences, partie tranchantes, partie mousses, annonce un régime mixte, et se rencontre dans les espèces qui peuvent se nourrir indistinctement de substances animales et de matières végétales.

Les genres de cette famille sont extrêmement nombreux ; les principaux sont les suivants :

1° Les **OURS** (*ursus*) sont faciles à reconnaître à leur corps massif et à leurs allures pesantes : tels sont *l'ours brun* d'Europe, *l'ours blanc* de la mer Glaciale, *l'ours terrible* d'Amérique, etc.

2° Les **BLAIREAUX** (*meles*) forment un second genre dont on ne connaît que deux espèces, l'une d'Europe où elle est peu commune, et l'autre de la baie d'Hudson.

3° Les **MARTES** (*mustela*) sont très-nombreuses : nous avons en France la *fouine* si redoutable à la volaille ; la *marte commune*, qui est moins répandue ; la *belette* qui, malgré sa petite taille, n'est guère moins à craindre que la fouine ; le *furet*, si renommé pour la guerre acharnée qu'il fait aux lapins ; le *putois*, ainsi nommé à cause de la mauvaise odeur qu'il exhale. La *zibeline* et *l'hermine*, si remarquables par la beauté de leur fourrure, appartiennent au même genre et sont du nord de l'Europe ; le *vison* d'Amérique offre également un pelage très-fin et très-recherché ;

4° Les **LOUTRES** (*lutra*) se distinguent facilement par leur tête écrasée, par la petitesse de leurs oreilles, par leur queue aplatie et par leurs doigts palmés ; telle est la *loutre commune* que nous trouvons dans beaucoup de nos rivières où elle fait un grand dégât parmi les poissons ;

5° Le genre **CHIEN** (*canis*) est très-nombreux et nous offre en espèces de notre pays, outre le *chien domestique* si connu de tout le monde, le *loup commun*, le *renard ordinaire*, qui sont répandus dans toute l'Europe. Le *chacal*, *l'isatis* ou renard bleu, le *renard argenté* sont aussi de ce genre ;

6° Les **HYÈNES** (*hyena*) ont une réputation de férocité, qu'elles ne méritent pas ; elles sont plus voraces que méchantes, et préfèrent la charogne à la chair fraîche. Elles sont de l'Afrique et des Indes ;

7° Le genre **CHAT** (*felis*) comprend non-seulement le *chat sauvage*, souche de l'espèce domestique, mais encore le *lion*, le *tigre*, la *panthère* qui habitent l'ancien continent, et le *jagouar*, le *congouar*, *l'ocelot*, etc., qui vivent en Amérique ;

8° Les **LYNX** (*lynx*) qu'on appelle aussi *loups-cerviers* tiennent des chats par leurs formes extérieures ; mais ils ont la queue plus courte et les oreilles plus pointues et terminées par un pinceau de poils ; tel est le *loup-cervier* d'Europe ;

9° Les **PHOQUES** (*phoca*) forment le type d'une tribu particulière ; ils tiennent des carnassiers par leur organisation intérieure et se rapprochent des cétacés par leurs habitudes aquatiques, leurs formes allongées et leurs pattes courtes et palmées en formes de nageoires ; tel est notre *phoque commun* ou *veau marin.*

### *III<sup>e</sup> Ordre*. — RONGEURS.

L'ordre des *rongeurs* est, après celui des carnassiers, le plus nombreux de la classe des mammifères ; il comprend tous ces petits mammifères onguiculés, dont les formes, les habitudes et l'organisation se rapprochent plus ou moins de celle de nos *rats.* Privés des armes vigoureuses qui font la principale force des autres animaux, ils semblent nés pour servir de pâture à ceux que la nature a mieux favorisés. Entourés d'ennemis de toutes parts, ils ne peuvent opposer que la fuite à leurs attaques continuelles. Dans ce but, ils ont reçu du Créateur des membres souples et agiles, qui les mettent en peu de temps hors de leurs attaques, ou des ongles robustes avec lesquels ils se creusent au sein de la terre un asile inaccessible à la plupart des carnassiers. Quelques-uns, pourvus de griffes aiguës, grimpent avec facilité sur les arbres, où ils trouvent une retraite presque aussi sûre que dans les terriers les plus profonds.

La forme extérieure des *rongeurs* est assez remarquable. Leur tête oblongue se termine par un museau bombé, arrondi et garni de moustaches longues et roides ; ce qui les distingue au premier coup d'œil des insectivores, dont la taille et les habitudes sont assez semblables, mais dont le museau est extrêmement pointu ; elle est très-étroite, parce que les muscles des mâchoires étant peu développés, les arcades zygomatiques sont peu écartées du crâne et très-faibles. Leur corps est très-étroit vers les épaules; leurs membres postérieurs sont en général beaucoup plus longs et plus fortement musclés que ceux de devant, ce qui fait que leur croupe est toujours plus élevée que leurs épaules, surtout lorsqu'ils sont en repos. Cette disproportion entre les deux trains de l'animal lui donne aussi une allure particulière; il ne marche ni ne court, il ne peut que sauter, en s'élançant en avant, au moyen de ses pattes de derrière.

Aucun de ces animaux n'a l'intelligence bien développée; ce qu'expliquent la petitesse de leur cerveau et le peu de replis qu'il présente. En compensation ils ont presque tous un instinct admirable pour se procurer des aliments, pour se soustraire à leurs ennemis, et pour se garantir de l'intempérie des saisons et des vicissitudes atmosphériques. Parmi leurs sens, la vue et l'ouïe sont les plus subtils. Chez quelques-uns l'odorat partage cette délicatesse; mais il n'en est aucun dont le goût et le toucher ne soient médiocres.

Le système dentaire des *rongeurs* ne se compose que de deux sortes de dents : ce sont deux grandes incisives, séparées des molaires par un espace vide, occupé dans les autres animaux par les canines. Ces incisives se font remarquer par leur longueur, leur force et leur tranchant. Quoiqu'elles fassent une forte saillie au delà de la gencive, la partie enfoncée dans l'alvéole est encore plus considérable; ce qui leur donne une solidité presque inébranlable. Leur forme tranchante est due à deux causes; à leur frottement contre celles de la mâchoire opposée et à l'inégalité d'épaisseur de la couche d'émail qui les recouvre. Il est en effet évident que cette couche étant plus épaisse en avant qu'en arrière, la face postérieure de ces dents doit s'user plus promptement que l'antérieure; de manière qu'elles sont naturellement taillées en biseau et demeurent toujours bien affilées. De plus, elles n'ont point de racines, et elles croissent pendant toute la vie de l'animal, pour contrebalancer l'usure à laquelle elles sont sujettes par leur frottement mutuel. Aussi, lorsque par suite d'un accident, l'une d'elles vient à tomber, celle qui lui est opposée ne s'usant plus, devient tellement grande, qu'elle finit par s'enfoncer dans le crâne. Quant aux molaires, elles varient pour le nombre et pour la forme; on en compte depuis deux jusqu'à six à chaque mâchoire; et leur couronne, quoique ordinairement plane, ne laisse pas que d'offrir assez souvent des inégalités dont la disposition influe beaucoup sur le régime de l'animal. Elle offre des pointes dans les espèces insectivores et les carnassières, des tubercules mousses dans les espèces qui se nourrissent de fruits, d'amandes ou de racines; des lignes saillantes dans celles qui vivent d'herbes, de feuilles ou de grains. Comme ces dents s'usent beaucoup chez les espèces phytophages (qui se nourrissent de végétaux), elles manquent généralement de racines, ou n'en prennent qu'à une époque assez avancée de la vie de l'animal, et par conséquent elles poussent à mesure que la détrition les use.

Cette disposition du système dentaire, jointe à l'étroitesse de la bouche, à la faiblesse des muscles des mâchoires, et à la conformation des membres antérieurs, dont l'avant-bras n'est presque pas susceptible de rotation, et dont les doigts n'ont que des ongles courts et obtus, ne permet pas aux *rongeurs* de saisir une proie ni de déchirer de la chair, ni même de couper leurs aliments ; ils ne peuvent que les mordre, les limer, les réduire en parcelles déliées, en un mot les *ronger*. Les mouvements de la mâchoire inférieure, qui ne peuvent se faire que d'avant en arrière, sont très-favorables à ce mode de mastication ; car alors les surfaces des molaires supérieures et inférieures, glissant l'une sur l'autre, écrasent les corps durs qui se placent entre elles, à peu près comme les deux meules d'un moulin réduisent le blé en farine.

Les habitudes des *rongeurs* sont en général sédentaires ; on n'en connaît qu'un très-petit nombre qui voyage. L'immense majorité de ces animaux demeurent cachés dans leur bauge ou dans leur terrier, qu'ils ne quittent guère que pour aller chercher leur nourriture ; ils choisissent de préférence la nuit, lorsque l'obscurité sert à les dérober aux yeux de leurs nombreux ennemis. C'est à ce moment qu'ils se répandent dans les jardins, dans les champs, dans les bois, pour y chercher des fruits de toute espèce, des grains, des noix, des glands, etc. Mais malgré leur défiance et leurs précautions, il en périt tant, qu'on ne concevrait que difficilement comment la race n'en a pas été entièrement anéantie depuis longtemps, sans leur prodigieuse fécondité. Non-seulement ils produisent un grand nombre de petits à la fo

(vingt quelquefois), mais encore ils font plusieurs portées par an. Aussi a-t-on calculé qu'une seule paire de
ces animaux pouvait produire par an jusqu'à mille des-
cendants. Un pareil fait rend raison de l'apparition su-
bite de ces multitudes innombrables de lémings et de
mulots qui infestent les campagnes en certaines années.
Heureusement les putois, les belettes, les oiseaux de
proie, et surtout les froids rigoureux et les pluies abondantes les détruisent par millions. Eux-mêmes, lorsque
la faim les presse, deviennent leurs premiers et leurs
plus terribles ennemis; les plus forts se jettent sur les
plus faibles pour les dévorer, et le carnage dure tant
qu'il en reste deux pour s'entr'égorger.

Plusieurs animaux de cet ordre sont sujets à l'hivernation; mais la léthargie n'est pas également profonde dans toutes les espèces. Les unes s'éveillent de
temps en temps, quand la température s'élève, et se
mettent à manger les provisions qu'elles ont faites avant
leur engourdissement. Les autres, au contraire, demeurent toujours immobiles et vivent aux dépens de leur
graisse; aussi, lorsqu'au retour de la belle saison, elles
commencent à quitter leurs retraites, on les voit maigres et décharnées, se jeter avec voracité sur tout ce qui
peut satisfaire le besoin qui les exténue.

On trouve des *rongeurs* dans toutes les parties du
globe; les espèces qui vivent dans le Nord présentent
en général une belle fourrure. On recherche celle du
*petit-gris*, du *hamster* et surtout du *chinchilla*.

Le nombre des rongeurs est tellement considérable
qu'on ne connaît pas même toutes les espèces européen-

nes. Nous nous contenterons de citer les genres ÉCUREUIL (*sciurus*), MARMOTTE (*arctomys*), LOIR (*myoxus*), CHIN-CHILLA (*chinchilla*), RAT (*mus*), GERBOISE (*dipus*), CASTOR (*castor*), PORC-ÉPIC (*hystrix*), LIÈVRE (*lepus*), COBAYE (*anœma*) ou *cochon d'Inde*, etc.

### IV<sup>e</sup> *Ordre*. — ÉDENTÉS.

Sous le rapport des caractères zoologiques, les *édentés* sont faciles à reconnaître par la disposition de leur système dentaire. Ils manquent constamment d'incisives, presque toujours de canines, et souvent de toute espèce de dents. A ce caractère négatif, mais bien tranché, il faut ajouter des formes qui paraissent hétéroclites et bizarres, quand on les compare à celles des autres vertébrés de la même classe, et des membres qui sont toujours mal proportionnés, et dont les doigts courts et presque entièrement enveloppés dans des ongles énormes, comme dans des espèces de sabots, ne jouissent d'aucune mobilité, rendent la progression difficile et embarrassée, et sont d'autant plus impropres à la préhension, que l'avant-bras est complétement privé de toute espèce de mouvement de rotation.

Ces particularités organiques empêchent les *édentés* d'être agiles à la course ; leur lenteur est même telle , dans quelques espèces, qu'elles seraient depuis long-temps entièrement anéanties sans leurs ongles robustes, qui leur servent en même temps, et d'instrument pour se creuser des terriers où elles se mettent à l'abri des atteintes de leurs ennemis, et d'armes offensives et défensives, avec lesquelles elles repoussent leurs attaques avec vigueur, et leur font souvent des blessures cruelles et dangereuses.

Du reste, les habitudes de ces mammifères sont extrêmement paisibles, et tiennent beaucoup de celles des rongeurs. Timides par caractère, et privés de dents propres à dévorer une proie vivante , ils ne cherchent jamais à faire du mal aux autres animaux, à moins d'en être provoqués. Tous leurs efforts tendent à mettre leur vie en sûreté ; ils restent tout le jour cachés, soit dans leur souterrain, soit dans quelque fente de rocher, soit encore au milieu du feuillage de quelque arbre touffu ; et ce n'est que la nuit qu'ils se hasardent à aller chercher leur subsistance : des herbes tendres, des feuilles vertes , des cadavres ramollis par la putréfaction, des insectes et surtout des fourmis et des termites, tels sont à peu près les seuls aliments dont la faiblesse de leurs organes masticateurs leur permette l'usage.

Les *édentés* appartiennent exclusivement aux contrées méridionales de l'ancien et du nouveau continent ; tels sont les *paresseux*, les *tatous*, les *pangolins*, les *fourmiliers*, etc.

### V<sup>e</sup> *Ordre*. — MARSUPIAUX.

Le fait le plus remarquable de la vie des mammifères de cet ordre, c'est leur part prématuré ; leurs petits , en venant au monde, sont à peine ébauchés, et ressemblent plutôt à des masses informes qu'à des êtres organisés. Privés de membres et d'organes sensitifs distincts, incapables par conséquent de toute espèce de mouvement volontaire , ils seraient exposés à mille dangers différents, si la nature ne leur avait préparé un asile contre les périls qui peuvent menacer leur existence, dans une *bourse* ou poche située entre les cuisses de la femelle, et dans laquelle ils se trouvent aussi bien défendus de tout accident que dans le sein même de leur mère. Cette poche, qui a fait donner le nom de *marsupiaux* ou d'*animaux à bourse* aux mammifères dont nous parlons, est formée par un repli de la peau de l'abdomen, soutenu par deux os, dits aussi *marsupiaux*, qui s'articulent avec les pubis. C'est dans cette cavité, au centre de laquelle sont placées les mamelles, que les petits trouvent en naissant un refuge assuré contre les dangers extérieurs, et la nourriture la mieux appropriée à leur faiblesse. Aussi à peine sortent-ils du sein de leur mère, qu'on les voit se coller à ses tétines, auxquelles ils restent attachés jusqu'à ce qu'ils aient acquis assez de développement pour résister aux intempéries atmosphériques, et pour subvenir par eux-mêmes à leur subsistance. Plus tard même, lorsqu'ils sont devenus plus robustes, ils courent souvent s'y réfugier pour se garantir du mauvais temps, ou pour se soustraire à la poursuite de leurs ennemis.

Il faut pourtant remarquer à l'égard de la poche abdominale des *marsupiaux*, que son existence n'est pas constante ; elle se réduit quelquefois à un enfoncement très-peu marqué, qui manque même entièrement dans certaines espèces. Et cependant, chose singulière ! tous ces mammifères sans exception présentent les os marsupiaux qui concourent à la former ; la présence de ces os doit donc être regardée comme le caractère distinctif de ce groupe de mammifères.

Tous ces animaux, à l'exception d'un genre, appartiennent à la Nouvelle-Hollande ou aux îles qui en dépendent; fait non moins remarquable que l'existence exclusive des makis dans l'île de Madagascar. On dirait que chaque continent, ainsi que les îles d'une étendue considérable, ont des espèces d'animaux qui n'appartiennent qu'à eux seuls.

Les principaux genres de cet ordre sont les SARIGUES qui sont d'Amérique, les PHALANGERS et les KANGUROOS.

### Mammifères ongulés.

Ici se termine la série des mammifères *onguiculés*. Nous allons maintenant nous occuper des espèces *ongulées*.

L'ongle laisse toujours aux doigts un certain degré de flexibilité et de sensibilité ; tous les mammifères onguiculés ont, par conséquent, leurs extrémités plus ou moins propres à l'exercice du tact et à la préhension. Le *sabot*, au contraire, enveloppant les doigts d'une manière complète, y détruit le toucher et rend la préhension impossible.

De ce fait dérivent plusieurs conséquences anatomiques et physiologiques très-importantes. D'abord, les membres antérieurs, n'étant propres chez les animaux *ongulés*, qu'à servir de soutien au corps, n'ont pas besoin de clavicules, lesquelles comme on sait, sont destinées à empêcher les épaules de s'approcher trop de la ligne médiane du tronc. En second lieu, comme l'étendue de l'intelligence est, en général, proportionnée à la délicatesse du tact, les facultés intellectuelles de ces mammifères doivent être très-bornées, à moins qu'un organe particulier, comme la trompe de l'éléphant, n'en favorise le développement. Troisièmement, les mammifères à *sabot*, étant dans l'impossibilité presque absolue de déchirer une proie vivante, et même d'atteindre les fruits sur les arbres, sont forcés de se nourrir de végétaux faciles à saisir avec leur bouche, telles que les feuilles des arbrisseaux et les herbes des champs.

La nature de ces aliments exige à son tour des modifications dans l'organisation des animaux *ongulés ;* ainsi, la longueur de leur cou doit être en rapport avec celle des membres antérieurs, afin qu'en baissant la tête, ils puissent aisément toucher la terre, et y prendre leur boisson ou leur nourriture. Il faut ensuite que leur tube digestif soit beaucoup plus ample que celui des espèces carnassières ou insectivores, car, à volume égal, les végétaux contiennent moins de parties nutritives que la chair ; leur estomac est donc très-vaste et souvent multiple, leurs intestins très-longs et très-gros. En troisième lieu, comme la nature fournit dans ses productions végétales une nourriture plus abondante dans les contrées les plus désertes et les forêts les plus profondes, il s'ensuit que les mammifères à *sabots* cherchent la solitude et fuient le voisinage des lieux habités ; ils sont par conséquent farouches et sauvages ; mais en même temps cette abondance de nourriture rend leurs habitudes douces, et porte les individus de la même espèce à s'assembler en troupes plus ou moins nombreuses. Par cette association, ils multiplient considérablement leurs forces et suppléent aux armes défensives que la nature a refusées à la plupart d'entre eux, ou du moins ils se préservent des frayeurs que l'isolement leur causerait. Et comme on a remarqué que les animaux en général sont d'autant plus disposés à la domesticité, qu'ils sont plus sociables entre eux, il est peu de mammifères *ongulés* que l'homme n'ait soumis à son joug. Il emploie les uns comme bêtes de somme ou de trait, et destine les autres à ses besoins particuliers ; de leurs poils il se fait des vêtements, de leur peau des chaussures et autres objets à son usage ; dans leur chair il trouve une nourriture agréable et bienfaisante ; en un mot, il met à profit toutes les parties de leur corps, et l'on peut dire avec raison que, s'il existe des animaux plus utiles aux vues générales de la nature, il n'en est point qui nous rendent des services aussi importants ou aussi multipliés.

Les animaux à *sabots* se divisent en deux ordres bien distincts : les *pachydermes* et les *ruminants*.

### VIᵉ *Ordre*. — PACHYDERMES.

Le nom de *pachyderme*, qui signifie *peau épaisse*, désigne les plus grands quadrupèdes connus, tels que l'éléphant, l'hippopotame, le rhinocéros, etc. On les distingue des autres *ongulés* par leur digestion qui se fait comme chez les mammifères ordinaires, et par le nombre de leurs sabots qui est d'un, trois, quatre ou cinq à chaque pied, tandis que les autres ongulés n'en ont que deux. Ce sont des animaux remarquables par la masse de leur corps, par la brièveté de leurs membres, par la pesanteur de leurs allures, et presque toujours par la saillie de deux grandes dents qui, se montrant hors de leur gueule, leur forment ce qu'on appelle des *dé-fenses*, armes souvent terribles, avec lesquelles ils rendent avec usure à leurs ennemis le mal que ceux-ci voudraient leur faire, et qui secondées par la force prodigieuse de leurs corps, en feraient les plus redoutables des mammifères, si leur audace et leur cruauté égalaient leur puissance. Mais leur caractère pacifique et même timide les porte plutôt à se tenir cachés au sein des forêts désertes, ou à se répandre au milieu des plaines inhabitées, qu'à chercher la rencontre d'animaux, dont ils n'auraient sans doute rien à craindre, mais avec lesquels ils seraient obligés d'être en hostilité continuelle. Ils aiment surtout les lieux humides et marécageux, où ils ont la facilité de se vautrer dans la fange, pour assoupir un peu la roideur de leur peau, et pour se débarrasser des insectes qui les incommodent sous le ciel brûlant de la zone torride qu'habitent la plupart d'entre eux.

Comme les *pachydermes* ont les pattes très-courtes, ils atteignent facilement le sol pour y prendre leur nourriture; celle-ci consite en herbes, en feuilles et en racines qu'ils retirent du sein de la terre, à l'aide de leur groin propre à fouir ou au moyen de leurs défenses; quelques-uns même ne dédaignent pas la chair, quand ils trouvent l'occasion d'en manger; mais ces cas sont extrêmement rares, et l'on peut dire que leur régime est à peu près exclusivement végétal.

Les genres de cet ordre sont le CHEVAL (*equus*), l'ÉLÉPHANT (*elephas*), le MASTODONTE (*mastodon*) genre fossile, le **RHINOCÉROS**, le **PALÉOTHERIUM**, genre fossile, le **TAPIR**, l'**HIPPOPOTAME** et le **COCHON** (*sus*), dont la souche est le sanglier.

### VII<sup>e</sup> Ordre. — RUMINANTS.

Cet ordre est le plus naturel et le mieux caractérisé de la classe des mammifères : tous les animaux qu'il comprend sont faits d'après le même modèle, et ne forment qu'une seule famille, dont tous les membres ont la plus grande conformité d'organisation, et se distinguent de tous les autres mammifères par des caractères extrêmement tranchés.

Le premier de ces caractères est le défaut d'incisives supérieures, qui sont remplacées par un bourrelet dur et calleux. A la mâchoire inférieure, ces dents sont ordinairement au nombre de huit et rarement de six. Les molaires, au nombre de six de chaque côté, sont remarquables par leur couronne large et par les croissants dont elle est marquée. Entre les incisives et les molaires se trouve un espace vide, qui cependant est quelquefois occupé par des canines chez les espèces sans cornes.

Leurs pieds n'ont que deux doigts, avec les rudiments plus ou moins marqués de deux autres; ces organes sont enveloppés dans deux sabots, qui se regardent par une face aplatie, comme ceux du cochon, et semblent ne former qu'un sabot unique, qui aurait été divisé accidentellement; disposition qui a fait donner à ces animaux le nom de *bisulques*, et de *pieds fourchus* ou *bifurqués*. Leur métacarpe et leur métatarse présentent une conformation semblable à ceux des solipèdes, c'est-à-dire que les os qui les forment sont réunis en un *canon* dans chaque membre,

En troisième lieu, les *ruminants* sont les seuls de tous les mammifères qui soient pourvus de *cornes*, éminences dures qui s'élèvent sur les parties latérales de leur os frontal, et qui font corps avec lui. Ces appendices leur appartiennent exclusivement, et, s'ils étaient communs à tous les animaux de l'ordre, ils en formeraient le meilleur caractère distinctif, en ce qu'il serait tout à fait extérieur, et plus facile à apprécier qu'aucun des autres; malheureusement il est certaines espèces de *ruminants* qui manquent constamment de ces organes, et, chez un grand nombre d'autres, les mâles seuls en sont pourvus.

Aussi le trait le plus caractéristique de l'ordre dont nous parlons est sans contredit leur mode de digestion et la disposition de leur tube intestinal. Ces animaux ne se contentent pas, comme les autres mammifères, de mâcher leurs aliments une seule fois : après les avoir grossièrement concassés dans une première mastication, et les avoir avalés, il les font remonter, par un mécanisme particulier, dans leur bouche, où ils sont soumis à une seconde trituration : c'est en cela que consiste la *rumination*.

Les animaux de cet ordre ont des habitudes semblables à celles des autres ongulés. Organisés pour vivre de substances végétales, privés d'ailleurs, par la conformation de leurs membres, des moyens de déchirer une proie vivante, ils ont le caractère timide et défiant, et se tiennent dans les forêts les plus épaisses ou au milieu de vastes déserts, où ils ont peu d'ennemis à craindre, et la facilité de les apercevoir de loin et de leur échapper par la fuite ; et, pour être moins exposés à être surpris, ils ont soin de se réunir par troupes considérables, dont les uns font le guet pendant que les autres prennent leur nourriture ou se livrent au repos. Malgré ces précautions, les *ruminants* sont tellement harcelés par des carnassiers de toute espèce, qu'il est possible de prévoir le temps où ils auront entièrement disparu de la surface du globe. L'homme surtout, qui retire de la chair de ces animaux une nourriture agréable et substantielle et qui reçoit de plusieurs d'entre eux des services inappréciables, les poursuit avec acharnement, soit pour les tuer, soit pour les soumettre à son joug. Déjà le chameau, un des ruminants les plus utiles, a été complétement réduit à l'état domestique, ou du moins son existence à l'état sauvage est douteuse. Il en est de même de l'*urus*, source de nos bœufs domestiques ; il a cessé d'exister à l'état sauvage, ou, s'il existe sous le nom d'*aurochs*, comme le pensent certains naturalistes, au lieu d'habiter toutes les grandes forêts de l'Europe, il se trouve relégué sur des montagnes presque inaccessibles. Les *girafes*, de plus en plus rares, sont l'objet d'une curiosité générale, tandis que du temps des Romains elles étaient assez communes pour qu'ils en fissent paraître une dizaine à la fois dans leurs amphithéâtres. Le nombre des *chamois*, des *chevreuils*, des *mouflons*, etc., diminue dans une proportion semblable, et il est impossible, d'après une progression si rapidement décroissante, que la race de ces animaux sans défense ne s'éteigne pas tôt ou tard, à moins que les individus domestiques ne la perpétuent, comme cela a lieu maintenant pour l'espèce caballine.

L'ordre des *ruminants* comprend entre autres genres : les **CHAMEAUX** (*camelus*), les **LAMAS** (*auchenia*), les **CHEVROTAINS** (*moschus*), qui n'ont pas de cornes, les **CERFS** (*cervus*), qui les ont pleines, les **GIRAFES**, qui les ont couvertes par la peau, les **ANTILOPES**, les **CHÈVRES**, les **BREBIS** et les **BOEUFS**, qui les ont creuses.

## *VIII<sup>e</sup> Ordre. —* CÉTACÉS.

Lorsque les naturalistes ne basaient la classification des êtres que sur leurs formes extérieures, les *cétacés* faisaient partie de la classe des poissons. Leur forme ichthyoïde, l'absence de membres postérieurs, la conformation de ceux de devant qui ressemblent à des nageoires, la brièveté ou plutôt le défaut de cou qui laisse incertaine la séparation de la tête et du tronc, l'aspect général du corps qui va en diminuant d'avant en arrière et qui se termine postérieurement par une queue cartilagineuse horizontale, en un mot tous les caractères extérieurs se réunissaient pour les faire regarder comme des poissons. Mais l'étude de leur organisation a fait cesser cette erreur, et les a ramenés à leur véritable place parmi les mammifères. Leur cœur double, leur respiration pulmonaire, leur sang chaud, leur génération vivipare, la présence des mamelles à la partie inférieure du tronc, la conformation osseuse de leurs membres, l'existence d'un trou auditif sont autant de caractères qui rapprochent ces animaux de la classe des mammifères et les éloignent de celle des poissons. D'ailleurs la disposition même de leur queue, qui est transversale, au lieu d'être verticale comme chez ces derniers, les en sépare, même extérieurement, d'une manière bien tranchée.

A ces traits, qui suffiraient, à la rigueur, pour distinguer les *cétacés* des mammifères et des poissons en même temps, il faut ajouter les particularités suivantes. Leur peau n'est jamais garnie de poils, ou du moins n'en offre que de très-rares ; leurs oreilles, quoique s'ouvrant au dehors, sont constamment dépourvues de pavillon extérieur ; leurs yeux sont très-petits, privés de cils et de sourcils, et fortement écartés l'un de l'autre ; leurs membres antérieurs, quoique transformés en nageoires, ne diffèrent essentiellement de ceux des autres mammifères, que parce que les os en sont très-raccourcis et qu'ils ont les doigts enveloppés dans une membrane tendineuse ; leur épine est composée d'un très-grand nombre de vertèbres, dont les antérieures sont très-minces et presque entièrement soudées ensemble, ce qui explique et la longueur de leur corps et la brièveté de leur cou. Les muscles qui garnissent la partie postérieure de cette colonne, étant destinés à mouvoir la queue, qui est pour ces animaux le principal organe de la locomotion, ont une épaisseur extraordinaire, ce qui, joint à la couche de graisse qu'ils ont au-dessous de la peau, fait paraître la queue tout d'une venue avec le tronc, et donne à leur corps une forme conique et une ressemblance frappante avec celui des poissons.

Une pareille organisation entraîne nécessairement des

habitudes aquatiques ; et en effet, les *cétacés* ne quittent presque point leur élément favori, pas même pour allaiter leurs petits. Cependant la nature de leur respiration les oblige à s'élever fréquemment à la surface de l'eau ; mais la disposition de leurs narines, qui s'ouvrent à l'extrémité de leur museau ou au sommet de leur tête, leur permet de respirer librement sans se montrer, pour ainsi dire, au dehors. Ils ne sont obligés de s'élever tout à fait à la surface des flots que pour se livrer au sommeil, car tant qu'ils restent sous l'eau, il faut que leur volonté agisse sur les muscles qui ferment les narines, pour empêcher ce liquide de pénétrer dans les voies de la respiration ; or, l'influence de la volonté est anéantie par le sommeil ; ce n'est donc qu'en flottant à la surface de l'eau qu'ils peuvent s'y livrer, parce que ce n'est que là qu'ils peuvent tenir leurs narines constamment ouvertes, condition indispensable à l'exercice de la fonction respiratoire.

Les *cétacés* étant presque tous de grande taille ne produisent jamais plus d'un petit à la fois, et le portent longtemps avant de le mettre au jour. Ils sont néanmoins assez communs et se rencontrent presque toujours réunis en troupes considérables, ce qu'on s'explique aisément, malgré la guerre acharnée qu'on leur fait, quand on songe à la durée de leur vie, qui s'étend à plusieurs siècles dans certaines espèces. Tous les individus qui composent ces troupes font, à ce qu'on croit, partie de la même famille ; ce qui le fait présumer, c'est qu'ils ont les uns pour les autres un attachement si vif, qu'ils ne manquent jamais de se secourir mutuellement lorsqu'ils se trouvent en danger. Les mâles et les femelles surtout se témoignent réciproquement et montrent pour leurs petits une affection qui les porte à sacrifier leur propre vie pour tirer du péril les objets de leur amour. Aussi un moyen presque infaillible de prendre les parents consiste-t-il à s'emparer de leur progéniture; il est rare qu'ils ne la suivent pas d'assez près pour tomber sous les coups du pêcheur.

Cet ordre, qui comprend environ quatre-vingts espèces, dont une quarantaine seulement sont assez bien connues, se divise en six genres, les **LAMANTINS**, les **DUGONGS**, les **DAUPHINS**, les **NARVALS**, les **CACHALOTS** et les **BALEINES**.

## IIe CLASSE. — OISEAUX.

Des quatre classes qui composent l'embranchement des animaux vertébrés, celle des *oiseaux* est la plus naturelle et la plus facile à caractériser. Leur bec, leurs ailes, leurs pattes et leur génération ovipare fournissent des traits distinctifs qui empêcheront toujours de les confondre avec les autres vertébrés; et d'ailleurs la nature des plumes qui recouvrent leur corps suffit seule pour les faire reconnaître parmi tous les êtres organisés.

Ces organes se composent de trois parties; le *tube* ou tuyau, qui est creux, implanté dans la peau et percé à sa base d'un trou, par lequel arrivent les vaisseaux et les nerfs nécessaires au développement de l'organe; la *tige*, qui est la continuation du tube, mais qui, au lieu d'être vide, est remplie d'une matière spongieuse; et les *barbes*, qui sont de petites lames élastiques, placées sur deux rangs de chaque côté de la tige, et presque toujours garnies de crochets qui servent à les lier ensemble, de manière qu'elles forment un tissu ferme et imperméable à l'air.

Les plumes recouvrent toutes les parties du corps de l'animal, excepté le bec, les doigts et quelquefois les tarses ou pattes, et prennent des noms différens, selon la destination spéciale que la nature leur a assignée. Les unes, qui servent particulièrement au vol, portent le nom de *pennes*; ce sont les grandes plumes qui garnissent les ailes et la queue ; mais comme, tout en concourant au même but, les pennes n'agissent pas de la même manière, et que celles de l'aile font l'office d'une rame, dont l'*oiseau* se sert pour se soutenir dans l'atmosphère, tandis que celles de la queue ne sont propres qu'à le diriger, on a appelé les premières *remiges* et les secondes *rectrices*.

La différence de destination des pennes en entraîne une autre dans la manière dont ces organes sont implantés dans la peau. Les *remiges* sont fixées d'une manière immobile, afin qu'elles aient la force nécessaire pour supporter le poids de l'oiseau : tandis que les *rectrices* ont une grande mobilité qui rend très-faciles les changements de direction que l'animal a besoin de leur imprimer.

Toutes les *pennes*, les rectrices comme les remiges, sont recouvertes à leur base de plumes plus petites que l'on appelle *tectrices* ou *couvertures*, d'après l'usage auquel elles sont destinées.

Les autres plumes, celles auxquelles on réserve par-

ticulièrement ce nom, semblent avoir été données spécialement à l'*oiseau* pour garantir son corps des atteintes
du froid et de l'humidité. Dans ce double but, la nature
a placé au-dessous d'elles un duvet fin et moelleux,
éminemment propre à concentrer la chaleur, et a pourvu
l'*oiseau* de deux glandes particulières qui sont situées de
chaque côté de la queue et qui produisent une humeur
grasse et onctueuse, dont il se sert pour enduire avec
son bec la surface extérieure de ses plumes et les rendre
ainsi imperméables à l'eau. De plus, les plumes forment
autour de l'oiseau une couche épaisse qui, sans augmenter sensiblement le poids de son corps, le rend
beaucoup plus gros et par conséquent plus léger.

Quelque favorable au vol que soit la légèreté des téguments dont les *oiseaux* sont pourvus, elle n'aurait pas
suffi pour leur donner cette faculté, si le reste de leur
organisation n'avait été approprié à ce même but. Leurs
os sont d'un tissu plus compacte que ceux des mammifères et ont leurs cavités intérieures plus grandes et
complétement vides; de sorte que leur squelette est
beaucoup plus léger que celui des autres vertébrés,
sans être moins solide que le leur. Leurs poumons occupent non-seulement toute la capacité de la poitrine,
mais encore une partie de celle de l'abdomen; ils communiquent en outre, au moyen de trous dont ils sont
percés, avec diverses cavités du corps et en particulier
avec celles des os, de manière que l'air se trouve continuellement en contact avec la plupart de leurs organes,
tandis que dans les autres animaux ce fluide ne pénètre
que dans les organes respiratoires. Cette disposition rend

la *respiration* des oiseaux *double* et incomparablement plus active que celle des mammifères, des reptiles et des poissons. De cette énergie de la respiration résultent pour eux une température plus élevée, une activité plus grande, une sensibilité plus exquise, une vigueur et une puissance de mouvements supérieures à celles des autres animaux. Enfin, leurs ailes étant très-étendues en longueur et en largeur, deviennent, quand elles sont déployées, un vaste parachute, capable de soutenir un poids beaucoup plus considérable que celui de leur corps.

Cette destination des ailes exigeait que ces organes fussent mus par des muscles très-vigoureux et très-solidement fixés. Aussi dans la plupart des *oiseaux* les muscles pectoraux, qui les font agir, pèsent-ils seuls plus que tous les autres muscles du corps réunis ; et c'est pour leur fournir une surface assez étendue et assez solide, que leur sternum est plus large et plus long que chez aucun autre animal, et présente dans son milieu une crête saillante ou *bréchet*, sur laquelle s'implantent les fibres de ces muscles. En outre, leurs côtes sont toutes soudées avec le sternum et avec la colonne vertébrale, et de plus unies ensemble par des os particuliers, qui se portent obliquement de l'une à l'autre ; en sorte que la poitrine entière n'est, pour ainsi dire, formée que d'un seul os, et fournit un point d'attache extrêmement résistant aux ailes. Enfin, l'articulation de l'épaule est rendue aussi solide que possible par la présence de deux clavicules. L'antérieure s'unit avec celle du côté opposé pour former la *fourchette*, dont l'écartement annonce le plus ou moins d'aptitude que l'animal a pour le vol ; quant à la seconde, elle est beaucoup plus forte, et peut être regardée comme l'os le plus résistant de tout le squelette ; aussi, malgré les efforts énormes que le vol exige, il n'arrive jamais que l'articulation des ailes soit dérangée.

Si le vol exigeait dans les membres de l'oiseau un mode d'articulation plus solide que celui des autres animaux, une conformation différente des parties osseuses, qui en font la charpente, n'était pas moins indispensable. Le bras et l'avant-bras sont les seules parties qui aient les mêmes os que ces mêmes parties chez les mammifères ; leur carpe, leur métacarpe et leurs doigts se réduisent à trois ou quatre os, dans lesquels on a cru trouver les rudiments des phalanges, mais qui n'ont pas assez de mobilité pour cela. Tout le membre est recouvert par les remiges qui, selon qu'elles s'attachent au bras, à l'avant-bras ou à l'extrémité de l'aile, prennent le nom de *scapulaires*, de *secondaires* ou de *primaires*.

La conformation des ailes les rendant tout à fait impropres à porter les aliments à la bouche et à soutenir le corps sur un plan solide, il fallait à l'*oiseau* des organes pour la préhension et pour la marche. Ces organes, il les a dans le *bec* et dans les *pattes*.

Quelque différent que paraisse le premier de ces organes, comparé avec la bouche d'un quadrupède, d'un lézard, etc., il ne s'en distingue essentiellement que par la longueur des mâchoires et par le défaut de dents, qui sont remplacées par la *corne* dont elles sont revêtues ;

et pour que cet organe ait toute la mobilité nécessaire à la préhension, il se trouve placé à l'extrémité d'un cou long et flexible, qui se porte avec facilité dans toutes les directions. Du reste, la forme du bec varie beaucoup, selon le genre de nourriture de l'animal ; et les différences qu'il offre, sous ce rapport, fournissent aux naturalistes le moyen de diviser l'ornithologie en ordres, familles, genres, etc.

Quant aux *pattes*, elles sont formées des mêmes parties essentielles que les membres postérieurs des animaux marcheurs. Seulement la cuisse reste toujours cachée sous la peau, et les sept os qui composent ordinairement le *tarse* sont réunis en un seul, qui est de forme longue et à l'extrémité duquel se trouvent articulés les doigts. Ceux-ci ne sont jamais qu'au nombre de quatre, trois en avant et un en arrière, excepté dans quelques espèces, chez lesquelles il y en a deux dans chaque direction. Dans tous les cas, ces organes sont pourvus de tendons qui, par une disposition particulière, les fléchissent par le seul poids du corps, sans l'influence de la volonté de l'animal ; c'est pour cela que les *oiseaux* peuvent dormir perchés sur un ou sur deux pieds sans aucune fatigue.

Telles sont les modifications les plus remarquables que le vol a nécessitées dans l'organisation des *oiseaux* ; examinons maintenant les autres organes, pour connaître les particularités principales qu'ils présentent dans leur structure. Leur digestion s'opère de la même manière que chez les mammifères, à quelques exceptions près. Ils n'ont presque pas de salive ; et leur langue, généralement cartilagineuse, au lieu d'être musculaire, n'est presque pas propre à l'exercice du goût; c'est pour cela que ces animaux ne mâchent pas leurs aliments et qu'ils les avalent tout d'un coup. Pour suppléer à ce défaut de mastication, ils ont avant l'estomac qui, chez eux, porte le nom de *gésier*, deux cavités particulières, le *jabot* et le *ventricule*, dans lesquelles la nourriture s'imbibe de divers sucs qui la ramollissent et la rendent plus facile à être digérée. Ce n'est qu'après avoir été convenablement préparés dans ces deux organes, que les aliments passent dans le *gésier*.

La structure de cette cavité varie considérablement, selon le régime de l'*oiseau*. Dans ceux qui se nourrissent de graines, le gésier est armé de deux muscles vigoureux et tapissé en dedans d'un cartilage solide, d'autant plus propre à broyer les aliments, que l'animal a soin d'avaler, en même temps que sa nourriture, de petites pierres pour en faciliter la trituration. Dans les espèces qui vivent de chair et de poisson, les muscles sont extrêmement faibles, et le gésier semble ne faire qu'un seul sac avec le ventricule.

Le reste de la digestion s'opère chez eux à peu près de même que chez les mammifères. Ils ont tous un *foie* très-développé; mais leurs intestins ont cela de remarquable qu'au lieu d'aboutir directement à l'*anus*, ils se terminent dans une poche appelée *cloaque*, dans laquelle se rendent aussi les œufs et les urines. Par conséquent ces dernières se mêlent avec le résidu de la digestion, ce qui fait que les *oiseaux* n'urinent point, et que leurs excréments sont généralement liquides.

De tous les sens de l'*oiseau*, celui de la vue est le plus développé, car il est disposé de manière à distinguer également bien les objets de loin et de près ; mais on ignore entièrement la cause de ce fait. Quant aux autres sens, le toucher est presque nul, puisque tout le corps de ces animaux est couvert de plumes excepté au bec, aux doigts et aux jambes, parties dépourvues de toute sensibilité par la matière cornée qui les enveloppe de toutes parts. Nous avons vu que leur goût est très-peu délicat, puisque leur langue est dure et cartilagineuse. Leur odorat est aussi très-faible. Il n'en est pas de même de leur ouïe : quoique leur oreille manque de pavillon extérieur, elle est douée d'une grande finesse, ainsi que le prouvent la variété du chant d'un grand nombre d'entre eux, la facilité avec laquelle ils retiennent les airs qu'on leur apprend et la promptitude avec laquelle ils s'éveillent tous, lorsqu'on les approche même avec les plus grandes précautions.

Les mœurs des *oiseaux* sont extrêmement curieuses : il est surtout dans leur vie plusieurs phénomènes importants qui la rendent très-intéressante : ce sont leurs *migrations* ou voyages, leur *mue* ou renouvellement des plumes, et leur *nidification* ou construction du nid.

Certains *oiseaux* exécutent périodiquement, tantôt seuls, tantôt par troupes, des voyages annuels d'un pays dans un autre ; voyages déterminés soit par la rigueur de l'hiver, soit par le défaut de nourriture. C'est ainsi que nous voyons en France à différentes époques, et mues par des besoins différents, les *oies*, les *hirondelles*, les *bécasses*, etc. Les premières nous arrivent au commencement de l'hiver et nous quittent avec la mauvaise saison. Pour les hirondelles c'est l'inverse, le printemps nous les amène et les premiers froids les mettent en fuite. Les bécasses font de moindres voyages que les précédentes : leurs migrations se bornent à passer des pays de montagnes dans ceux de plaine et *vice versâ*. La différence de régime explique celle de l'époque de l'arrivée de ces oiseaux voyageurs. Les oies, qui vivent de mollusques et de poissons, quittent le Nord, lorsque les froids de l'hiver, glaçant les eaux, les empêchent de se procurer leur subsistance. Les hirondelles partent, lorsque la mauvaise saison fait périr les insectes dont elles se nourrissent. Quant aux bécasses, comme les vers font la base de leur nourriture, il faut toujours à ces oiseaux une terre humide où ils puissent facilement chercher leur proie; c'est pour cela que nous les avons en automne à l'époque des pluies. L'hiver elles se tiennent près des eaux courantes qui ne gèlent pas, et l'été sur les hautes montagnes et toujours près des sources.

Le plumage des *oiseaux* présente des différences assez marquées, non-seulement selon les différences d'âge et de sexe, mais encore selon celles des saisons. En général la femelle diffère du mâle par des teintes moins vives, et alors les petits des deux sexes ressemblent à la mère. Quand les deux sexes ont le même plumage, les petits ont une *livrée* qui leur est propre; enfin, il est un certain nombre d'oiseaux qui ont un plumage d'hiver et un plumage d'été.

On conçoit que pour que ces changements s'opèrent, il faut que les plumes tombent et soient remplacées par d'autres; c'est cette chute périodique qu'on désigne sous le nom de *mue*. Ce phénomène a ordinairement lieu une fois par an, durant le cours de la belle saison et peu de temps après la ponte; mais les espèces qui vivent en domesticité ou en esclavage n'y sont pas soumises avec la même régularité, et passent quelquefois plusieurs années sans éprouver de *mue;* d'autres, au contraire, en subissent deux, l'une au commencement du printemps, et l'autre avant l'hiver. Dans tous les cas une indisposition plus ou moins forte accompagne ce changement; l'*oiseau* est triste, silencieux, apathique; il mange peu et se tient caché, comme s'il craignait d'être vu; presque toujours immobile à la même place, on dirait qu'il redoute la fatigue, tandis que, lorsqu'il est bien portant, le repos semble lui être pénible. Cet état de maladie dure jusqu'à ce que les nouvelles plumes s'étant développées, l'*oiseau* ait repris, avec sa livrée, l'activité qui forme le fond de son naturel. Ce temps est assez long, attendu que les plumes tombent les unes après les autres, afin que l'animal ne se trouve jamais trop exposé aux injures de l'air.

C'est à l'époque de la reproduction, que la vie de l'*oiseau* offre le plus d'intérêt. C'est alors qu'il fait entendre ces chants harmonieux, dont la force nous étonne; c'est alors aussi que se manifestent cette adresse admirable dont la nature les a doués pour construire leur *nid*, cette patience vraiment merveilleuse que montrent ces petits animaux, d'ordinaire si inconstants et si légers, et cette tendresse maternelle qui fait tout oublier à la femelle, jusqu'au soin de sa conservation.

Dès les premiers jours du printemps on voit la plupart des *oiseaux* se hâter de préparer un lit pour recevoir leur postérité. Les uns le placent sur les arbres, dans l'herbe, à terre ou dans les buissons; les autres parmi les rochers, sur les vieilles tours, dans le creux des murailles. Ceux-ci le construisent avec un art admirable; ceux-là se contentent d'entasser au hasard quelques matières molettes; un très-petit nombre ne font aucun préparatif et prennent pour nid le premier trou venu. L'habitation étant apprêtée ou trouvée, la femelle y dépose un nombre d'*œufs* en général d'autant plus considérable que sa taille est plus petite; ensuite elle se pose sur eux pour les réchauffer et les faire éclore. L'incubation a une durée qui varie de dix jours à deux mois. Durant cet intervalle le mâle, pour calmer les ennuis de la couveuse, lui répète ordinairement ses airs favoris, ou partage avec elle le soin de cette pénible fonction. Les petits éclos, ce sont d'autres fatigues; il faut leur procurer des aliments appropriés à leur faiblesse. Le père et la mère, ou celle-ci seulement, vont de tous côtés chercher de la pâture pour la rapporter à leur famille, qui grandit rapidement et se trouve en peu de temps capable de pourvoir elle-même à sa sûreté et à sa subsistance.

Les soins maternels sont nécessaires aux petits jusqu'à l'époque où leur corps se trouve couvert de plumes; car les jeunes *oiseaux*, en rompant leur coquille, ne sont vêtus que d'un simple duvet, qui doit plus tard être remplacé par des téguments de la nature de ceux de leurs parents; et l'on remarque que ce changement se fait beaucoup plus vite pour les *oiseaux* carnassiers que pour ceux qui se nourrissent d'insectes ou de végétaux.

La classe des *oiseaux* étant une des mieux circonscrites, est aussi une de celles dont l'étude est la plus difficile. Pour y établir des divisions, et pour caractériser les ordres, les familles, etc., il a fallu recourir aux moindres différences que le bec présente dans sa forme, sa structure; à celles des pieds et des doigts; à la conformation de leurs ailes; etc. D'après ces considérations, on a partagé ces animaux en six ordres : les *rapaces*, les *passereaux*, les *grimpeurs*, les *gallinacés*, les *échassiers* et les *palmipèdes*.

Les premiers, qu'on appelle aussi *oiseaux de proie*, ont les tarses courts, trois doigts en avant et un en arrière, tous libres et armés d'ongles forts et crochus; enfin le bec recourbé et très-robuste : tels sont l'*aigle*, le *faucon*, le *hibou*, etc.

Les *passereaux*, ou *oiseaux chanteurs*, ont aussi quatre doigts libres, trois en avant et un en arrière, les tarses faibles ou médiocres, le bas de la jambe emplumé et le bec variable pour la forme, mais sans être jamais crochu comme celui des rapaces. Le *merle*, le *moineau*, le *colibri*, etc., sont dans ce cas.

Les *grimpeurs* se reconnaissent très-aisément à leurs doigts dirigés deux en avant et deux en arrière (le *pic*, le *perroquet*, le *toucan*, etc.).

Les *gallinacés*, ou *oiseaux de basse-cour*, ont trois doigts devant et un en arrière, tous armés d'ongles forts et obtus, le bec voûté supérieurement et à pointe émoussée, les narines en partie recouvertes par une écaille molle et renflée, le corps lourd et trapu et le vol pesant et difficile (le *coq*, le *dindon*, la *perdrix*, etc.`.

Ces quatre ordres ne renferment que des oiseaux terrestres : les deux suivants sont aquatiques.

Les *échassiers*, ou *oiseaux de rivage*, ont les tarses généralement longs, les jambes dénuées de plumes à leur partie inférieure, et les doigts extérieurs et médians garnis d'une petite membrane à leur base (l'*outarde*, le *héron*, etc.).

Les *palmipèdes*, ou *oiseaux aquatiques*, ont le plumage lisse et serré, les pattes placées à l'arrière du corps, les tarses courts et les doigts réunis par des membranes larges (le *canard*, la *mouette*, l'*hirondelle-de-mer*).

## IIIᵉ CLASSE. — REPTILES.

Si l'on prenait le nom de *reptile* dans son acception rigoureuse, cette classe embrasserait non-seulement les serpents, qui sont de véritables reptiles, mais encore les vers, les limaces et plusieurs autres animaux qui sont réellement rampants, et ne comprendrait ni les tortues, ni les lézards, ni les grenouilles, qui, étant pourvus de membres, peuvent marcher et sauter comme les quadrupèdes. Mais les naturalistes ont changé la signification de ce mot, pour ne l'appliquer qu'aux *animaux vertébrés à sang froid, à respiration pulmonaire simple, et dont le corps n'est couvert ni de poils ni de plumes.*

Ainsi définis, les *reptiles* forment une classe qui, sans

être aussi naturelle que les trois autres du même embranchement, ne laisse pas que de présenter de nombreux rapports dans l'organisation et dans les habitudes des êtres qu'elle comprend. On n'y trouve plus réunies les espèces les plus disparates, telles que les vers, les mollusques et les serpents, qui appartiennent non-seulement à des classes, mais encore à des embranchements différents.

Le caractère zoologique le plus important qui rassemble les vertébrés de la classe dont nous parlons, c'est leur mode de circulation. Tandis que dans les autres animaux à poumons, tout le sang veineux, que les vaisseaux apportent dans le cœur droit, est lancé dans l'organe respiratoire pour y subir le contact de l'air atmosphérique, chez les reptiles, ce liquide ne passe qu'en partie dans les artères pulmonaires, parce que la cloison qui sépare les deux ventricules est percée d'une ouverture qui le laisse entrer en partie dans le cœur gauche sans qu'il ait respiré ; de sorte que cette partie retourne aux organes à l'état de sang veineux.

La respiration de ces animaux est par conséquent incomplète ; et comme c'est de cette fonction que dépendent la chaleur animale, la sensibilité nerveuse et l'énergie musculaire, il s'ensuit que ces trois qualités doivent être moindres chez les reptiles que chez les animaux à respiration pulmonaire complète. C'est pour cela que les *reptiles* ont le sang froid, et que la température de leur corps est à peine supérieure à celle de l'air atmosphérique. C'est encore pour cela que leurs forces motrices sont ordinairement peu actives ; et quoique plusieurs aient les mouvements agiles en certains moments, leurs habitudes sont généralement paresseuses, leur digestion est excessivement lente, et dans les pays froids ou tempérés ils passent presque tout l'hiver en léthargie. C'est à la même cause qu'il faut attribuer le peu de développement de leurs sensations; chez eux, point de toucher ni de goût, parce que leur corps est tout couvert d'écailles et que leur langue n'est presque jamais charnue. Leur oreille n'est marquée au dehors que par une petite cavité à peine sensible, et demeure même quelquefois complétement invisible; leurs yeux sans avoir une portée remarquable, ont cependant une troisième paupière, comme chez les oiseaux, et se font surtout remarquer par la fixité de leur regard. Leur cerveau et surtout leur cervelet sont très-petits, et l'influence de ces organes sur les muscles est beaucoup moins indispensable que dans les animaux des deux classes précédentes. On a vu des tortues se mouvoir plusieurs jours après avoir eu la tête tranchée, et tout le monde sait que la queue d'un lézard remue longtemps après avoir été séparée du tronc. C'est pour cela que les reptiles sont si vivaces. parce qu'il faut, pour ainsi dire, tuer à part chacune des parties de leur corps; l'ablation du cœur et du cerveau même ne détermine pas une mort immédiate chez la plupart d'entre eux.

Une particularité remarquable dans ces vertébrés. c'est la lenteur de leur digestion; quand ils se sont bien gorgés d'aliments, ils restent plusieurs semaines et même plusieurs mois sans prendre aucune espèce de nourriture ; on a vu des tortues vivre pendant dix-huit mois sans qu'on leur ait donné aucun aliment.

Une autre singularité non moins frappante, c'est la faculté qu'ils ont de suspendre pour ainsi dire à volonté leur respiration, sans que pour cela la circulation soit arrêtée ; c'est ce qui leur permet à tous de plonger beaucoup plus longtemps que les mammifères et les oiseaux, et de vivre au sein de la terre, où l'air ne pénètre qu'à peine et en très-petite quantité. Du reste, ils ont tous une trachée-artère et un organe vocal, quoiqu'ils n'aient pas tous une *voix*.

La génération des *reptiles* est ovipare ; cependant il en est plusieurs espèces qui pondent des œufs, dont le petit est déjà tout formé ; il en est même quelques-unes qui sont tout-à-fait vivipares, comme la vipère, et d'autres qu'on peut rendre telles à volonté, en retardant leur ponte par la privation de l'eau, comme les couleuvres. Du reste, aucun de ces animaux ne couve ses œufs, et la plupart d'entre eux même les abandonnent complétement après s'en être débarrassés. La chaleur et l'humidité combinées ensemble en déterminent l'éclosion ; aussi les reptiles ne sont-ils jamais plus abondants que dans les années chaudes et pluvieuses.

La forme de ces vertébrés est beaucoup plus variée que celle des mammifères et des oiseaux : il y a sous ce rapport bien plus de différence entre une tortue et un lézard. entre un serpent et une grenouille, qu'entre les mammifères les plus différents par leur conformation .extérieure. Observons cependant qu'il existe entre ces extrêmes des espèces intermédiaires qui effacent cette disparité, et forment la nuance de l'un à l'autre : la tortue serpentine, qui a les formes et la queue allongées, fait la transition des tortues aux lézards ; et ceux-ci établissent, par les scinques, un passage des serpents aux salamandres, et par conséquent aux grenouilles.

Dans tous les cas, leurs formes sont généralement peu agréables et quelquefois hideuses ; et comme d'ailleurs leurs habitudes sont dégoûtantes, en ce qu'ils fréquentent communément les marais infects et fangeux, mangent gloutonnement et couvrent d'une salive écumante leur proie avant de l'avaler, leur aspect nous inspire presque toujours un sentiment de dégoût involontaire.

Ces habitudes, jointes à la fixité de leur regard, à leur démarche incertaine et tortueuse, et surtout au venin que quelques-uns d'entre eux distillent dans leur morsure, sont les principales causes qui font de ces êtres un objet de haine et d'horreur pour tout le monde. Ce n'est pas qu'ils soient tous également à craindre ; c'est à peine si la sixième partie des espèces connues a des propriétés dangereuses ; encore celles qui les possèdent n'en font-elles usage que contre leurs ennemis, et seulement dans le cas de provocation de leur part. Car, malgré leur puissance meurtrière, les *reptiles*, même les plus venimeux, sont timides et défiants, et cherchent plutôt à se cacher dans des retraites obscures qu'à attaquer d'autres animaux. On peut donc dire en général que ces animaux sont plus difformes que redoutables. Quelques-uns même nous fournissent des aliments sains, les tortues, les iguanes, les grenouilles, par exemple ; d'autres des médicaments ou des produits intéressants ;

et presque tous nous rendent service en nous délivrant d'une multitude d'insectes, dont les ravages sont souvent si funestes à l'agriculture et à l'économie domestique ; tandis que d'un autre côté ils nourrissent une foule de quadrupèdes et d'oiseaux qui nous préservent de leur trop grande multiplication.

La classe des *reptiles* se divise naturellement en quatre ordres : les *chéloniens* ou *tortues*, les *sauriens* ou *lézards*, les *ophidiens* ou *serpents*, et les *batraciens* ou *grenouilles*.

1° Les CHÉLONIENS ont le cœur à deux oreillettes, le corps enveloppé dans deux boucliers solides, la *carapace* et le *plastron*, les membres au nombre de quatre, les formes courtes et les mâchoires sans dents. Telles sont les tortues de terre, les *émydes* ou tortues de marais, les *trionyx* ou tortues de rivière et les *chélonées* ou tortues de mer.

2° Les SAURIENS ont aussi le cœur à deux oreillettes ; mais leurs formes sont toujours plus allongées et leurs mâchoires garnies de dents ; leur corps est couvert d'écailles et sans boucliers, et leurs membres sont au nombre de quatre ou rarement de deux seulement. Cet ordre comprend outre le *lézard* de nos contrées, le *crocodile*, le *caméléon*, les *iguanes*, le *dragon*, etc.

3° Les OPHIDIENS ont, comme les précédents, le cœur à deux oreillettes, les mâchoires garnies de dents, le corps allongé et presque toujours couvert d'écailles ; mais ils manquent complétement de membres. L'ordre des sauriens est très-nombreux et renferme des *espèces venimeuses* et des *serpents sans venin*. A la première catégorie se rapportent la *vipère*, le *crotale* ou *serpent à sonnettes*, le *trigonocéphale* ou *fer de lance*, le *naïa* ou *serpent à lunettes*. La seconde section renferme les *orvets*, les *couleuvres*, les *boas*, les *pithons*, etc., etc.

4° Les **BATRACIENS** ont le cœur à une seule oreillette, le corps sans écailles et simplement enduit d'un liquide visqueux et gluant, les mâchoires tantôt garnies, tantôt dépourvues de dents, les membres le plus souvent au nombre de quatre, mais quelquefois de deux seulement. Mais ce qui les caractérise d'une manière bien tranchée, c'est que leurs petits ne naissent pas avec la forme de leurs parents, et qu'ils subissent des *métamorphoses* plus ou moins complètes avant d'arriver à cette forme : aussi les désigne-t-on dans leur jeune âge sous le nom de *têtards*. Parmi les *batraciens* nous citerons, les *grenouilles*, les *crapauds*, les *rainettes*, les *salamandres*, etc.

### IVᵉ CLASSE. — POISSONS.

Nous venons d'étudier les vertébrés qui habitent la terre ferme, l'atmosphère et les marais ; il nous reste, pour compléter l'histoire naturelle du premier embranchement de la zoologie, à parler de ceux de ces animaux que la nature a créés pour peupler le sein des eaux. Sans avoir la même variété d'habitudes que les espèces des classes précédentes, les *poissons* ne méritent pas moins qu'eux l'intérêt du naturaliste, non-seulement par la différence de leur organisation et par les services qu'ils peuvent rendre à l'homme, mais plus encore par le rôle important qu'ils jouent dans l'économie générale de l'univers.

Seuls de tous les vertébrés que le Créateur a formés pour habiter la profondeur des fleuves et des mers, les *poissons* sont aussi les seuls de tous ces êtres qui puissent débarrasser les eaux de cette multitude immense de corps organisés qu'elles engloutissent journellement dans leur sein. Aussi voraces qu'indifférents sur le choix de leur nourriture, ils avalent indistinctement tout ce qui se trouve à leur portée, et, l'empêchant ainsi de se putréfier, ils préviennent la corruption des eaux, dont les résultats seraient si dangereux pour tous les animaux, et qui serait la suite infaillible de l'accumulation de tant de cadavres divers.

Destinés à vivre dans un élément tout différent de celui qui forme l'atmosphère, il fallait aux *poissons* une organisation appropriée à leur genre de vie ; aussi tous leurs organes ont-ils éprouvé des modifications importantes, soit dans leurs formes, soit dans leur structure.

Mais l'organe qui a été le plus profondément altéré dans sa nature est celui de la respiration. Ce n'est plus un poumon avec une ouverture unique pour l'entrée et pour la sortie de l'air ; c'est un appareil particulier situé à la partie antérieure du corps et communiquant au dehors par deux orifices, dont l'un s'ouvre dans la bouche et l'autre sur les deux côtés du cou. Cet appareil se compose d'un certain nombre de lames dont la surface est tapissée d'une multitude innombrable de vaisseaux sanguins qui proviennent du cœur. C'est à cette modification spéciale de l'organe de la respiration qu'on donne le nom de *branchies*. L'eau que le poisson avale passe par l'ouverture buccale de l'appareil, se glisse entre les lames dont il est formé et s'échappe par les *ouïes*, c'est-à-dire par les ouvertures latérales du cou. En filtrant ainsi à travers les *branchies*, l'eau y dépose le peu d'air qu'elle contient, et rend artériel le sang des vaisseaux répandus à leur surface; respiration imparfaite sans doute, plus même peut-être que celle des reptiles, mais pourtant suffisante pour entretenir la vie dans ces animaux.

Les ouïes sont ordinairement protégées au dehors par une grande plaque osseuse nommée *opercule*, qui s'articule avec le crâne d'une manière mobile, par le moyen d'une pièce également osseuse dite *préopercule*, sur laquelle la première se meut comme une porte sur son montant.

Quoique la circulation des *poissons* soit complète et double, elle est toute différente de celle des animaux à sang chaud, et se rapproche de celle des reptiles batraciens; elle s'opère par le moyen d'un cœur unique, qui correspond au cœur droit des mammifères et des oiseaux, et qui ne sert qu'à recevoir le sang à son retour des diverses parties du corps et à le lancer aux branchies. Une grosse artère située sous l'épine du dos, et nommée *vaisseau dorsal*, reçoit des veines pulmonaires le fluide qui a respiré, et, l'envoyant aux organes, fait pour les *poissons* l'office du ventricule gauche des autres animaux.

Comme les poissons devaient se mouvoir dans un milieu résistant et fluide en même temps, la forme de leur corps, et surtout celle de leurs membres, a dû être toute différente de celle que nous avons remarquée dans les vertébrés qui vivent sur la terre ou dans les airs. Terminé en avant par une tête pointue et en arrière par une queue large et comprimée, leur corps, quand il se meut, offre aux eaux une très-petite surface et n'éprouve de leur part que la moindre résistance possible, tandis que leur queue, mue par des muscles vigoureux, choquant alternativement le fluide à droite et à gauche, s'y fait un point d'appui pour imprimer à l'animal une direction latérale. Quand le poisson veut se'porter directement devant lui, il lui suffit de frapper les deux côtés opposés avec la même vigueur. Ces mouvements sont secondés par l'action des membres, qui, à cet effet, ont une structure toute différente de celle des autres vertébrés et sont conformés en *nageoires ;* ceux de devant n'ont ni bras ni avant-bras, et ceux de derrière manquent de cuisse et de jambe. A l'épaule et au bassin s'articule un nombre variable d'os analogues aux phalanges, et appelés *rayons*, qui vont en divergeant comme les touches d'un éventail et qui, servant de soutien à une membrane solide, forment avec elle une rame large, mais susceptible de se rétrécir, au gré de l'animal. Le nombre des membres est aussi variable dans les *poissons* que dans les reptiles ; quelquefois ils manquent absolument ; d'autres fois on n'en compte que deux, mais le plus souvent il en existe quatre. Quant à leur position, celle des antérieurs, qu'on nomme *pectorales*, est assez fixe ; ils sont placés toujours près des branchies ; mais ceux de derrière (*les ventrales*) sont tantôt situés vers la queue, tantôt tout près des pectorales, quelquefois même avant celles-ci. Dans le premier cas, le poisson est dit *abdo-*

*minal ;* dans le second, *subbrachien* ou *thoracique*, et dans le troisième, *jugulaire*. On l'appelle, au contraire, *apode*, quand les ventrales lui manquent entièrement.

Outre les *pectorales* et les *ventrales*, les *poissons* ont ordinairement plusieurs autres nageoires impaires qui, d'après leur position sur le dos, près de l'anus ou à la queue, sont dites *dorsale, anale* ou *caudale*. Il faut remarquer que ces dernières, étant situées sur la ligne médiane du corps, sont toujours en nombre impair, tandis que les *pectorales* et les *ventrales*, quand elles existent, sont constamment disposées par paires, une de chaque côté du corps.

Un autre organe qui favorise beaucoup les mouvements des poissons, surtout quand ils veulent descendre au fond des eaux ou s'élever à leur surface, c'est leur *vessie natatoire*, espèce de poche membraneuse remplie d'air et susceptible d'être comprimée ou dilatée, de manière à changer le volume de l'animal sans en changer le poids. Mais l'existence de cette vessie n'est pas constante, et il est remarquable que toutes les espèces qui se traînent au fond de l'eau en sont presque toutes dépourvues.

Une dernière cause qui contribue à l'accélération du mouvement des *poissons*, c'est la liqueur onctueuse qui lubréfie continuellement la surface extérieure de leurs écailles pour les rendre plus glissantes ; cette humeur est produite par une série de petites glandes situées de chaque côté sur les flancs de l'animal, et formant par leur réunion une série continue qu'on appelle *ligne latérale*.

Le squelette des *poissons*, quoique moins développé que celui des autres vertébrés, se compose d'un plus grand nombre d'os que dans aucun de ces animaux; leur colonne vertébrale, qu'on nomme vulgairement la *grande arête*, est presque toujours formée d'un très-grand nombre de vertèbres. Néanmoins elle ne peut plus se diviser en cinq régions comme celles des mammifères; on n'y en compte que deux, celle du tronc et celle de la queue, qu'on distingue en ce que les vertèbres de la première région n'ont d'arêtes impaires qu'en haut, tandis que celles de la seconde en ont également en haut et en bas.

Les côtes des *poissons* sont généralement nombreuses; chaque vertèbre du tronc en soutient une paire, et il en est souvent de même de la plupart des vertèbres caudales. Dans tous les cas, ces os sont très-minces et restent libres inférieurement, par suite de l'absence du sternum; on les confond vulgairement avec les épines de la colonne vertébrale, sous le nom générique d'*arêtes*.

Les facultés intellectuelles des vertébrés dont nous parlons sont à peu près nulles, ce qui tient à la petitesse de leur cerveau d'une part, et de l'autre au peu de développement de leur toucher; en revanche, leurs appétits sont très-violents et leur voracité insatiable; des dents nombreuses et fixées non-seulement aux mâchoires, mais encore au palais, à la langue et à toutes les parties de leur cavité buccale, leur fournissent un moyen énergique pour déchirer leur nourriture, et pour satisfaire leurs désirs et leurs besoins. Leur instinct carnivore, développé par la puissance de leur système dentaire et par la brièveté de leur canal intestinal, les porte à se jeter sur toute sorte de cadavres et sur tous les animaux trop faibles pour leur résister. Quoique leurs narines ne soient que de simples fossettes placées au bout de leur museau et terminées en cul-de-sac, leur odorat ne laisse pas que d'être aussi subtil que dans les vertébrés à respiration pulmonaire ; car nous voyons que l'odeur des corps en putréfaction les attire à des distances trop considérables, pour qu'ils puissent les distinguer au moyen de la vue. Quant à leurs yeux, ils ont la cornée très-plate, le cristallin très-dur et presque rond, et manquent de paupières : trois caractères opposés à ceux de l'œil de l'oiseau, qui doivent faire présumer que leur vue ne doit avoir qu'une portée médiocre.

Les habitudes des *poissons* sont en général peu variées et n'offrent que peu d'intérêt ; il est rare qu'ils emploient, pour saisir leur proie, ces ruses adroites qui rendent les mœurs des mammifères si amusantes à étudier ; ils ne connaissent ordinairement que la force brutale, et ne savent qu'obéir à leur instinct ; c'est ainsi qu'ils s'enferrent à l'hameçon, en cherchant à attraper un insecte ou même une image grossière de ces petits animaux.

Le même défaut d'intelligence se manifeste dans la manière dont ils se multiplient. Les femelles ne cherchent pas, pour déposer leur frai, un endroit favorable à son développement ; partout où elles se sentent incommodées de son poids, elles s'en débarrassent, sans songer si les œufs seront fécondés ou non, et sans s'occuper par conséquent de l'avenir de leur progéniture. Heureusement que leur fécondité prodigieuse empêche le mauvais effet de leur indifférence à cet égard. Comme chaque femelle pond d'ordinaire plusieurs milliers d'œufs, il s'en développe toujours assez pour en perpétuer l'espèce, malgré l'immense quantité de frai que dévorent les oiseaux, les reptiles et les poissons eux-mêmes. La femelle se débarrasse de ses œufs, qui forment pour elle un poids très-incommode, en se frottant fortement le ventre contre les pierres qu'elle rencontre et en agitant rapidement ses nageoires.

On ne saurait croire combien les jeunes *poissons* grandissent rapidement dans les premiers temps de leur existence ; ils prennent autant d'accroissement dans les cinq ou six premières heures qui suivent leur naissance, que dans les quinze jours subséquents. A dater de ce moment leur croissance s'opère avec plus de lenteur ; mais elle dure longtemps, peut-être même toute leur vie, qui s'étend à plusieurs siècles. On a trouvé dans des viviers des carpes dont un collier qu'elles portaient marquait l'âge, qui n'était pas de moins de deux cents ans ; et rien en elles n'annonçait qu'elles fussent parvenues au terme de leur carrière.

La classe des *poissons* est une des plus difficiles à diviser à cause de la grande uniformité d'habitudes et de conformation extérieure qu'ils présentent, ou plutôt parce que leur organisation n'est pas suffisamment connue Néanmoins tous les naturalistes s'accordent à les partager en deux grandes sections : celle des *ostéoptérygiens* ou poissons osseux, et celle des *chondroptéry-*

*giens* ou poissons cartilagineux. Les premiers ont le squelette dur et fibreux ; leurs os contiennent une assez grande quantité de matière calcaire, disposée par fibres longitudinales ; leur crâne a tous ses os distincts , leurs maxillaires et surtout les intermaxillaires sont bien développés ; leurs vertèbres ne sont jamais soudées ensemble, et ont des apophyses épineuses longues ; ils ont tous des côtes plus ou moins développées ; leur épaule est constamment formée de trois os attachés au crâne : leurs nageoires ont souvent des rayons épineux ; leur queue se divise en deux lobes à peu près égaux ; leur génération est presque toujours ovipare, et ils pondent un nombre considérable d'œufs. Cette nombreuse sous-classe comprend les genres *perche, vive, mullet, dactyloptère* ou *poisson volant, thon, maquereau, carpe, brochet, saumon* et *truite , hareng, anchois, alose , morue , turbot, sole , limande , anguille* , etc., etc.

La seconde section, celle des *chondroptérygiens,* a la peau dépourvue d'écailles ou simplement chagrinée, le squelette moins consistant que les précédents; la structure de leurs os est plus homogène ; la matière calcaire, au lieu de pénétrer dans l'intérieur même de l'organe , s'arrête à sa superficie ; elle n'est pas disposée en fibres longitudinales , mais elle forme des granulations arrondies et distribuées au hasard. Tous les os du crâne sont soudés ensemble ; les maxillaires et les intermaxillaires sont réduits à de simples vestiges cachés sous la peau ; ce sont les vomers et les palatins qui les remplacent. La colonne vertébrale n'a que des apophyses très-courtes, et est souvent réduite à l'état membraneux. Leurs côtes sont nulles ; leur épaule n'a que deux os attachés au rachis ; leur queue est à deux lobes inégaux. Cette seconde sous-classe renferme les *esturgeons*, les *requins*, les *scies*, les *raies*, les *torpilles* et les *lamproies*.

## IIe embranchement. — ARTICULÉS.

Deux caractères bien tranchés distinguent les animaux de cet embranchement : la conformation extérieure de leur corps et la disposition de leur système nerveux. Leur peau se compose d'une suite d'anneaux ou *articles* plus ou moins marqués, et réunis ensemble par une membrane intermédiaire flexible, qui leur laisse ordinairement une certaine mobilité, et leur système nerveux consiste en un petit *cerveau* situé sur l'œsophage, et en une double série de masses nerveuses ou ganglions, placés de chaque côté du tronc au-dessous de leur canal alimentaire.

Ces animaux n'ont jamais de squelette intérieur ; mais la nature solide et ordinairement cornée des anneaux qui constituent leur enveloppe extérieure, remplace jusqu'à un certain point le système osseux des animaux vertébrés, non-seulement pour protéger les organes essentiels à la vie, mais pour faciliter l'exécution de la locomotion. Aussi les *articulés* ne le cèdent pas à ces derniers par la précision et par la variété de leurs mouvements ; ils peuvent marcher, sauter, grimper, nager, voler, ramper, et présentent par conséquent dans la structure de leurs organes locomoteurs la même diversité que nous avons remarquée dans les animaux du premier embranchement.

Observons cependant une différence bien essentielle dans la disposition des membres des articulés, comparés à ceux des vertébrés. Chez ces derniers, les parties solides qui entrent dans un membre sont intérieures, et se trouvent recouvertes par les muscles qui doivent les mouvoir ; dans les animaux *articulés*, c'est le contraire ; ce sont les parties dures ou cornées qui sont extérieures, et qui enveloppent et protégent leurs muscles. Du reste, nous trouverons leurs membres terminés en pointes aiguës pour grimper, élargis en rames pour nager, déployés en ailes pour voler, etc.; les espèces qui rampent sont les seules qui en soient totalement dépourvues. Mais leur présence est généralement constante, et le nombre en est même toujours plus considérable que dans les vertébrés ; il est au moins de six et souvent davantage.

La forme des animaux *articulés* est ordinairement allongée ; mais, de même que dans l'embranchement des vertébrés, la longueur du corps est toujours en raison inverse avec le développement des membres. Ainsi les *annelides* ou *vers*, qui en manquent ou n'en ont que d'imparfaits ou de rudimentaires, ont la forme allongée des serpents, tandis que les insectes qui ont des pattes pour la marche ou le saut, et des ailes pour le vol, nous offrent un corps court ou ovale, et quelquefois complétement arrondi.

Mais, dans tous les cas, le corps des *articulés* présente une tête bien facile à reconnaître à la présence d'une bouche, de deux ou plusieurs yeux, et de divers appendices que les naturalistes appellent *antennes* et qu'on désigne vulgairement sous le nom de *cornes ;* ces organes paraissent avoir pour usage de palper, flairer, déguster, en un mot de remplacer les organes des sens spéciaux.

On voit d'après cela que, sous le rapport des sensations et des mouvements, les *articulés* sont peu inférieurs aux vertébrés. Il en est de même pour les organes de la digestion ; mais leur circulation n'est pas aussi parfaite ; rarement ils ont un cœur pour lancer le fluide nourricier aux différents organes ; mais cette particularité tient à la nature même de leur respiration. Cette fonction, s'opérant chez eux par le moyen de *trachées* ou vaisseaux élastiques, qui portent l'air dans toutes les parties du corps, leur rend inutile la présence du *cœur*, dont la fonction est de porter aux organes, le sang qui a respiré soit dans les branchies, soit dans les poumons.

L'étude des animaux *articulés* est pour le moins aussi intéressante pour l'homme que celle des vertébrés, et si le résultat de cette étude n'est pas aussi fertile en applications immédiates à nos besoins, du moins elle nous procure des jouissances plus douces, et n'offre pas les mêmes difficultés que celle des animaux précédents.

On divise cet embranchement, sans contredit le plus nombreux de la zoologie, en quatre classes : les *annelides,* les *crustacés,* les *arachnides* et les *insectes.*

Ces classes sont on ne peut plus faciles à caractériser :

1° Les *annelides* n'ont jamais de membres articulés et sont recouverts d'une peau molle ou calcaire ; ils ont presque tous le sang rouge, un ou plusieurs cœurs, des organes particuliers pour la respiration et pour la circulation (le *ver de terre*, la *sangsue*).

2° Les *crustacés* ont toujours des membres articulés, le plus souvent au nombre de sept paires, dont chacune correspond à un des anneaux du tronc ; ils ont aussi un cœur et des vaisseaux, ainsi que des branchies pour respirer ; leur sang est incolore ou blanc, leur peau plus ou moins encroûtée de matières dures, et leur tête garnie d'*antennes* ou de cornes (le *crabe*, l'*écrevisse*, le *cloporte*).

3° Les *arachnides* ont toujours quatre paires de membres, des yeux nombreux, et le plus souvent en même nombre que les pattes ; ils offrent, de chaque côté du corps, des ouvertures appelées *stigmates*, qui sont les orifices des *trachées* ou de poumons très-simples ; leur tête ne porte jamais d'antennes (l'*araignée*, le *scorpion*).

4° Enfin, les *insectes* n'ont jamais que trois paires de pattes ; leur corps se divise en quatre parties bien distinctes : la *tête*, sur laquelle on remarque les deux yeux, la bouche et les antennes ; le *corselet*, auquel s'attachent les pattes, ainsi que les ailes quand elles existent ; l'*abdomen*, qui renferme les organes de la digestion et sur les côtés duquel sont placés les stigmates ; enfin les *membres*, qui se divisent ordinairement en pattes et en ailes (la *puce*, le *hanneton*, le *papillon*, la *mouche*).

**I<sup>re</sup> CLASSE. — ANNELIDES.**

Les *annelides* seront toujours faciles à distinguer, parmi les animaux articulés, à la mollesse de leur en-

6·

veloppe extérieure, et surtout au défaut de véritables pattes, ainsi qu'à la couleur rouge de leur sang.

La forme des *annelides* est généralement oblongue ; les espèces seules dont les soies locomotrices sont très-développées sont plus ovales que les autres. Leur tête n'est jamais séparée du tronc par un étranglement particulier ; ils manquent par conséquent de *cou ;* mais ce qui fera toujours reconnaître cette partie, c'est la présence constante de la bouche, et le plus souvent celle de deux ou de quatre yeux et de deux tentacules ou antennes. La bouche se compose tantôt d'une trompe pour sucer, tantôt de mâchoires pour couper ou pour broyer ; dans quelques cas c'est un simple orifice sans trompe ni mâchoires.

Le régime des *annelides* est toujours subordonné à la conformation de la bouche : avec une trompe ils sucent le sang des autres animaux ; avec des mâchoires ils broient toutes sortes de matières, tels que vers, poissons, crustacés, etc.; dépourvus de l'une et des autres, ils sont réduits à puiser, dans l'eau et dans le sable, les débris des substances organiques qui s'y trouvent en suspension. Dans tous les cas, ils sont exclusivement carnassiers.

Tous les animaux de cette classe, à l'exception des lombrics ou vers de terre, vivent dans l'eau et respirent par des branchies ; il en est cependant chez lesquels on n'a pas pu encore découvrir les organes respiratoires ; mais chez le plus grand nombre ils sont très-apparents au dehors, et forment des rameaux, des houppes, des panaches, dont la surface est tapissée de vaisseaux sanguins qui viennent y apporter le fluide veineux.

Les espèces les plus intéressantes de cette classe sont les *lombrics* et les *sangsues*.

Les **LOMBRICS** (*lombricus*), qu'on nomme vulgairement *vers de terre*, parce qu'ils y font leur séjour habituel, tandis que toutes les autres annelides sont plus ou moins aquatiques, ont deux caractères qui empêcheront toujours de les confondre avec aucun autre animal de leur classe : l'absence d'antennes à la tête et la nudité de la peau. On peut y ajouter la brièveté des soies qui garnissent les anneaux de leur corps et le défaut de branchies, si toutefois il est vrai, comme le prétendent certains naturalistes, que ces animaux respirent par toutes les parties de leur enveloppe extérieure.

La manière de vivre de l'espèce commune de ce genre est généralement connue ; elle se tient habituellement au sein des terres humides et grasses, et surtout dans le fumier très-avancé, où elle pullule à foison. Elle ne se montre à la surface du sol qu'après la pluie, quand elle est sûre de trouver la terre humectée. Elle choisit de préférence ces endroits, d'abord parce qu'elle a plus de facilité à s'y creuser son habitation, et ensuite parce qu'elle y trouve en abondance les débris de matières animales dont elle fait sa principale nourriture. Pour se procurer plus aisément sa subsistance, cet animal fouille continuellement la terre à l'aide de sa mâchoire supérieure, et rejette ses déblais au dehors sous la forme de cordons entortillés, qui annoncent toujours sa présence à ceux qui le cherchent. Au reste, il n'est pas difficile à trouver ; outre qu'il se montre fréquemment de lui-même à la surface du sol, lorsque le temps est favorable, on est toujours sûr de le faire sortir de sa retraite, en enfonçant un pieu dans la terre et en lui imprimant de fortes secousses. Il paraît que le bruit ou le mouvement l'effraye ou le gêne, en lui faisant craindre l'approche de quelque taupe, sa mortelle ennemie, ou en resserrant trop le terrain.

Les SANGSUES (*hirudo*) se distinguent généralement des autres annelides par le défaut de soies sur les côtés, et par deux ventouses qu'elles portent aux extrémités de leur corps allongé et aplati. C'est principalement à l'aide de ces ventouses qu'elles se meuvent sur la vase en rampant; mais celle de la partie antérieure sert en outre de bouche; elle est garnie d'un nombre très-considérable de petites dents, avec lesquelles l'annelide perce la peau de la plupart des animaux pour en exprimer le sang.

Les *sangsues*, quoique très-voraces et carnassières, supportent très-facilement le jeûne. Sans parler de l'abstinence qu'elles endurent l'hiver, pendant qu'elles restent enfoncées dans la vase, on en a vu vivre des années entières sans prendre d'autre nourriture, que les parcelles de matières organiques tenues en dissolution dans l'eau qu'on leur donnait; et tout le monde sait que ceux de ces animaux qu'on emploie à faire des saignées sur les malades, ne veulent reprendre qu'après un très-long jeûne.

Ces annelides se trouvent en abondance dans presque toutes les eaux dormantes, et se rendent même souvent incommodes en s'attachant aux bestiaux, qui vont boire dans les mares qu'elles habitent.

On compte un assez grand nombre d'espèces de ce genre, entre autres la *sangsue médicinale*, la *sangsue de cheval*, etc.

### *Entozoaires ou vers intestinaux.*

C'est à la suite des annelides, qu'il nous paraît convenable de placer les *entozoaires*, quoique Cuvier les mît dans l'embranchement des zoophytes.

Ces animaux, plus vulgairement connus sous le nom de *vers intestinaux*, sont des plus curieux et des plus intéressants à étudier, d'abord parce qu'ils ne vivent que dans l'intérieur d'autres animaux aux dépens de leur substance, et ensuite parce que la manière dont ils se reproduisent est un des faits les plus difficiles à expliquer de la physiologie. On sait bien qu'ils sont *ovipares*, et que leurs œufs se développent comme ceux des animaux qui présentent ce mode de génération ; mais comment s'introduisent-ils dans le corps? Ce n'est pas du dehors, puisque jusqu'ici on n'en a jamais vu de vivants ailleurs que dans son intérieur ; il faut donc qu'ils s'y forment spontanément, ou qu'ils se transmettent de père en fils par voie de génération. Mais on ne croit plus maintenant aux générations spontanées, ce qui détruit la première hypothèse. Quant à la seconde, comment la concilier avec l'observation journalière que l'on fait d'animaux qui en nourrissent plusieurs, tandis que leurs parents n'en avaient pas ? Il n'est pas cependant impossible de faire accorder ce fait avec l'hypothèse dont nous parlons, en supposant que tous les animaux contiennent des germes de vers intestinaux, mais que ces germes ne peuvent se développer qu'autant qu'ils se trouvent dans des circonstances favorables. On sait combien les constitutions faibles et délicates favorisent la multiplication de ces êtres parasites.

Quoi qu'il en soit de leur reproduction, les *entozoaires* présentent dans leur forme extérieure des rapports avec les annelides ; mais, outre que leur corps n'est pas ordinairement composé, comme celui de ces dernières, d'une série d'anneaux articulés ensemble, ils ont leur organisation beaucoup moins compliquée ; on ne leur trouve ni trachées, ni branchies, ni organes circulatoires ou locomoteurs ; à peine y découvre-t-on quelques vestiges de nerfs. Leur canal intestinal est seul bien développé ; ils ont presque tous une bouche et un anus distincts.

Il ne faudrait pas croire, d'après le nom vulgaire de *vers intestinaux* qu'on donne à ces animaux, que le canal alimentaire soit le seul organe où ils se développent ; on en trouve dans le foie, le poumon, la rate et dans le cerveau ; il en naît jusque dans les cavités qui n'ont aucune communication naturelle avec le dehors : c'est ce qui a déterminé M. de Blainville à changer le nom d'intestinaux en celui d'*entozoaires*, qui veut dire *animaux intérieurs*.

Les inconvénients qui résultent de la présence de ces animaux dans l'intérieur du corps, dépendent d'abord de leur nombre, et ensuite de l'importance de l'organe qu'ils habitent. La cavité digestive peut en contenir quelquefois des quantités notables, sans qu'il en résulte de graves accidents ; un seul suffit pour compromettre

la vie, s'il se trouve dans un organe très-essentiel. Une
des causes qui diminuent le danger de la présence des
*entozoaires* dans le canal intestinal , c'est la possibilité
de les en expulser; les purgatifs parviennent presque
toujours à ce résultat.

Cette classe se divise en deux ordres : les *cavitaires*
et les *parenchymateux*.

1° Les *cavitaires* ont un canal intestinal flottant dans
une cavité intérieure, et pourvue d'une double orifice
pour l'introduction des aliments et pour l'expulsion de
leur résidu. Tels sont les *ascarides*.

2ᵉ Les *parenchymateux* n'ont point de cavité distincte, et leurs intestins, quand ils existent, ressemblent
plutôt à des vaisseaux ramifiés qu'à un tube digestif.
Tels sont les *ᵗéᵗias* et les *hydatides*.

Les TÉNIAS (*ᵗᵉᵗia*) ont le corps extrêmement long et
composé d'un grand nombre d'articulations faiblement
unies ensemble, faciles à séparer et pouvant, chacune
en particulier, reproduire l'animal tout entier. Leur tête
présente à sa partie moyenne quatre points noirs, qu'on
pourrait d'abord prendre pour des yeux, mais qui, dans
la réalité, ne sont que des suçoirs, à l'aide desquels ces
vers parasites pompent le chyle contenu dans le canal
intestinal. S'appropriant ainsi les aliments destinés à
l'animal, ils déterminent chez lui une faim insatiable et
l'épuisent rapidement.

Il est d'autant plus difficile d'expulser les *ténias* du
corps où ils vivent, qu'ils s'attachent à tous les organes
au moyen de leurs crochets. Il faut, pour obtenir cet
effet, employer les plus violents purgatifs; encore arrive-

t-il souvent qu'on n'en chasse qu'une partie, et ce qui reste reproduit le *ténia* en un très-court espace de temps.

L'homme nourrit deux espèces de ce genre : le *ténia large*, qui atteint communément vingt pieds de long, et dont les articulations sont plus larges que longues et munies d'un pore de chaque côté ; et le *ténia* ou *ver solitaire*, ainsi nommé d'après l'opinion erronée qu'il ne s'en développe jamais qu'un seul dans le corps du même individu. Ce dernier se distingue du précédent en ce qu'il a ses articulations plus longues que larges, et pourvues de pores d'un seul côté seulement.

Les **HYDATIDES** (*cysticercus*) ont la tête conformée à peu près comme les ténias ; mais leurs articulations sont peu marquées, et leur corps se termine postérieurement par une espèce de vessie.

Ces entozoaires sont beaucoup moins remarquables par eux-mêmes que par la poche qu'ils se fabriquent aux dépens de l'individu dans lequel ils se développent. Elle devient quelquefois assez vaste pour contenir jusqu'à quinze pintes d'eau ; il suffit pour cela qu'elle se trouve placée dans un endroit favorable à sa dilatation, comme sous la peau ou dans l'abdomen.

On connaît un très-grand nombre d'espèces de ce genre : les plus remarquables sont l'*hydatide celluleuse*, qui détermine chez le cochon la maladie connue sous le nom de *ladrerie*, et l'*hydatide cérébrale*, qui prend naissance dans le cerveau des brebis, et qui leur cause une sorte de paralysie qu'on appelle *tournis*, parce qu'elle les fait tourner involontairement de côté, comme si elles avaient des vertiges. L'homme en nourrit aussi plusieurs espèces, qui se développent dans le foie, le poumon, le cerveau, etc.

### II<sup>e</sup> CLASSE. — CRUSTACÉS.

Les *crustacés* étaient autrefois compris dans la classe des insectes, auxquels ils ressemblent par les anneaux et par la nature cornée de leur enveloppe extérieure, ainsi que par leurs membres articulés; mais ils diffèrent essentiellement de ces animaux par leur respiration branchiale et par leur circulation, à laquelle concourent un cœur et des artères. Quant aux veines, elles sont remplacées par une série de lacunes à travers lesquelles le sang arrive aux branchies. De plus, le nombre des pattes est toujours plus considérable chez les *crustacés* que chez les véritables insectes; tandis que ceux-ci n'en ont que trois paires, les premiers en ont au moins cinq de chaque côté du corps et souvent un plus grand nombre. La peau des articulés dont nous parlons est d'ailleurs beaucoup plus solide que celle des insectes; elle tient le milieu, pour la dureté, entre la coquille calcaire des mollusques et l'enveloppe membraneuse des vers, des chenilles, etc.; et c'est pour cela que les Grecs avaient donné aux *crustacés* le nom de *malacostracés*, qui signifie *coquille molle*.

La nature de cette enveloppe inflexible s'opposerait au développement de l'animal qui en est couvert, si celui-ci n'avait la faculté d'en changer; aussi tous les *crustacés* sont-ils sujets à une mue périodique, comme les ophidiens. Ils se débarrassent de leur peau, devenue trop petite pour contenir leur corps, et la remplacent par une autre d'une dimension appropriée à leur taille. Et comme, au moment où ils sont ainsi dépouillés, ils se trouvent exposés à devenir la proie des plus petits animaux qui les rencontreraient, ils sont d'abord forcés de chercher une retraite inaccessible à leurs ennemis ; ensuite la nature, afin d'abréger pour eux cette époque critique, a préparé dans l'intérieur de leur estomac une provision de matière calcaire prête à être mise en œuvre, et à s'infiltrer dans les pores de la nouvelle peau. De cette manière, celle-ci acquiert en peu de temps une dureté convenable, et permet à l'animal de sortir plus promptement de sa retraite.

Les *pattes*, avons-nous dit, sont toujours articulées et en grand nombre. Ce nombre est presque constamment de quatorze ; seulement il arrive quelquefois, comme dans les écrevisses, que les premières paires sont tellement refoulées vers la tête, qu'elles font partie de la bouche, et prennent le nom de *pieds-mâchoires ;* alors il n'y en a que dix qui servent à la locomotion.

La forme des pattes est très-variable et influe considérablement sur le genre de mouvements propres à chaque espèce. Le plus souvent les premières sont en *pince* et font les fonctions d'une véritable main, tandis que les dernières sont transformées en nageoires. Mais, d'un côté, on en trouve quelquefois un bien plus grand nombre organisées, soit pour la préhension, soit pour la nage, et, d'un autre côté, certaines espèces ont tous les membres uniquement propres à la marche.

Les habitudes des *crustacés* sont généralement aquatiques; il n'y en a qu'un très-petit nombre de terrestres; mais les uns vivent dans les eaux salées, et les autres dans les eaux douces, soit courantes, soit dormantes, et il paraît que tous sont très-difficiles sur le choix de leur habitation; car il est presque impossible d'habituer ceux qui vivent dans un endroit à séjourner dans un autre, quoique celui-ci ne diffère pas sensiblement de celui qu'ils habitaient précédemment.

Le régime de ces articulés est très-carnassier, et leur nourriture se compose principalement de matières animales corrompues qu'ils sentent de très-loin; leur canal intestinal est par conséquent peu développé, et cependant leur foie est généralement considérable, et leur estomac garni de pièces dures évidemment destinées à broyer les aliments.

Les *crustacés* se multiplient par des œufs; la femelle les dépose quelquefois dans l'eau, où ils éclosent sous l'influence de l'humidité; mais dans certaines espèces, on trouve sous sa queue une poche particulière, dans laquelle ils demeurent jusqu'à leur éclosion. Tout le monde sait qu'à certaines époques on trouve des œufs sous la queue des écrevisses que l'on mange; il paraît même que leur chair est alors moins saine que dans les autres saisons.

On connaît un assez grand nombre de *crustacés*, que l'on divise en trois ordres.

1° Les uns ont le test dur et calcaire, de dix à quatorze pieds articulés et ambulatoires, deux yeux bien distincts et supportés par un pédicule mobile; ce sont les *pédiocles* (les *écrevisses*, les *crabes*).

2° Les autres ont le test et les pieds des précédents ; mais leurs yeux, qui sont aussi parfaitement distincts, sont *sessiles*, c'est-à-dire placés à fleur de tête ; on les appelle *hédriophthalmes*, mot grec qui veut dire *yeux sessiles* (les *crevettes*, les *cloportes*).

3° Les autres enfin ont le test généralement mince et corné, les pattes natatoires et aplaties à leur extrémité, et le plus souvent un seul œil, ou, quand ils en ont deux, ils ont plus de vingt pattes ; ce sont les *entomostracés*, animaux bizarres ou microscopiques (les *cypris*, les *daphnies*).

### IIIᵉ CLASSE. — ARACHNIDES.

On entend par le mot *arachnides*, qui signifie *semblable aux araignées*, un groupe d'animaux articulés dans lequel sont compris non-seulement les espèces que nous appelons ainsi communément, mais encore un assez grand nombre d'autres, qui ont des rapports plus ou moins directs avec elles par leurs habitudes ou par leur organisation.

Cette classe se range naturellement entre celle des crustacés et celle des insectes, parce qu'elle tient aux uns et aux autres, mais d'une manière si peu prononcée, que les naturalistes, qui n'en ont pas fait une classe à part, ont réuni les animaux qu'elle comprend tantôt aux uns, tantôt aux autres, selon qu'ils donnaient plus d'importance à tels ou tels organes. Il est par conséquent d'autant plus convenable d'en former une classe particulière, qu'ils offrent un caractère bien tranché qui les distingue et des crustacés et des insectes, dans l'absence de ces appendices mobiles et articulés appelés *antennes*, qu'on observe toujours sur la tête de ces derniers. Leur organisation présente d'ailleurs d'autres particularités caractéristiques. Leur corps ne se compose que de deux parties, l'une antérieure, formée par la tête et le thorax réunis et servant de soutien aux membres, et l'autre postérieure, l'*abdomen*, qui, généralement plus grande que la précédente, renferme les organes de la digestion et présente sur les côtés les *stigmates* ou orifices des conduits respiratoires. La *peau* qui recouvre ces diverses parties, quoique rarement cornée, est cependant assez ferme pour servir de support aux appendices locomoteurs, et de point d'appui aux muscles de l'animal. Ils ont presque toujours huit pattes, nombre inférieur à celui qu'on observe chez les crustacés et les myriapodes, et supérieur à celui que nous présentent les véritables insectes ; leurs yeux sont le plus souvent au nombre de huit et ont la cornée ou face antérieure toujours lisse, tandis que les crustacés n'en ont jamais plus de deux, et que les insectes ont la cornée de ces organes formée d'une multitude innombrable de facettes. Leur tête se confond avec la partie antérieure du thorax, avec laquelle elle ne forme qu'un seul tout, comme chez les crustacés macroures et brachyures. Quant à leur bouche, tantôt elle consiste en une trompe propre à sucer, tantôt elle se compose de plusieurs pièces ou mâchoires, dont deux se terminent par un crochet mobile qui sert à l'animal pour saisir et pour déchirer sa proie.

La circulation et la respiration de ces animaux sont remarquables par la diversité des organes auxquels ces deux fonctions sont confiées. Dans les uns on trouve une espèce de poumon où le sang veineux se rend pour respirer, et d'où il revient au cœur pour être lancé dans toutes les parties du corps ; ceux-là ont une *circulation ;* les autres, au contraire, n'en ont pas ; leur respiration s'opérant par le moyen de *trachées* qui portent l'air dans toutes les parties du corps, le sang s'y artérialise à mesure qu'il perd ses propriétés nutritives, et la circulation leur devient inutile, ainsi que les organes qui sont chargés de cette fonction.

Les habitudes des *arachnides* sont très-variables ; les unes sont libres et errent à leur gré ; elles sont toutes carnassières et passent leur vie à chercher leur proie qui consiste en insectes ; les autres vivent en parasites sur d'autres êtres organisés, tantôt sur des animaux dont elles sucent le sang, tantôt sur des plantes dont l'écorce et les insectes qu'elle recèle font la base de leur nourriture.

Une des particularités les plus intéressantes de l'histoire des *arachnides*, c'est la propriété qu'elles ont de filer ces toiles qu'elles tendent partout et jusque dans nos appartements ; ce qui les a fait aussi appeler *arachnides fileuses*. Elles doivent cette faculté à un appareil glanduleux placé dans l'abdomen, et produisant une liqueur gluante, susceptible de se tirer en longs fils et de se dessécher, dès qu'elle est en contact avec l'air. Cet appareil communique au dehors par un certain nombre d'ouvertures en forme de mamelons placés à la partie postérieure de l'abdomen.

La nature leur a donné cet appareil dans le double

but de leur fournir le moyen de s'emparer de leur proie, et de former pour leurs œufs une enveloppe protectrice dans laquelle ils puissent se développer.

La manière dont ces animaux tendent leurs toiles et forment leurs cocons (enveloppes de leurs œufs), varie beaucoup d'une espèce à l'autre et permet de les diviser en plusieurs genres, dont les principaux sont les *myga- les*, les *araignées*, les *scorpions*, les *faucheurs* et les *mites*.

Entre les arachnides et les insectes, il existe une petite classe d'articulés appelés *myriapodes* ou *mille-pieds*, qui sont faciles à reconnaître au grand nombre de leurs appendices moteurs qui surpasse celui des autres espèces du même embranchement ; mais comme ces animaux ont peu d'importance, je me contenterai de citer leurs noms : ce sont les *iules* et les *scolopendres*.

### IVᵉ CLASSE. — INSECTES.

Le mot *insecte* (formé du latin *intersectus*, entrecoupé), pris dans sa plus grande extension, devrait s'appliquer à tous les animaux articulés dont le corps présente en effet ces entrecoupures et ces anneaux alternatifs qui leur avaient fait donner ce nom. Mais indépendamment de l'inconvénient qu'il y aurait à réunir dans une même classe des animaux aussi nombreux, leur organisation intérieure présente des différences assez tranchées pour autoriser leur séparation ; aussi les naturalistes les plus distingués s'accordent-ils aujourd'hui généralement à ne regarder comme *insectes*, que les animaux articulés à respiration trachéenne, pourvus d'antennes et de trois

paires de membres articulés, et qui sont en général sujets à des métamorphoses.

Malgré la réduction que cette définition opère dans le
nombre des *insectes*, dont elle sépare les annelides, les
crustacés, les arachnides et les myriapodes, cette classe
n'en reste pas moins la plus considérable de la zoologie.
Elle forme encore une science si vaste, que la vie de
l'homme ne suffit pas pour l'embrasser dans toute son
étendue ; mais du moins elle ne renferme que des animaux tout à fait semblables par leurs formes extérieures
et par leur organisation interne. Leur corps se compose
toujours de quatre parties distinctes : la *tête*, sur laquelle
se trouvent la bouche, les yeux et les antennes ; le *thorax*, qui sert de support aux membres ; l'*abdomen*, qui
contient les organes de la nutrition, et les *membres*, qui
se divisent en pattes, au nombre de six, et en ailes, qui
cependant n'existent pas toujours.

Quoique les anatomistes soient parvenus, en décomposant les organes qui forment la bouche de tous les
*insectes*, à y découvrir toujours les mêmes éléments
essentiels, cette partie n'en présente pas moins deux
modifications principales faciles à saisir. Dans les uns,
en effet, la bouche est destinée à *broyer*, et se compose
de six pièces, deux médianes appelées *lèvres*, et distinguées en lèvre supérieure ou *labre* et en lèvre inférieure, et quatre latérales, dont les supérieures nommées
*mandibules* et les inférieures *mâchoires*. Ces dernières
supportent deux palpes plus ou moins développés. Dans
les autres, ces parties sont tellement modifiées, que leur
bouche se trouve transformée en une véritable *trompe*,

uniquement propre à sucer les humeurs des plantes ou
des animaux sur lesquels ils se fixent.

Les *yeux* des *insectes* sont ordinairement au nombre
de deux, comme dans la plupart des autres animaux;
mais ils offrent une différence importante : au lieu
d'être unis et lisses, ils se composent de facettes dont le
nombre va souvent jusqu'à plusieurs milliers; certains
papillons, par exemple, en ont jusqu'à dix-sept mille.
Mais, outre ces yeux qui sont placés un de chaque côté
de la tête, beaucoup d'*insectes* en ont ordinairement
trois autres à surface lisse, disposés en triangle et qu'on
nomme *stemmates*.

Quant aux *antennes*, elles occupent la même place
que chez les crustacés et les myriapodes; mais elles
varient beaucoup plus que chez ces derniers par leur
grandeur, leur forme et leurs usages.

Le *thorax* ou *corselet*, qui vient immédiatement
après la tête, et avant l'abdomen, est formé par la réunion de trois segments ou anneaux, dont la grandeur
relative varie considérablement selon les espèces, mais
qui sont toujours faciles à distinguer, en ce qu'ils supportent chacun une paire de pattes. Les deux postérieurs servent aussi de soutien aux ailes.

L'*abdomen*, qui forme la troisième et dernière partie
du tronc, renferme les organes de la digestion, et se
compose de neuf à dix segments, sur chacun desquels
on trouve un stigmate. Du reste, cette partie présente
les modifications les plus remarquables dans sa forme,
sa grosseur, etc.; il offre souvent à sa partie postérieure
une espèce d'étui, dans lequel est logé un dard ou ai-

guillon, tantôt plein, tantôt creusé d'un canal, dont l'insecte se sert pour piquer ses ennemis ou pour déposer ses œufs.

Les *membres* des *insectes* sont ordinairement de deux sortes, les pattes et les ailes. Les pattes sont toujours au nombre de six, comme nous l'avons dit, et sont constamment attachées au corselet ; elles se composent chacune de quatre parties : la *hanche,* qui s'articule avec le tronc, le *trochanter,* la *cuisse,* la *jambe* et le *tarse.* Ce dernier à son tour est formé d'un nombre variable d'*articles* (d'un à cinq) terminés en pince, en griffe, en crochet, en nageoire, etc., selon leur destination.

Les *ailes* manquent chez un petit nombre d'*insectes,* appelés à cause de cela *aptères;* mais la plupart en ont deux ou quatre. Dans ce dernier cas, les deux paires sont toutes membraneuses comme une gaze et d'égale consistance, ou bien l'une est membraneuse et l'autre dure et coriace ; quand il en est ainsi, ces ailes dures, qu'on nomme *élytres,* sont comme des étuis destinés à protéger les ailes véritables, et ne servent nullement au vol.

D'après ce court exposé de l'organisation des insectes, on voit que ces animaux l'ont assez compliquée ; aussi leur connaissance forme-t-elle une des parties les plus intéressantes de l'histoire naturelle. Leurs habitudes sont si variées, si singulières, leur instinct si développé, leurs ouvrages si merveilleux, qu'on a voulu connaître toutes les particularités de leur existence ; mais malgré le zèle que les naturalistes ont apporté dans l'étude de cette classe d'animaux, malgré les progrès immenses de l'entomologie, on fait tous les jours, même dans nos contrées, des observations nouvelles sur leurs mœurs, des découvertes sur leur organisation, et l'on trouve de temps en temps des espèces inconnues.

Dans les *insectes* la fonction de relation est presque aussi développée que dans les animaux du premier embranchement; leur vue est surtout excellente; ils ont aussi l'odorat très-fin; mais l'on n'est pas d'accord sur le siége de ce sens. L'*ouïe* existe pareillement, comme le prouvent les divers bruits au moyen desquels les *insectes* s'avertissent mutuellement de leur présence; mais le siége en est encore plus incertain que celui de l'odorat. Le *goût* réside dans la bouche et le *toucher* dans les antennes.

La motilité de ces animaux est pour le moins aussi développée que leur sensibilité; ils ont toute sorte de mouvements : la reptation, la marche, le vol, le saut et la nage.

Nous avons vu que la bouche des *insectes* offre deux modifications principales, selon qu'ils sont *broyeurs* ou *suceurs*. Les premiers se nourrissent généralement de matières solides, végétales ou animales, dont ils hâtent ainsi la décomposition. Les autres pompent les différents sucs des plantes et quelquefois les liquides animaux, et vivent pour la plupart en parasites. Dans les deux cas, la longueur du canal intestinal est proportionnée au genre de nourriture de l'*insecte* : court, si elle est animale; long, si elle est végétale. Il faut cependant observer qu'en général les espèces phytophages ont deux estomacs, un jabot membraneux, et un gésier musculeux et souvent garni de pièces dures à l'intérieur.

Le fait le plus curieux de l'histoire des *insectes* est leur reproduction. Ils sont tous ovipares et pondent une énorme quantité d'œufs, dont l'incubation se fait par la seule influence des éléments; mais le petit qui en est le résultat n'a presque jamais en naissant la forme qu'ont ses père et mère; il ne parvient à cette dernière que graduellement et par des changements successifs, qu'on nomme *métamorphoses*. Ces métamorphoses sont au nombre de trois : l'*insecte* est d'abord *larve* ou *chenille* ; il a une forme allongée, assez semblable à celle d'un ver, tantôt sans pattes, tantôt pourvu de pieds ; dans cet état qui dure assez longtemps, l'animal est toujours mobile et consomme beaucoup de nourriture. Il devient ensuite *nymphe* ou *chrysalide* ; il a alors la forme de l'animal parfait, mais les diverses parties de son corps sont contractées et recouvertes par une membrane plus ou moins solide, qui lui donne l'aspect d'une momie emmaillotée ; il est par conséquent généralement dépourvu de toute motilité. Cet état, pendant lequel l'insecte ne prend jamais de nourriture, dure moins que le précédent, et se termine par un dernier changement, à la suite duquel l'animal a pris la forme qu'il doit conserver jusqu'à sa mort. Il est alors *insecte* parfait, mais il ne vit que peu de temps sous cette forme ; son existence se borne souvent à quelques heures et ne dépasse pas quelques jours : il en profite pour faire sa ponte, et pour préparer à sa postérité un endroit convenable.

Quelques espèces n'éprouvent pas des changements aussi complets. La larve et la nymphe ne diffèrent de l'insecte parfait qu'à raison des ailes: les autres organes extérieurs sont identiques; ce sont les insectes à *demi-métamorphoses;* il en est même quelques-uns chez lesquels les métamorphoses se bornent à de simples mues, semblables à celles des crustacés et des arachnides.

L'étendue de la classe des *insectes*, dont le nombre surpasse celui de tous les autres animaux réunis, a exigé que les naturalistes fissent une étude approfondie de toutes les parties de leur corps, pour les partager avec méthode en ordres, familles, tribus, genres, etc. C'est principalement sur l'absence ou la présence des ailes, sur la nature et le nombre de ces organes, sur la conformation des parties de la bouche, sur la forme des palpes et des antennes, sur le nombre et la disposition des articles du tarse, etc., qu'on a basé leur division.

D'après ces considérations on a partagé la classe entière en huit ordres.

Les uns manquent d'ailes et sont dits *aptères;* ils forment le premier ordre, auquel appartiennent le *pou*, la *puce*, etc.

Tous les autres ont des ailes : mais les uns en ont quatre, tandis que les autres n'en ont que deux ; ceux-ci constituent le dernier ordre, celui des *diptères*, tels sont la *mouche*, le *cousin*, etc.

Les espèces à quatre ailes ont tantôt quatre ailes membraneuses, et tantôt deux élytres et deux ailes ordi-

naires. Les insectes qui ont des élytres et des ailes forment trois ordres : celui des *coléoptères* qui ont la bouche organisée pour la mastication , et les ailes plissées
seulement en travers (le *hanneton*, le *cerf-volant*, la *bête-
à-bon-dieu*, etc.); celui des *orthoptères* qui sont également broyeurs, mais dont les ailes sont plissées en long
ou dans les deux sens (le *grillon* ou *cricri*, la *sauterelle*, etc.); et celui des *hémiptères* qui ont la bouche
conformée en suçoir (la *punaise*, le *puceron*). Il faut
observer à l'égard de ces derniers, que c'est plutôt la
forme de leur bouche que la nature de leurs ailes qui
décide leur classement; car il y en a qui n'ont pas
d'ailes, la *punaise commune*, par exemple.

Ceux des insectes qui ont quatre ailes de même consistance constituent également trois ordres : celui des
*névroptères* qui ont des mandibules et des mâchoires,
ordinairement très-imparfaites et les ailes d'égale longueur et réticulées (les *demoiselles*); celui des *hyménoptères*, dont les ailes inférieures sont plus petites que les
supérieures et simplement veinées, et dont l'abdomen
se termine, chez les femelles, par un aiguillon (les
*abeilles*, les *guêpes*); et celui des *lépidoptères* dont la
bouche est une trompe, et dont les ailes sont couvertes
de petites écailles et comme poudreuses (les *papillons*,
les *teignes*).

La classe des *insectes* se compose donc des huit ordres suivants : 1° les *aptères*, 2° les *coléoptères*, 3° les
*orthoptères*, 4° les *hémiptères*, 5° les *névroptères*, 6° les
*hyménoptères*, 7° les *lépidoptères*, 8° les *diptères*.

### 1<sup>er</sup> *Ordre*. — APTÈRES.

L'ordre des *aptères* se compose de tous les insectes sans ailes, et comprend des espèces assez différentes par leur organisation et par leurs mœurs, pour que certains naturalistes en aient fait trois ordres distincts. Mais comme ce groupe est peu considérable, on peut les réunir d'autant plus aisément que, outre le défaut d'ailes, ils ont aussi pour caractère commun de n'éprouver que des métamorphoses incomplètes et souvent nulles.

D'ailleurs la plupart de ces insectes vivent en parasites sur le corps d'autres animaux, dont les humeurs servent à les nourrir et dont les téguments les garantissent des intempéries de l'air ; tels sont le pou, le ricin et la puce. Cependant un petit nombre d'espèces se tiennent à terre, se cachent sous les pierres, le bois pourri, et viennent jusque dans l'intérieur de nos appartements chercher un asile dans nos armoires.

### II<sup>e</sup> *Ordre*. — COLÉOPTÈRES.

L'ordre des *coléoptères* comprend tous les insectes à quatre ailes, dont les antérieures (les *élytres*) sont de nature cornée et servent d'étui ou de gaîne aux postérieures qui sont légères, transparentes et repliées en travers dans l'état de repos.

D'après cette définition, il serait toujours facile de distinguer ces insectes, s'ils avaient tous des ailes ; mais il en est un certain nombre qui sont dépourvus de ces sortes d'organes, et qu'il faut pouvoir distinguer par un autre caractère. Or, ce caractère, on le trouve dans la conformation de leur bouche, dont les mâchoires sont toujours libres et non enfermées dans un fourreau ou disposées en trompe. Leur bouche est par conséquent complétement organisée pour le broiement de substances solides, et formée de deux lèvres, deux mandibules, et deux mâchoires à palpes distincts et articulés.

A ces deux caractères essentiels, on doit ajouter que les *coléoptères* ont généralement la lèvre inférieure divisée en deux parties : l'une supérieure qui porte deux palpes et qui retient seule le nom de lèvre ; et l'autre inférieure qui sert de support à la précédente, et qu'on désigne sous le nom de *menton*. Leur corselet, toujours formé de trois segments, a celui du milieu plus développé que les deux autres, et seul visible à l'extérieur ; c'est lui qui sert de soutien aux élytres ; il porte le nom d'*écusson*. Leur abdomen ne présente rien de particulier, si ce n'est que dans les femelles, il se termine ordinairement en tarière, destinée à placer les œufs dans le lieu le plus favorable à leur développement. Leurs pattes offrent dans le nombre des articles de leurs tarses, un caractère dont on a tiré un bon parti pour la division et la subdivision des *coléoptères* ; ce nombre est invariable non-seulement dans les mêmes espèces et les mêmes genres, mais encore dans les genres analogues par leurs habitudes.

Les métamorphoses des insectes de l'ordre dont nous parlons sont complètes. Leur larve, que les jardiniers appellent communément *ver-blanc*, est vermiforme et presque toujours pourvue de six pattes ; elle est très-agile et très-vorace, vit généralement longtemps et fait de grands dégâts parmi les plantes potagères. Elle offre par conséquent des habitudes très-curieuses : ensuite elle se forme une coque dans laquelle elle demeure complétement immobile pendant un temps variable, pour passer enfin à l'état d'insecte parfait.

Cet ordre est le plus nombreux de l'entomologie ; il comprend une multitude de genres tous intéressants ; mais parmi lesquels nous serons obligés de nous borner aux espèces utiles ou nuisibles. Parmi les premiers nous citerons les *carabes*, les *cicindèles* et les *coccinelles*, qui dévorent les insectes nuisibles ; les *staphylins*, les *nécrophores* et les *bouziers*, qui se nourrissent de cadavres et d'excréments, dont ils nous débarrassent ; les *cantharides* qui, réduites en poudre, servent à former les exutoires et à les entretenir. Parmi les espèces nuisibles, nous remarquerons les *vrillettes*, les *cerfs-volants* et les *capricornes*, qui attaquent les bois morts ou vivants ; les *bruches*, les *calandres*, les *charançons*, qui font tant de dégâts dans nos greniers ; les *hannetons*, dont la larve est le fléau des plantes des marais ; les *dermestes*, qui dévorent toutes sortes de peaux et de cuirs ; les *blaps*, qui détruisent tout. Parmi les espèces remarquables, par leur beauté ou par leurs habitudes, nous rappellerons les *buprestes*, les *taupins*, les *cétoines* et les *lampyres* ou verts luisants.

### *IIIe Ordre.* — ORTHOPTÈRES.

Deux caractères principaux distinguent les *orthoptères* des coléoptères : 1° les ailes antérieures de ces derniers, dures et coriaces, sont étendues toujours sur le dos de l'animal et se touchent par des bords si unis, qu'elles paraissent soudées ensemble; leurs ailes membraneuses sont allongées et étroites, et simplement pliées en travers pour être recouvertes par les élytres. Dans les *orthoptè-res*, les élytres, d'ailleurs moins dures, sont presque toujours couchées en toit sur le dos de l'insecte, et ne se touchent qu'imparfaitement par leur bord et souvent même chevauchent l'une sur l'autre ; les véritables ailes, toujours plus larges que les élytres, sont pliées en éventail dans le sens de leur longueur ; 2° la bouche des *orthoptères*, comme celle des coléoptères, est propre au broiement de substances solides, et se compose d'un labre, de deux mandibules, de deux mâchoires et d'une lèvre inférieure ; mais chez les coléoptères, le palpe maxillaire interne, manque ou a la forme des autres palpes, tandis que chez les *orthoptères*, il existe toujours et prend la forme d'une espèce de casque, qui recouvre la mâchoire et semble la protéger : on le désigne sous le nom de *galète*, mot tiré du latin *galea*, casque. De plus, leur lèvre inférieure ou plutôt leur *languette* est constamment bifide et porte de chaque côté un palpe bien développé ; ce qui lui donne de la ressemblance avec les mâchoires.

La *forme* des orthoptères varie plus que celle des coléoptères ; ceux-ci ont presque toujours le corps oblong, ovale ou globuleux ; chez les *orthoptères* il est généralement plus allongé et quelquefois presque linéaire. Leur *tête* est grosse et toujours distincte du thorax ; leurs *antennes* sont généralement longues et toujours sétiformes ou filiformes ; ils ont ordinairement deux ou trois *stemmates* ou yeux lisses et deux *yeux composés* très-gros ; leur *thorax* est presque toujours bien séparé de l'abdomen ; le *prothorax* est grand et se fait remarquer par des formes bizarres ; ils n'ont jamais d'*écusson* ; leurs *élytres* avortent quelquefois, leurs *ailes* presque jamais ; mais leur *vol* est rarement soutenu, quelquefois même il ne peut s'effectuer. Les *pattes* sont ordinairement longues, cependant ils *marchent* généralement mal ; les espèces qui ont les pattes postérieures plus longues et plus fortes *sautent* néanmoins fort bien.

L'*abdomen* des *orthoptères* est peu consistant, est ordinairement allongé et se termine souvent chez les femelles, par une tarière formée de deux lames propres à servir de *pondoir*, ou par d'autres appendices de forme variable, dont la destination n'est pas toujours connue.

Les *orthoptères* pondent une assez grande quantité d'*œufs* : ils les enveloppent dans un *cocon* qu'ils cachent avec soin et qu'ils surveillent quelquefois. Les *larves* qui en proviennent ne diffèrent presque pas de l'insecte parfait, soit pour le genre de vie, soit pour la conformation extérieure ; le défaut d'*ailes* est le principal caractère qui les fasse reconnaître. La *nymphe*, qui diffère de la larve et de l'insecte parfait par la présence d'un rudiment d'ailes, est active et se nourrit des mêmes substances. Du reste, la durée des *métamorphoses* est variable, quoiqu'elle ne soit jamais aussi longue que chez les coléoptères ; elle est généralement bornée à l'espace d'un an ; pendant ce temps l'insecte éprouve environ six mues.

Le genre de vie des *orthoptères* offre peu de variété ; tous ces insectes sont terrestres sous leurs trois états, et préfèrent en général les substances végétales aux matières animales. Ils ont par conséquent le canal intestinal très-développé ; on leur trouve toujours un premier estomac ou jabot, suivi d'un gésier musculeux, garni intérieurement de pièces solides et cornées, propres à broyer les substances végétales. Mais ce genre de vie ne fait que rendre l'ordre des *orthoptères* plus nuisible, en ce qu'ils attaquent nos provisions, nos céréales, nos légumes, etc. Ils font d'autant plus de dégâts qu'ils sont en plus grand nombre ; et ils se multiplient quelquefois à un tel point qu'ils deviennent un véritable fléau ; dans les pays chauds surtout, ils commettent des ravages incalculables.

L'ordre des *orthoptères* est incomparablement moins étendu que celui qui précède ; il ne comprend qu'un petit nombre de genres.

1° Les **forficules** (*forficula*) ou *perce-oreilles* tirent leur premier nom, qui signifie *tenailles*, de deux prolongements écailleux, qui terminent leur abdomen, et qui étant mobiles comme les branches de cet instrument, leur servent d'armes offensives. Quant à la dénomination de *perce-oreilles*, qu'on leur donne vulgairement, elle est fondée sur un préjugé très-répandu, qui attribue à ces insectes l'habitude de s'introduire dans l'intérieur du crâne, en perçant l'oreille ou plutôt le tympan, préjugé si ridicule et si absurde, qu'il ne mérite même pas d'être réfuté.

2° Sous le rapport des formes, les **blattes** (*blatta*) sont tout l'opposé des forficules ; tandis que ces dernières ont le corps élancé et la tête saillante, les *blattes* sont ovales ou rondes, plates, trapues, et ont la tête cachée par le corselet, au delà duquel on ne distingue que leurs longues antennes.

Mais malgré la lourdeur apparente de leur corps, ces insectes ne sont pas moins agiles ; ils courent avec tant de rapidité qu'il est difficile de les attraper ; d'autant plus qu'ils se cachent dans les moindres trous ou fentes du plancher, et qu'ils ne sortent de leur retraite que la nuit ; ce qui leur avait fait donner par les anciens le nom de *lucifugæ*.

Les *blattes* vivent généralement dans nos maisons, et surtout dans les cuisines, les boulangeries, les moulins, etc. ; leur voracité n'épargne rien : les provisions de bouche, les cuirs, les lainages, etc., tout est bon pour leur gloutonnerie. Celles surtout qu'on désigne aux colonies sous le nom de *cackerlacs* se rendent insupportables ; elles attaquent jusqu'aux bottes et souliers.

3° Les **courtilières** ( *gryllotalpa* ) sont un véritable fléau pour la végétation. Armées de deux pattes antérieures également propres à creuser et à couper, elles se pratiquent des galeries souterraines pour s'y faire un abri et pour y déposer leurs œufs, et détruisent ainsi les racines de toutes les plantes qui se trouvent sur leur passage. On voit, dans tous les endroits où elles ont établi leur demeure, les jeunes plantes jaunir et tomber dans un état de langueur très-voisin de la mort. C'est probablement à leurs habitudes souterraines, et sans doute aussi à la forme de leurs pattes de devant, que ces insectes doivent le nom de *taupes-grillons*, que leur donnent les jardiniers et les cultivateurs.

Les *courtilières* sont très-communes en Europe, surtout dans les terres cultivées avec soin, parce qu'elles s'y livrent à leurs travaux avec moins de peine. Aussi sont-elles redoutées de tous les fleuristes et maraîchers, qui leur font une guerre à mort, avec d'autant plus de plaisir qu'elles sont par elles-mêmes hideuses à voir. Mais elles sont difficiles à prendre, en ce qu'elles ne sortent jamais que de nuit, et que pour les tuer il faut les surprendre dans leur trou. L'espèce la plus commune de ce genre est la *taupe-grillon*.

4° Les CRIQUETS (*acridium*) diffèrent des deux genres précédents par leurs élytres en toit, et par la brièveté de leurs antennes, qui ne sont jamais aussi longues que le corps entier de l'animal.

Ces insectes, que le vulgaire confond avec les précédents sous le nom commun de *sauterelles*, sont les plus redoutables que l'on connaisse, à cause de leur voracité et de leur fécondité prodigieuse. L'espèce voyageuse, qu'on nomme ordinairement *sauterelle de passage*, est surtout renommée par les dégâts qu'elle occasionne, dans les migrations qu'elle est forcée de faire de temps en temps. Elle vole par bandes tellement nombreuses qu'elles interceptent la lumière du soleil, comme un nuage qui passe. Malheur au pays sur lequel la nuit surprend ces insectes ! ils s'y abattent avec la rapidité de la grêle, le recouvrent dans plusieurs lieues carrées d'étendue comme d'un immense réseau, et y détruisent en un instant jusqu'aux moindres traces de la végétation ; non-seulement ils dévorent toutes les feuilles, ils n'épargnent pas même l'écorce ni les jeunes branches ;

de sorte que lorsqu'ils s'en vont , on dirait que le pays a été dévoré par un vaste incendie. Pour se faire une idée de leur nombre , il suffira de dire qu'en certains endroits on a, après leur départ, rempli, des œufs qu'ils avaient pondus , jusqu'à trois mille vases , dont chacun en contenait près de deux millions. Aussi la grêle, la peste et la famine ne sont pas des fléaux plus à craindre que leur apparition. Heureusement il faut peu de chose pour les détruire : un coup de vent violent , une pluie battante les font périr par myriades ; mais dans ce cas, il n'est pas rare que l'accumulation de leurs cadavres en putréfaction produise des maladies épidémiques meurtrières, et quelquefois même la peste.

Ces émigrations des *criquets* n'ont lieu qu'à des époques éloignées, lorsque s'étant multipliés outre mesure par quelque cause qui en a favorisé le développement, ils ne trouvent plus dans leur pays de quoi satisfaire à leurs besoins. Dans les années ordinaires, bien loin d'être un fléau, ils rendent des services, car on les mange après leur avoir ôté les pattes et les ailes ; il s'en fait même, dit-on, un assez grand commerce en Orient, d'où ils paraissent originaires. Nous avons en France, le C. *bruyant* ou *à ailes rouges* , le C. *bleuâtre* , le C. *germanique* , etc.

### *IV*e *Ordre.* — **HÉMIPTÈRES.**

Ce n'est pas dans la structure des élytres qu'il faut chercher le caractère distinctif des *hémiptères,* ainsi que pourrait le faire présumer leur nom, qui en grec veut dire *demi-ailes.* Si quelques-uns d'entre eux peuvent être reconnus à la disposition de ces organes, qui sont en effet moitié coriaces, moitié membraneux, le plus grand nombre, sans contredit, ont ces appendices différents, soit qu'ils en manquent absolument, soit qu'ils les aient de consistance uniforme dans toute leur étendue. Les *hémiptères* peuvent donc être privés d'ailes ou en avoir quatre, tantôt toutes membraneuses, tantôt partie membraneuses, partie coriaces ; dans ce dernier cas, les élytres sont le plus souvent consistantes et opaques à leur base, et transparentes et légères à leur extrémité ; les ailes sont par conséquent trop variables dans leur forme, leur nombre et leur structure, pour pouvoir servir à les caractériser. C'est dans la conformation des organes buccaux que nous trouverons les moyens de distinguer ces insectes de tous les autres animaux de leur classe. Ils n'ont jamais ni lèvres, ni mandibules, ni mâchoires. Leur bouche consiste en une gouttière de trois ou quatre articles, formés par la languette, dans l'intérieur de laquelle se meuvent quatre soies grêles, dont les inférieures sont réunies à leur base, et qui représentent les mandibules et les mâchoires des insectes broyeurs. La lèvre supérieure est représentée par un petit appendice qui sert à couvrir supérieurement la gouttière dont nous avons parlé, et la transforme en un canal complet. Quant aux palpes, ils manquent généralement, excepté chez certaines espèces aquatiques, qui nous offrent des rudiments de ceux de la languette. Cette espèce de bouche a reçu le nom particulier de *bec* ou de *rostre* : elle est par sa structure tout à fait impropre à broyer une nourriture solide, et ne peut servir qu'à percer l'écorce des plantes et la peau des animaux, dont les humeurs leur servent de nourriture.

La *forme* des hémiptères est plus généralement ovale que longue ou circulaire , et toujours elle est fortement déprimée. Leur *tête* est petite, excepté chez les cigales qui l'ont aussi large que le corselet.

Les *habitudes* des hémiptères sont plus variables que celles des orthoptères; il y en a des espèces terrestres et des espèces aquatiques ; la plupart sont carnassières, mais plusieurs sont phytophages. Quelques-uns vivent en parasites sur certaines plantes dont ils altèrent souvent la santé. Un grand nombre exhalent de l'odeur, et la communiquent aux objets qu'ils touchent.

Les *hémiptères* ne subissent jamais de véritables métamorphoses ; leurs changements, très-analogues à ceux des orthoptères, se bornent au développement des ailes, qu'ils n'ont pas dans leurs deux premiers états. Du reste l'animal présente, dans les trois périodes de son existence, la même organisation intérieure et extérieure, de sorte que ses habitudes n'offrent presque aucune différence à ses différents états.

La *division* de ces insectes est bâsée sur la nature de leurs ailes antérieures, et sur la différence du point d'origine de l'organe buccal. On en forme deux sous-ordres, qu'on pourrait sans inconvénient regarder comme deux ordres distincts : le premier est celui des *hétéroptères*, et le second celui des *homoptères*.

### 1er *Sous-Ordre*. — HÉTÉROPTÈRES.

Dans ces insectes, le bec naît du front ou de la partie

supérieure de la tête, les élytres sont dures à leur base et membraneuses à leur extrémité, de sorte que ce sont des hémiptères dans toute la force du terme. On peut ajouter à ces caractères, que ce sont les seuls insectes de l'ordre, qui aient le premier segment du thorax beaucoup plus grand que les deux suivants, et dont les ailes soient, lorsque l'animal n'en fait pas usage, placées horizontalement sur le dos, ou à peine inclinés en toit.

Presque tous ces insectes sont carnassiers et se nourrissent du sang ou des humeurs d'autres animaux. On les désigne généralement sous le nom collectif de *punaises*, parce qu'ils exhalent presque tous une odeur repoussante. Cette odeur sort par deux orifices placés sous le thorax, entre les deux premières paires de pattes. Une particularité remarquable, c'est que cette exhalation est soumise à la volonté de l'insecte ; ce n'est que lorsqu'on le prend qu'il la fait sentir : car, si on s'approche de lui sans qu'il s'en aperçoive, on ne sent aucune espèce de mauvaise odeur ; ce qui prouve évidemment que c'est un moyen de défense que la nature a mis en lui pour repousser ses ennemis. Du reste cette odeur s'exhale toujours sous la forme de vapeur. On peut s'assurer de ce fait : en mettant un de ces insectes dans l'eau, on ne tarde pas à voir sortir de ce liquide de petites bulles odorantes.

Parmi les genres de ce sous-ordre, les uns sont terrestres comme les *lygées*, les *punaises* et les *redures*, les autres sont aquatiques comme les *nèpes* et les *notonectes*.

## II<sup>e</sup> *Sous-Ordre*. — HOMOPTÉRES.

A ne considérer que les ailes ou les élytres, le nom d'hémiptère ne conviendrait pas aux espèces de cette seconde section, qui nous offrent constamment des étuis de consistance uniforme dans toute leur étendue, et souvent à peine différents des ailes ordinaires. Mais leur organisation, leur genre de vie, leurs habitudes, etc., ont tant de rapport avec ceux des hémiptères du premier sous-ordre, qu'il est impossible de les éloigner les uns des autres.

Quoique la structure des élytres pût, à la rigueur, suffire pour caractériser les *homoptères* pourvus d'ailes, elle ne saurait être employée à l'égard de ceux de ces insectes qui restent toute leur vie aptères, non plus que pour les larves et les chenilles. Il faut considérer, pour distinguer ces derniers, l'origine du bec et la forme du premier segment du thorax. Le premier prend toujours naissance à la partie inférieure de la tête, et quelquefois entre les deux pattes antérieures ; et le prothorax, loin d'être plus grand que les deux segments qui suivent, est presque toujours plus petit, ou tout au plus de la même grandeur. En outre, les femelles de tous ces insectes diffèrent des précédentes par une tarière cornée, dentelée en forme de scie, qu'elles portent à l'extrémité de leur abdomen dans une gaîne particulière, et qui leur sert à percer le bois dans lequel elles déposent leurs œufs.

Tous les *homoptères* sont herbivores, et se tiennent sur les plantes dont les sucs servent à les nourrir. Ils leur causent souvent d'assez grands dommages, ou leur donnent un aspect désagréable, en produisant sur leurs feuilles ou sur leur écorce, des excroissances qui ne tardent pas à épuiser le végétal.

On rapporte toutes les espèces de ce groupe à quatre genres principaux : les *cigales*, les *fulgores*, les *pucerons* et les *cochenilles*.

### V<sup>e</sup> Ordre. — NÉVROPTÈRES.

Les insectes dont nous avons parlé jusqu'ici sont aptères ou ont quatre ailes, dont les deux antérieures diffèrent plus ou moins des postérieures par leur structure plus ferme, et forment à ces dernières une espèce d'étui. Dans l'ordre des *névroptères*, les quatre ailes sont de la même consistance ; ce qui empêchera toujours de les confondre avec les espèces précédentes. De plus, on les distinguera aisément des ordres qui suivent par le nombre de ces ailes qui est de quatre, tandis qu'il n'est que de deux chez les rhipiptères, les diptères et les homaloptères, par leur surface qui n'est jamais couverte de ces écailles qu'on trouve sur celle des lépidoptères, et par leur structure qui est réticulée ou formée par un réseau très-fin de nervures, et qui est simplement veinée chez les hyménoptères. D'ailleurs ces derniers ont les ailes supérieures toujours plus grandes que les inférieures, tandis que les *névroptères* les ont généralement plus courtes ou tout au plus de la même grandeur. Il faut ajouter à ces caractères la conformation de la bouche, qui est formée, chez les insectes dont nous parlons, de deux lèvres, de deux mandibules, et de deux mâchoires, qui n'ont jamais la forme d'un tube propre à la succion, et qui ne peuvent servir qu'à broyer des matières solides.

Leur *forme* est allongée ; leur *corps* de consistance molle ; leur *tête* est grosse et généralement bien distincte du thorax ; leurs *antennes*, ordinairement composées d'un grand nombre d'articles, sont presque toujours sétacées ; leurs *yeux* sont le plus souvent gros et saillants, comme dans tous les insectes carnassiers. Ils ont deux ou trois *stemmates* et un cou bien distinct ; leur *abdomen* est long, grêle, cylindrique, et ne se termine jamais par un aiguillon, rarement par une tarière, quelquefois par un appendice sétiforme. Leurs *pattes* sont presque toujours longues ; mais leurs tarses varient pour le nombre des articles.

Quoique tous les *névroptères* soient terrestres à l'état parfait, quelques-uns cependant se tiennent près des eaux, et un assez grand nombre y font leur séjour dans leur premier état. La plupart sont *carnassiers* ; il n'y en a qu'un petit nombre qui se nourrissent de matières végétales : ces derniers causent même de grands dégâts dans nos bois de charpente et de construction.

Leurs *métamorphoses* sont tantôt complètes, tantôt incomplètes ; dans tous les cas, leurs *larves* sont constamment hexapodes, et assez semblables à l'insecte parfait. Quant à leurs *nymphes*, elles sont tantôt agiles et nues, tantôt immobiles et renfermées dans un cocon.

Cet ordre très-peu naturel comprend les *libellules* ou *demoiselles*, si connues de tout le monde ; les *fourmiliers*, dont les habitudes sont si curieuses ; les *termès* ou *pous de bois*, si célèbres par les dégâts qu'ils font dans le bois de charpente et par les nids énormes qu'ils se construisent, etc.

## VIᵉ *Ordre*. — HYMÉNOPTÈRES.

Les *hyménoptères* forment un des ordres les plus nombreux de l'entomologie après celui des coléoptères ; il comprend tous les insectes qui ont quatre ailes nues et membraneuses, à nervures longitudinales, et dont les supérieures sont toujours plus grandes que les inférieures. Leur bouche est garnie d'un labre et de deux mandibules distinctes ; mais leurs mâchoires et leur lèvre inférieure sont minces, allongées et disposées en une espèce de trompe, appelée *promuscide*, qui n'est propre qu'à pomper le suc des végétaux. Leur abdomen est le plus souvent séparé du corselet par un étranglement qui divise leur tronc en deux parties, et se termine, chez les femelles, par un aiguillon ou par une tarière destinée à percer l'écorce des plantes ou la peau des animaux, dans lesquels elles déposent leurs œufs.

Le corps de ces insectes est ordinairement ovale, rarement allongé ; leur tête est généralement grosse et presque toujours séparée du thorax par un étranglement en forme de cou ; leurs yeux sont le plus souvent gros et accompagnés de trois ocelles : leurs antennes sont presque toujours courtes, rarement très-longues, et, dans tous les cas, filiformes, jamais terminées en massue.

Leurs trois anneaux thoraciques sont réunis en une

masse ovalaire ou trapézoïde, sans intervalles qui les séparent ; quelquefois le premier segment de l'abdomen est attaché au métathorax, de sorte que le corselet semble avoir un anneau de plus qu'à l'ordinaire et être composé de quatre parties ; leur abdomen est pédiculé, très-rarement sessile, et se termine toujours, chez les femelles, par un pondoir composé de trois pièces, dont deux latérales qui servent quelquefois de gaîne à la médiane, tandis que d'autres fois c'est la médiane qui emboîte les deux latérales.

Leurs ailes sont généralement horizontales, rarement verticales ; les supérieures sont toujours plus grandes que les inférieures et offrent un certain nombre de cellules, dont les plus grandes ont été nommées radiales et cubitales ; elles servent à quelques entomologistes pour caractériser certains genres. Leurs pattes, de médiocre longueur, se terminent par des tarses toujours pentamères.

Tous les *hyménoptères* subissent des métamorphoses complètes. Parmi leurs larves, les unes sont dépourvues de pattes et tout à fait immobiles ; d'autres, au contraire, ont, outre six pattes ordinaires, de douze à seize fausses pattes ; mais elles ne sont pas plus agiles pour cela, car elles ne peuvent exécuter aucune espèce de mouvement. Il faut donc que la mère, qui meurt toujours avant la naissance de sa progéniture, place ses œufs dans un endroit où ils soient garantis des dangers extérieurs, et où les larves trouvent une nourriture préparée à l'avance. Dans ce but, elle construit pour sa postérité une demeure particulière où elle entasse des aliments choisis, ou bien elle les dépose dans le corps d'animaux, si ses petits doivent être carnassiers. Certaines espèces qui vivent en sociétés nombreuses se dispensent de ce soin : des individus, qu'on appelle *neutres* ou *ouvrières*, et qui ne sont que des femelles dont les organes génitaux ont été arrêtés dans leur développement, fournissent aux larves la nourriture nécessaire et les garantissent des dangers extérieurs. Dans tous les cas, les larves ont la lèvre percée par un canal pour le passage de la matière soyeuse, qui doit être employée pour la fabrication de la coque de la nymphe.

La durée de la vie des *hyménoptères,* depuis leur naissance jusqu'à leur entier développement, est bornée au cercle d'une année. Larves, ils vivent tantôt de matières animales, tantôt de substances végétales ; nymphes, ils ne prennent aucune espèce de nourriture ; insectes parfaits, ils vivent tous sur les fleurs, sur lesquelles on les voit voltiger durant tout le cours de la belle saison.

Cet ordre comprend plusieurs genres, dont les plus importants sont celui des *fourmis* et celui des *abeilles.*

1º Les FOURMIS (*formica*) comprennent tous les hyménoptères qui ont l'abdomen séparé du corselet par un pédicule bien marqué, et leurs antennes, au lieu d'être en ligne droite, sont coudées et comme brisées. Les mâles seuls ont constamment des ailes, encore ne les conservent-ils pas pendant toute leur vie ; les femelles en ont ordinairement, mais elles les perdent de bonne heure. Les ouvrières n'en ont jamais.

On a beaucoup parlé de la prévoyance et de l'activité de la fourmi ; mais c'est à tort qu'on a loué la sagesse de cet animal, lorsqu'on a prétendu qu'il entassait pendant les beaux jours pour jouir durant l'hiver. La *fourmi* s'engourdit pendant toute la mauvaise saison, et n'a par conséquent pas besoin de provisions. Tout ce qu'on la voit porter dans son habitation est destiné à la nourriture des larves ou à la construction de ses appartements. On a donc exagéré les qualités de ces insectes et avec d'autant moins de raison que, bien loin de nous être utiles, ils causent de très-grands dégâts dans nos jardins et dans nos maisons, surtout à nos provisions de bouche. Vivant en sociétés nombreuses, composées de trois sortes d'individus, il leur faut, pour se construire leur demeure, des matériaux très-considérables qu'ils tirent de tout ce qui se trouve à leur portée, et, pour pourvoir à leur subsistance, une grande quantité de substances végétales ou animales qu'ils prennent dans nos greniers, dans nos champs et dans nos jardins. Si donc il y a quelque chose à louer dans l'histoire des *fourmis,* ce n'est ni leur prévoyance, ni leur sobriété ; mais ce qu'il y a d'admirable dans ces petits animaux, ce sont l'ordre parfait et la discipline exacte qui règnent dans leur société ; c'est l'instinct qui porte les ouvrières à nourrir les mâles, les femelles, les larves, et à se priver quelquefois de leur nourriture pour leur en fournir ; c'est le courage avec lequel ils défendent, en cas de danger, les nourrissons confiés à leur soin, quelquefois même aux dépens de leur vie. Ce que nous admirerions encore en eux, si nous n'étions habitués à le voir dans une multitude d'autres animaux, c'est la sagacité avec laquelle ils choisissent, pour placer leur domicile, la base d'un tronc d'arbre ou un terrain élevé, afin d'y être à l'abri des inondations ; c'est l'art avec lequel ils composent, avec de si petites parcelles de bois, de chaume, de feuilles, etc., un édifice solide, où nous ne voyons que confusion, mais dont l'ensemble est l'image d'une ville avec ses rues, ses ruelles, ses maisons, etc.; de manière que les ouvrières les parcourent continuellement sans s'embarrasser le moins du monde, malgré l'activité dont elles ont besoin, surtout lorsqu'elles ont des larves à nourrir. C'est alors qu'on les voit courir de tous côtés avec empressement, les unes chargées de provisions qu'elles leur apportent, les autres allant à la recherche des grains, des fruits, des miettes, etc. Ce temps de fatigue dure, pour les fourmis, tout l'été, car il y a toujours des larves dans leur nid. Pour s'en convaincre, il suffit d'ouvrir une fourmilière durant cette saison; on y voit pêle-mêle des fourmis, des débris de végétaux, des écorces, des espèces de vers blancs qu'on appelle vulgairement *œufs de fourmis*, et qui ne sont autre chose que des larves.

2º Bien que l'on puisse admirer les travaux des fourmis et des bourdons, ainsi que l'ordre et la discipline de leurs réunions, les **ABEILLES** (*apis*) l'emportent de beaucoup sur eux par leur industrie, et surtout par leur utilité. Réunies en société de plusieurs milliers d'individus, elles forment une espèce d'état composé, comme toutes les sociétés de ce genre, de trois sortes de membres : une ou plusieurs femelles, quelques centaines de mâles, et un nombre indéterminé d'ouvrières ; telles sont les bases d'un *essaim*.

Une fois rassemblés, ces insectes commencent par chercher un lieu convenable pour y établir leur demeure ; c'est ordinairement un vieux tronc d'arbre creux, ou un trou dans un rocher ou dans une muraille, Dès qu'ils l'ont trouvé, les ouvrières se mettent en campagne pour aller à la recherche d'une matière grasse appelée *propolis*, qui sert à enduire tout l'intérieur de la ruche et à en boucher toutes les issues, à l'exception de celles qui sont nécessaires pour l'entrée et la sortie des habitants. Cela fait, elles se mettent à construire les alvéoles ou les loges destinées à servir de chambres aux mâles, aux femelles et aux larves, ou de magasins pour contenir le miel. Celles des mâles sont plus grandes que celles des larves, mais beaucoup plus petites que celles des femelles, à la construction desquelles les ouvrières emploient jusqu'à cent cinquante fois plus de matériaux que pour celles des larves ; aussi les désigne-t-on sous le nom de *cellules royales*. Tous ces ouvrages sont faits avec la poussière des étamines qu'elles transforment en *cire*, en la mâchant et en la pétrissant avec des sucs particuliers, pour la rendre imperméable à l'eau.

L'édifice terminé, les ouvrières vont chercher dans le calice des fleurs, cette matière sucrée si connue sous le nom de *miel* : elles en remplissent les alvéoles destinées à le recevoir, et les ferment ensuite hermétiquement avec un couvercle. Pendant ce temps, la femelle fait sa ponte et dépose dans chaque cellule un œuf qu'elle y fixe au moyen d'une matière visqueuse, dont il est enduit au moment de sa sortie. Le nombre des œufs qu'elle pond ainsi peut aller, dit-on, jusqu'à douze mille, et cela dans l'espace de vingt jours.

Environ trois jours après que l'œuf a été pondu, il en sort une larve à laquelle les ouvrières apportent une nourriture proportionnée à sa faiblesse, et dont elles augmentent la quantité et varient la qualité à mesure qu'elle avance en âge. Environ six jours après sa naissance, la larve devient chrysalide, se forme une coque, et, rompant enfin sa prison vers le neuvième jour, elle va avec ses compagnes partager les travaux de la communauté. Mais on a observé que les œufs des mâles et des femelles mettent plus de temps à subir leurs métamorphoses, et ne sont pondus que plus tard.

Il arrive souvent que la ruche qu'habite une société d'abeilles devient trop petite pour les contenir toutes. Alors une partie s'en détache pour aller former ailleurs une colonie. Après avoir marché quelque temps sous la conduite d'une femelle, l'essaim s'arrête sur quelque branche d'arbre, pendant que leur guide va explorer les environs, pour aller découvrir un emplacement convenable à leur établissement.

On connaît plusieurs espèces d'*abeilles*, dont la plus utile est l'A. *commune* ou *mouche à miel*, qu'on élève à la campagne pour la cire et le miel qu'elle produit.

### *VII<sup>e</sup> Ordre.* — LÉPIDOPTÈRES.

Cet ordre renferme tous les insectes qu'on désigne vulgairement sous le nom de *papillons*. Deux caractères bien tranchés les distinguent des autres insectes à

quatre ailes membraneuses; ce sont les écailles farineuses qui recouvrent ces dernières (d'où leur nom de
*lépidoptères*, ailes écailleuses), et la forme de leur bouche qui consiste en une trompe ou langue roulée en
spirale (la *spiritrompe*), et formée de deux pièces qui
représentent chacune une mâchoire; instrument avec
lequel ils soutirent le miel des fleurs, qui est leur seule
nourriture à l'état parfait.

Ce sont les insectes les plus intéressants de leur classe
par l'éclat et la richesse des couleurs de leurs ailes, par
l'élégance et la légèreté de leurs formes, et par la singularité de leurs habitudes.

Leur *corps* est allongé ou ovale, plus ou moins velu,
et de consistance plutôt charnue que cornée. Leur *tête*
est bien distincte, et séparée du reste du tronc par une
espèce de cou ou de collier, qui n'est autre chose que le
prothorax de l'animal. Leurs *yeux* sont à facettes très-
nombreuses; car on en a compté jusqu'à vingt-sept mille
sur un seul de ces organes. Leurs *stemmates* sont rarement visibles; ils demeurent presque toujours cachés
sous les écailles ou au milieu des poils qui recouvrent
leur corps. Leurs antennes sont plus longues que la tête
et le thorax réunis, mais moins que le corps entier;
composées d'articles nombreux, elles sont tantôt filiformes, tantôt sétacées, souvent terminées en massue. La
trompe varie beaucoup par la longueur; quelquefois
elle est à peine apparente entre les palpes qui s'élèvent
à sa base, d'autres fois elle égale en longueur le thorax
et l'abdomen réunis. Mais quelle que soit sa longueur,
elle n'est visible que pendant l'action; quand elle est

au repos, elle reste toujours cachée entre les palpes.

Le *thorax* des lépidoptères est généralement ovale, et résulte de la réunion des deux anneaux postérieurs, le premier étant colliforme ou aminci en forme de cou; il offre constamment entre les deux ailes un écusson formé aux dépens du métathorax. Les ailes sont ordinairement très-développées, excepté chez quelques femelles qui les ont seulement rudimentaires; les nervures qui en forment la charpente sont simplement veinées, comme chez les hyménoptères, et non réticulées ou anastomosées, comme chez les névroptères; elles sont presque toujours remarquables par leurs couleurs brillantes, et souvent par des dessins variés, surtout chez les espèces diurnes; mais leurs nuances sont toujours fragiles, parce que les écailles qui les forment sont très-caduques et s'enlèvent par le moindre frottement; car elles n'adhèrent à la membrane alaire que par un pédicule mince et délié. Des deux paires d'ailes, l'antérieure est toujours la plus grande et en même temps la plus belle; elle offre souvent à sa base deux petits appendices appelés *ptérygodes* ou *épaulettes*, dont on ignore la destination. Leurs pattes sont généralement longues et se terminent par un tarse pentamère, dont le dernier article est armé de deux crochets; elles sont extrêmement grêles et ne sont pas d'un grand usage pour la locomotion; elles ne servent à l'animal que pour s'accrocher aux corps sur lesquels il s'arrête. Assez souvent la paire antérieure est même atrophiée, et demeure pendante de chaque côté du corps en forme de palatine.

L'*abdomen* des lépidoptères est plus ou moins allongé,

selon les espèces; les diurnes l'ont tout à fait cylindrique, tandis que les nocturnes et les crépusculaires l'ont
plus généralement conique ou ovale. Dans tous les cas,
il est composé de sept anneaux dans les deux sexes, et
est attaché au thorax par un pédicule très-court, mais
bien marqué. Il n'offre jamais à son extrémité ni tarière,
ni aiguillon; mais il se termine toujours par deux petites écailles, entre lesquelles est percée l'ouverture
anale, et qui sont beaucoup plus fortes chez les mâles
que chez les femelles. Les arceaux, ou demi-anneaux
dont il est composé, sont de largeur inégale; car le supérieur déborde toujours l'inférieur. Ils sont unis entre
eux par une membrane flexible, qui permet à l'abdomen
des femelles de se dilater considérablement lorsqu'il est
rempli d'œufs.

Les *habitudes* de ces insectes sont terrestres; ils ne vivent que du suc des fleurs ou de matières animales en décomposition. La femelle pond un grand nombre d'œufs et
les dépose sur les matières animales et végétales qui doivent servir de nourriture aux larves qui en proviennent.

Ils subissent tous des métamorphoses complètes. En
sortant de l'œuf, ils ont la forme d'un ver allongé dont
le corps est composé de douze anneaux, et pourvu de six
pattes à crochets qui répondent à celles de l'insecte parfait; il a de plus de quatre à dix pieds membraneux,
dont les deux derniers occupent l'extrémité postérieure
de l'abdomen et sont ordinairement éloignés de la paire
précédente par un intervalle plus ou moins long. On
désigne ces larves sous le nom spécial de *chenilles*. Elles
sont toutes agiles et se meuvent ordinairement à la ma-

nière des myriapodes, en portant successivement leurs
pattes en avant. Mais celles qui n'ont que dix pattes
s'avancent par un autre mécanisme; elles fixent d'abord
leurs pieds écailleux au plan sur lequel elles marchent,
et attirent ensuite en avant la partie postérieure de leur
corps qu'elles ploient en arc de cercle; ensuite, fixant
à leur tour les dernières pattes membraneuses rapprochées de la tête, elles redressent leurs corps et en portent la partie antérieure en avant. Cette manière de marcher leur a valu le nom de *géomètres* ou *d'arpenteuses.*

La nourriture des larves est presque toujours végétale comme celle de l'insecte parfait; mais, comme leur
bouche est armée de mandibules cornées, elles se nourrissent de substances dures et solides, telles que les
feuilles, les graines, et même le bois dur, qu'elles savent
amollir en dégorgeant sur lui une liqueur particulière.
Un petit nombre attaque les matières animales, et surtout la graisse, la cire, le cuir, etc. Dans tous les cas,
elles sont extrêmement voraces et causent d'horribles
dégâts, soit aux végétaux, soit aux grains et aux pelle-
teries que l'on conserve dans les magasins; heureusement les ichneumons et plusieurs autres hyménoptères
nous délivrent d'une grande quantité de ces êtres des-
tructeurs.

Parvenues au dernier terme de leur développement,
les *chenilles* cessent de manger et se construisent un cocon, dans lequel elles sont comme emmaillotées et
ressemblent à une momie. Elles sont devenues nymphes;
et, comme dans cet état leur enveloppe est souvent ornée de couleurs métalliques et offre dans plusieurs lé-

pidoptères des teintes dorées, on leur a donné le nom spécial de *chrysalides*, comme on avait appliqué à leurs larves celui de chenilles. La forme de l'animal, ainsi masquée par son enveloppe, varie considérablement, et fournit d'excellents caractères pour distinguer les familles et les genres de l'ordre dont nous parlons ; et la manière dont la *chrysalide* s'attache aux corps qui lui servent d'habitation pendant qu'elle reste inactive, n'est pas moins utile sous ce rapport ; il faut donc noter ces deux circonstances avec soin. Du reste, les *chrysalides* ne demeurent dans cet état que quelques jours, et, rompant le tissu de leur cocon, elles se trouvent transformées en *papillons*, et vont voltiger sur les fleurs pour leur ravir leur nectar. Sous cette forme, leur vie est très-courte et ne dure que le temps nécessaire à la reproduction de l'insecte.

On divise l'ordre des *lépidoptères* en trois familles, d'après la disposition de leurs ailes et la forme de leurs antennes ; ce sont les *diurnes*, les *crépusculaires* et les *nocturnes*.

### Iᵉ *Famille. — Diurnes.*

Quoique la nature ait accordé la beauté à la plupart des lépidoptères, c'est sur les *diurnes* qu'elle en a répandu les trésors avec le plus de profusion. Aux couleurs brillantes qu'elle leur a prodiguées, à l'agilité des mouvements dont elle les a doués, il est facile de voir qu'elle les a créés pour flatter la vue de l'homme, et les livrer à son admiration comme une preuve de sa puissance et de la variété de ses œuvres. Aussi, tandis que

les autres familles de cet ordre ne sortent de leurs retraites qu'à la chute du jour ou durant les ténèbres de la
nuit, les *diurnes* se montrent pendant que le soleil brille
de tout son éclat, et ne cessent d'étaler leur parure à nos
regards que lorsque l'absence de l'astre du jour nous
met dans l'impossibilité d'en apprécier la richesse et la
variété. Durant tout ce temps, on les voit voltiger continuellement de fleur en fleur, pour leur ravir la liqueur
sucrée qu'elles renferment, et, lors même qu'ils se re-
posent, ils tiennent toujours leurs ailes relevées, prêts à
prendre leur essor au moindre danger : disposition
qu'on n'observe que dans cette famille ; car, dans les
deux suivantes, les ailes inférieures sont munies d'un
crochet qui arrête les supérieures, et les force à se tenir
couchées horizontalement sur le dos de l'animal. On
peut ajouter à ce caractère que leurs antennes se terminent en massue, tantôt brusque et ovoïde, tantôt in-
sensible et en forme de cône renversé, et que leur
trompe est toujours assez longue pour atteindre le miel
des fleurs au fond de la corolle.

Quoique la vie de ces *lépidoptères*, auxquels on donne
le nom de *papillons* plus spécialement qu'aux crépusculaires et aux nocturnes, soit généralement très-courte
et bornée à l'espace de quelques jours, ces insectes ne
laissent pas d'être communs pendant toute la belle saison, parce que les espèces en étant très-nombreuses et
paraissant à des époques différentes, se succèdent continuellement depuis les premiers beaux jours jusqu'à la
fin de l'automne.

Les chenilles de ces insectes ont toujours seize pattes,

et leurs chrysalides sont ordinairement anguleuses, et se fixent aux branches et aux feuilles, quelquefois par leur queue seulement, et d'autres fois par leur queue et par le milieu de leur corps en même temps.

On a basé la division de cette famille, si difficile à étudier, sur la conformation des jambes, qui sont garnies d'un ou de deux ergots, sur la forme de leurs pattes antérieures et sur quelques autres caractères minutieux. On a ainsi formé trente genres environ : les *papillons*, les *danaïdes*, les *nymphales*, les *vanesses*, les *argynes*, les *satyres*, les *argus*, les *hespéries*, etc.

### IIe Famille. — *Crépusculaires.*

Les lépidoptères diurnes se font remarquer non-seulement par l'élégance de leur forme, mais encore par l'éclat et la vigueur de leurs couleurs. Les *crépusculaires*, qui ne se montrent que le matin, durant le court espace de temps qui sépare l'apparition de l'aurore du lever du soleil, ou le soir depuis le coucher de cet astre jusqu'à la nuit, n'offrent jamais ces nuances brillantes qui sont l'apanage exclusif des animaux qui reçoivent les rayons du soleil. Leurs formes sont aussi plus lourdes et plus épaisses, ce qui leur a fait donner quelquefois le nom de *papillons-bourdons;* leurs ailes, au lieu d'être dressées l'une contre l'autre lorsque l'animal ne s'en sert pas, sont couchées horizontalement sur son dos, parce que les inférieures ont à leur bord externe une épine qui s'engage dans un crochet des supérieures et les tient forcément abaissées. Ce caractère qui distingue les *crépusculaires* des papillons de jour, leur étant ommun avec ceux de la famille suivante, ne suffit pas pour les faire reconnaître ; il faut y joindre la forme des antennes, qui chez eux sont renflées soit au milieu, soit à l'extrémité, tandis qu'elles sont en forme de fil ou de soie chez les lépidoptères nocturnes. Leurs chenilles ont constamment seize pattes et sont nues ou peu velues : leurs chrysalides n'offrent jamais ces pointes ou ces angles qui se remarquent sur la plupart de celles des lépidoptères diurnes, et sont ordinairement renfermées dans une coque, ou se tiennent cachées dans la terre ou sous quelque autre corps.

Ces lépidoptères, dont les espèces sont communes en France et dans toute l'Europe, se font remarquer par leurs formes lourdes et épaisses, quoique non dépourvues d'une certaine élégance ; leur tête et leurs yeux sont gros, et leur abdomen conique. Cependant, malgré leur pesanteur apparente et la petitesse relative de leurs ailes, les *sphinx* volent avec une extrême rapidité, et planent en bourdonnant au-dessus des fleurs ; ce qui leur a fait donner le nom de *sphinx éperviers*. C'est en planant ainsi, et sans se poser, qu'ils déploient leur spiritrompe, et enlèvent du fond des corolles le suc mielleux qui fait leur nourriture. Quoique les couleurs de ces insectes ne soient aucunement remarquables sous le rapport de la vivacité, et qu'elles soient rarement bien fondues ensemble, elles ont un velouté qui flatte et les rend agréables à la vue.

La plupart de leurs chenilles ont le corps ras, allongé, moins gros en avant qu'à l'extrémité postérieure, où se trouve une espèce de corne dorsale ; leur tête est ordinairement rétractile sous le second anneau du tronc, et leurs flancs sont marqués de raies obliques ou longitudinales. Elles vivent en général solitaires, se nourrissent de feuilles, et s'enfoncent en terre pour se métamorphoser. Les unes deviennent insectes parfaits, un mois ou six semaines après leur transformation; les autres passent l'hiver à l'état de chrysalides, et n'éclosent que vers le milieu du printemps suivant; quelques-unes même vivent jusqu'à deux et même trois ans. Leurs chrysalides ont une forme conique, et sont renfermées dans une coque formée de parcelles de terre ou de débris de végétaux, liés avec quelques fils de soie.

Les *crépusculaires* ont tant de rapports entre eux que, malgré le nombre des espèces qu'on en connaît, Linné les réunit tous en un seul genre, celui des *sphinx*, nom qu'il leur imposa à cause de l'attitude que prennent ordinairement leurs chenilles, attitude qui leur donne une certaine ressemblance avec le monstre fabuleux de ce nom.

### III<sup>e</sup> *Famille. — Nocturnes.*

Les caractères distinctifs des lépidoptères de cette famille se tirent de la position horizontale des ailes, et de la forme des antennes, qui sont sétacées. Si les lépidoptères de la famille précédente n'ont plus les couleurs vives des papillons diurnes, du moins ils conservent encore des nuances assez bien distribuées, des formes agréables, des mouvements agiles. Chez les *nocturnes*, nous verrons, à quelques exceptions près, toutes les couleurs se ternir et prendre une teinte obscure, le corps se raccourcir et devenir lourd , les mouvements s'appesantir et se changer en une allure traînante; aussi ne les voit-on presque jamais voler tant que le soleil reste sur l'horizon. Leurs chenilles, qui ont presque toujours moins de seize pattes , sont généralement velues , et se filent un cocon avant de se métamorphoser en nymphes ; c'est même une des espèces de cette famille qui produit la soie en faisant sa coque.

Le nombre des lépidoptères *nocturnes* est si considérable , que l'on a dû en former plusieurs genres, dont les principaux sont les *bombyx* , les *pyrales* et les *teignes.*

1° Les **BOMBYX** (*bombyx*) sont caractérisés par leur trompe, qui n'est que rudimentaire, par leurs ailes entières et lisses , dont les inférieures , dans l'état de repos , sont plus larges que les supérieures, et par leurs antennes qui sont pectinées dans lesmâles. Leurs chenilles vivent à l'air libre sur les végétaux , se nourrissent de feuilles et de bourgeons tendres, et se filent, pour se métamorphoser, un cocon de soie presque pure.

Le *bombyx du mûrier* ou *ver à soie,* est l'espèce la plus remarquable et la plus utile de ce genre.

Ce *bombyx* n'aurait jamais été remarqué du peuple à l'état parfait, si sa chenille ne s'était attiré son attention, par l'habitude qu'elle a de produire ce fil mince et délicat , auquel nous devons nos plus beaux tissus. Mais il paraît que , dès la plus haute antiquité (plusieurs siècles avant l'ère chrétienne, 2,700 ans, selon quelques auteurs orientaux ), les Chinois s'aperçurent du profit qu'ils pouvaient retirer de ce précieux insecte, et s'occupèrent avec tant de succès de cette industrie, qu'ils parvinrent en peu de temps à en confectionner des étoffes. De la Chine, l'éducation du *ver à soie* passa chez les peuples voisins, et surtout dans la Perse et dans l'Inde, d'où les anciens tiraient toute leur soie. Ce ne fut que sous le règne de Justinien que l'on connut en Europe l'animal qui la produit. A cette époque deux moines grecs en apportèrent des œufs à Constantinople, et parvinrent à les faire éclore. On tenta alors de les multiplier, et l'on y réussit si bien qu'en quelques années tout le midi de l'Europe orientale fut couvert de mûriers pour les nourrir. Durant les guerres des Croisades, l'espèce en fut transportée en Sicile, d'où elle se répandit peu à peu en Italie, en Espagne et en France, où elle forme maintenant une branche importante de commerce.

Comme le *ver à soie* exige pour être élevé beaucoup de soins minutieux, et que son éducation est très-intéressante, nous allons entrer dans quelques détails à ce sujet.

Quoiqu'on puisse à la rigueur élever ces insectes partout où croît le *mûrier blanc*, dont les feuilles servent à les nourrir, tous les pays ne sont pas également propres à leur éducation. Originaires des contrées orientales de l'Asie, il leur faut un climat à peu près semblable ; et ce climat, on le trouve en Sicile, en Italie, en Espagne, en Grèce, dans le midi de la France et autres lieux analogues pour la température. Il faut de plus chercher l'exposition la plus convenable pour établir la *magnanerie* ou le local destiné à recevoir les *magnans*, c'est-à-dire

les vers à soie; il faut éviter de la placer dans le voisinage des marais et des rivières, parce que les mauvai-
ses odeurs et l'humidité sont contraires à leur multiplication.

Le local trouvé, on se procure de la graine ou des
œufs, et, quand la saison favorable arrive, c'est-à-dire
au printemps, on les dispose par couches légères sur le
fond de boîtes de bois très-mince et doublées de papier,
et on les porte dans une chambre que l'on chauffe graduellement jusqu'à l'époque de la naissance des chenilles. A mesure que celles-ci éclosent, on les enlève et on
les place sur des claies couvertes de feuilles de mûrier.
Elles ont alors un peu plus d'une ligne de long.

Le temps que le *bombyx* passe à l'état de larve comprend une période d'environ trente-cinq jours, pendant
lesquels il change quatre fois de peau et grossit considérablement, puisque, arrivé au moment de se métamorphoser en chrysalide, il a près de trois pouces de
longueur. Chacune de ses mues est précédée d'une es-
pece de fringale, durant laquelle l'animal consomme
beaucoup de feuilles, mais qui s'arrête quelques heures
avant qu'il change de peau; le *ver à soie* est pendant cette
opération dans un véritable état de maladie passagère,
mais qui n'a rien d'inquiétant : car à peine la mue est-
elle terminée que son appétit recommence, et va en
augmentant jusqu'à un nouveau changement de peau.
Quand le moment de la métamorphose est arrivé, on
place au-dessus des claies qui soutiennent les vers, des
rameaux de bruyère ou de chêne vert, sur lesquels les
chenilles se hâtent de monter pour filer leur cocon.

Elles commencent par se fixer à une petite tige et se mettent sur-le-champ à travailler ; trois jours après, l'opération est terminée, et l'on peut cueillir les cocons.

Il ne reste plus qu'à les dévider : on les fait tremper préalablement dans de l'eau chaude pour les décoller, et ensuite on en prend quatre ou cinq, dont on rapproche les bouts pour n'en former qu'un fil et les dévider tous ensemble ; chacun d'eux produit un brin d'environ neuf cents pieds de long, indépendamment d'un petit noyau qu'on ne peut pas débrouiller, et que l'on carde ensuite pour en faire de la *filoselle*.

2° Les **PYRALES** (*pyralus*) sont des lépidoptères nocturnes qui ont les ailes en toit et entières, dont les antérieures présentent une surface unie ; leurs antennes sont sétacées ; mais ce qui les caractérise particulièrement, c'est qu'ils ont la base des ailes supérieures arquée et plus large que leur sommet. L'espèce la plus célèbre de ce genre est le *pyrale de la vigne*, si connu par les dégâts qu'il fait depuis quelques années dans presque tous les pays vignobles. Malheureusement on n'a pas pu jusqu'à ce jour trouver de moyen efficace pour prévenir les ravages qu'elle produit.

3° Les **TEIGNES** (*tinea*) sont les plus petits lépidoptères connus, et se reconnaissent facilement à leurs ailes plissées dans l'état de repos. Leurs chenilles sont toujours lisses et sans poils, et pourvues de seize pattes au moins. Elles se tiennent toujours cachées dans des habitations fixes ou mobiles qu'elles se pratiquent aux dépens des substances qu'elles rongent. Le plus souvent, c'est dans nos armoires qu'elles en vont chercher les matériaux, elles nous causent ainsi des dégâts considérables. C'est surtout dans les magasins de cuirs qu'elles sont à craindre. Si l'on n'a pas soin de manier les marchandises de temps en temps, elles s'y propagent en telle quantité, qu'elles finissent par les détruire entièrement.

Mais toutes les espèces ne sont pas domestiques. Il y en a qui vivent dans les champs de feuilles et des parties tendres des végétaux ; celles-là sont beaucoup moins nuisibles. Une particularité bien remarquable, c'est que ces insectes, en mangeant les feuilles, n'attaquent jamais l'épiderme ou membrane qui en forme les deux faces ; ils n'en rongent que le parenchyme, c'est-à-dire la partie comprise entre les deux feuillets épidermiques.

### *VIII<sup>e</sup> Ordre*. — DIPTÈRES.

Les insectes de cet ordre, qui est très-nombreux en espèces et encore plus en individus, sont faciles à reconnaître à deux caractères principaux : d'abord à leurs ailes, qui sont au nombre de deux et veinées, et ensuite à leur bouche, qui consiste en une demi-gaîne terminée par deux lèvres, en un suçoir de deux, quatre ou six pièces cornées, et en deux palpes, en général peu allongés.

On peut aisément se faire une idée de la *forme* des diptères par la mouche et par le cousin, qui sont le type de ce groupe. Leur corps est généralement peu consistant, plus ou moins velu, le plus souvent ovale et rarement allongé. Leur *tête*, toujours bien distincte, est tantôt sessile, tantôt séparée du thorax par un étranglement en forme de cou. Leurs *yeux*, ordinairement gros, surtout chez les mâles, sont quelquefois couverts de poils pour les protéger contre les chocs extérieurs ; ils occupent la surface de la tête presque entière, et sont fréquemment accompagnés de trois stemmates placés sur le vertex. Leurs *antennes* sont le plus souvent courtes et composées de trois articles, dont le troisième offre assez ordinairement un appendice en forme de *style* ou de *soie*. Quelquefois cependant ces organes sont longs et offrent de six à seize articles. Leur *trompe* est toujours propre à opérer la succion et représente la lèvre inférieure avec ses deux palpes, tandis que les suçoirs qu'elle renferme correspondent aux mandibules, aux mâchoires et au labre, selon que les soies qui les forment sont au nombre de six, de quatre ou de deux.

Des trois segments du *thorax*, le premier est colliforme, c'est-à-dire rétréci en forme de cou, et le dernier est très-étroit et forme le pédicule qui unit la poitrine à l'abdomen ; le mésothorax est au contraire bien développé en longueur et en largeur. C'est à lui que s'attachent les *ailes*. Celles-ci ressemblent assez bien par leur forme, leur structure et leur position, à celles des hyménoptères ; car elles sont triangulaires. Leurs nervures sont presque toutes longitudinales, et elles sont constamment couchées horizontalement sur le dos de l'animal. Mais elles ne sont qu'au nombre de deux : les postérieures paraissent représentées par deux appendices appelés *ailerons* ou *cuillerons*, au-dessous desquels on trouve deux autres appendices nommés *balanciers*. Les usages de ces derniers sont inconnus ; toutefois, on sait qu'ils sont très-mobiles pendant que l'insecte vole, et et que leur ablation ôte à celui-ci la faculté de voler. Quant aux *pattes*, elles offrent peu de particularités re-marquables; elles sont longues, terminées par des tarses de cinq articles, dont le dernier est muni de deux cro-chets.

L'*abdomen* des diptères est toujours pédiculé et n'adhère au thorax que par une partie de son diamètre; mais la longueur du pédicule varie selon les familles, sans cependant devenir jamais très-considérable. Cette partie est composée de cinq à neuf anneaux, dont le der-nier se termine en pointe chez les femelles; mais il faut observer, à l'égard du nombre des segments abdomi-naux, que les espèces qui n'en ont que cinq ou six, ont une tarière composée de plusieurs petits tuyaux mobiles et susceptibles de rentrer les uns dans les autres, comme les diverses pièces d'une lunette d'approche.

L'organisation intérieure des diptères est encore peu connue; on sait cependant qu'ils ont tous des glandes salivaires comme tous les insectes suceurs. Leur *encé-phale*, ou système nerveux central, se compose d'un cerveau sus-œsophagien et de neuf paires de ganglions sous-abdominaux.

Les *habitudes* de ces animaux sont assez curieuses; ils sont tous terrestres à l'état parfait, et leur nourriture est entièrement liquide. Si celle-ci est à leur portée, ils la sucent avec leur trompe; si elle est contenue dans des vaisseaux, ils ouvrent ces derniers avec leur suçoir pour amener le fluide au dehors, et l'attirent ensuite dans leur bouche.

Au reste, leur vie à l'état parfait est de courte durée,

elle dépasse rarement quelques jours; mais celle de leurs larves est plus longue, quoique variable. On reconnaît ces dernières en ce qu'elles sont apodes et ont ordinairement la tête molle ; ce dernier caractère, qui ne s'observe que dans l'ordre dont nous parlons, indique que leur nourriture doit être liquide comme celle de l'insecte parfait; aussi ces larves sont-elles souvent aquatiques, et celles qui ne le sont pas se tiennent sur les matières organisées en putréfaction où les liquides abondent. Les premières se distinguent des dernières à des appendices de forme variable qu'elles ont à l'extrémité postérieure de leur corps, et qui leur servent pour aller chercher à la surface de l'eau, le fluide atmosphérique dont elles ont besoin pour respirer.

Quand les larves ont parcouru toutes les phases de leur vie, elles s'occupent de leur transformation en *nymphe*. Pour cela, un petit nombre se fabrique un cocon de soie, tandis que la plupart n'ont d'autre enveloppe que leur peau, qui acquiert pour les protéger une consistance assez considérable. Dans ce dernier cas, elles ressemblent à un grain de blé ou à un petit œuf. Enfin, pour devenir insecte parfait, l'animal fait sauter une petite calotte de son enveloppe, et se montre au dehors avec les attributs propres à son espèce.

Quoique ces animaux n'aient que deux ailes, plus petites même que celles de la plupart des autres insectes de leur taille, ils n'en jouissent pas moins d'un vol agile et étendu, qui leur permet de se soutenir dans l'air pendant des heures entières, souvent même sans paraître remuer, tant est rapide le mouvement qu'ils impriment à leurs ailes! On en a vu des espèces suivre, pendant plusieurs lieues, un cheval qui marchait alternativement au trot et au galop. Elles profitent de cette aptitude au mouvement pour chercher à leur postérité un asile. où elle puisse trouver la sûreté et la subsistance; car leurs larves, privées de pattes, ne peuvent pourvoir par elles-mêmes à leurs besoins. C'est dans le double but de les mettre à l'abri du danger et de placer des aliments à leur portée, que leur mère choisit pour faire sa ponte les matières animales en putréfaction, et va quelquefois jusqu'à déposer ses œufs sur le corps de certains animaux, sur lesquels ou dans lesquels les petits qui en proviennent doivent éclore et se développer.

Les *diptères* ne sont pour l'homme d'aucune utilité. Plusieurs mêmes nous causent un tort réel, en suçant notre sang et celui de nos bestiaux. ou en déposant leurs œufs sur nos provisions de bouche dont ils hâtent ainsi la putréfaction; mais ils nous rendent des services signalés en détruisant une multitude de cadavres, dont les exhalaisons pourraient devenir dangereuses. Du reste, ce n'est qu'à l'état de larves qu'ils peuvent nous être utiles ou nuisibles. A l'état parfait, ils ont la vie si courte, qu'ils n'ont que le temps de faire leur ponte. et meurent presque aussitôt après, sans avoir mangé.

Cet ordre comprend cinq grands genres, les *cousins*, les *tipules*, les *taons*, les *mouches* et les *hippobosques*.

## III<sup>e</sup> embranchement. — Mollusques.

On désigne sous le nom de *mollusques* des animaux dépourvus de ce squelette intérieur qui caractérise les vertébrés, et de ces anneaux extérieurs dont l'ensemble constitue le corps des articulés, et qui diffèrent des rayonnés par la présence de nerfs et de vaisseaux bien distincts, ainsi que par leur forme généralement paire et symétrique. Ajoutez à cela qu'ils n'ont jamais de membres articulés.

On a donné à ces animaux le nom de *mollusques*, qui signifie *mous*, parce que leur corps, privé de pièces solides qui pourraient le soutenir, manque de consistance, et ne se trouve protégé que par une peau molle et muqueuse, qui souvent le déborde, et dans laquelle il est enveloppé comme dans un *manteau*. C'est dans l'épaisseur ou à la surface de cette membrane que se développe la matière calcaire ou cornée qui constitue la *coquille* de la plupart de ces animaux.

Toute *coquille* est produite par une humeur particulière, qui tient en dissolution une grande quantité de matière calcaire, et qui, se déposant par couches successives, forme, par suite de l'évaporation de la partie liquide, une série de lames ou feuillets solides, dont l'ensemble constitue un tout d'aspect variable, mais le plus souvent agréable à l'œil. Les couches les plus intérieures et par conséquent les plus nouvelles, débordent toujours un peu les plus extérieures et les plus anciennes; ce qui fait qu'avec le temps la *coquille* s'accroît en longueur et en largeur, aussi bien qu'en épaisseur.

La forme de la *coquille* présente, avons-nous dit, de grandes différences; les principales et les plus importantes se tirent du nombre des *valves* ou pièces qui la constituent. Elle est *univalve*, quand elle n'est formée que d'une seule pièce, comme dans le colimaçon, le buccin, etc.; *bivalve*, quand elle se compose de deux, comme dans l'huître, la moule, etc.; *multivalve*, lorsqu'elle en offre davantage, comme celle de certains *mollusques* peu importants, tels que l'*anatife*, le *balane*, etc. Dans beaucoup de cas, elle est recouverte d'un épiderme fin, qu'on appelle communément *drap-marin*.

L'étude des *mollusques* s'est longtemps bornée à la connaissance de cette coquille, et la science de ces animaux avait même pris de cette circonstance le nom de *conchyliologie;* mais l'observation de cette enveloppe ayant attiré l'attention sur l'être vivant qui l'a formée, on a changé cette domination en celle de *malacologie*, qui veut dire *traité des mollusques*.

Cette seconde étude, beaucoup plus importante que la première, quoique celle-ci soit d'un grand intérêt, a révélé une multitude de faits curieux, et a fait connaître l'organisation de ces animaux singuliers.

La *forme* des mollusques n'est jamais bien déterminée, d'abord parce que leur corps n'est point soutenu par une charpente solide, et ensuite parce que leur peau est garnie intérieurement de muscles, qui la contractent dans tous les sens et changent continuellement les rapports mutuels des différents organes. Un grand nombre de ces animaux n'a point de tête; quand elle existe, elle est souvent peu distincte, et, lors même qu'elle l'est, on n'y trouve jamais les quatre organes des sens spéciaux. Leur tronc, qui dans la plupart des cas constitue la totalité du corps de l'animal, n'est point divisé en deux parties, et n'offre presque jamais d'appendices latéraux qu'on puisse comparer aux membres des vertébrés et des articulés.

Quoique plusieurs *mollusques* aient une tête distincte, avec une bouche et quelques-uns des organes des sens, aucun n'a de *cerveau* dans cette partie de leur corps; l'organe auquel on donne ce nom est placé chez ces animaux à peu de distance de l'entrée du canal digestif, sur l'œsophage, autour duquel il forme une espèce de collier; jamais ils n'ont de moelle épinière; celle-ci est remplacée par de petites masses de matière nerveuse, éparses dans les différentes parties du corps de l'animal. Leurs sens ne sont jamais au nombre de cinq; l'oreille ne se trouve que dans une petite classe de cet embranchement; l'œil existe chez un plus grand nombre, mais la majorité en est dépourvue. Quant aux sens du goût et de l'odorat, on en ignore le siége. Le toucher seul peut avoir quelque délicatesse, à cause de la mollesse extrême de la peau qui enveloppe l'animal.

La disposition du système nerveux, et l'imperfection des organes des sens, ne permettent pas aux *mollusques* d'avoir une intelligence bien entendue; mais cette faculté est abondamment suppléée en eux par le développement de l'instinct, qui leur suggère à tous mille

moyens pour se procurer leur nourriture et pour échapper à leurs ennemis. Les seiches poursuivent leur proie
à la nage ; les poulpes l'atteignent avec de longs bras ;
ceux qui ne peuvent se déplacer forment, avec certains
appendices mobiles, une espèce de tournant d'eau
qui aboutit à leur bouche, et leur apporte continuellement les parcelles de matière nutritive qui nage dans
ce fluide.

Pour se soustraire aux atteintes de leurs ennemis, les
*mollusques* n'ont pas moins de ressources ; la plupart
se renferment dans leur coquille qui est excessivement
dure, et qu'un petit nombre d'animaux peuvent seuls
écraser ; d'autres écartent leurs agresseurs en répandant autour d'eux une liqueur d'une odeur repoussante
ou même dangereuse pour tout autre que pour eux ;
quelques-uns enfin se dérobent aux regards de leurs ennemis en colorant, au moyen d'un liquide qu'ils produisent, l'eau dans laquelle ils sont plongés, de manière à
se rendre invisibles aux regards des animaux qui les
poursuivent.

Sans ces petites ruses et autres analogues, les *mollus-*
*ques* n'auraient pu éviter leur destruction totale. Privés
de membres articulés et de ces parties osseuses ou cornées qui constituent la charpente du corps des autres
animaux, et qui donnent à leurs mouvements leur force,
leur étendue et leur précision, ils ne se déplacent pour
la plupart qu'avec une extrême lenteur, et ne sauraient
par conséquent poursuivre une proie fugitive, ni échapper par la fuite à un ennemi qui les menacerait. Un
grand nombre même, réduits à quelques **mouvements**

partiels de certaines parties de leur corps, restent fixés pendant toute leur vie à la place où ils sont nés, sans pouvoir en changer.

Cependant, quelque bornée que soit la locomotion de ces animaux, les organes qui l'exécutent n'en sont pas moins remarquables. Dans tous les cas, c'est l'enveloppe extérieure ou *manteau*, qui est le seul agent du déplacement du corps entier. A cet effet, il est garni intérieurement d'un grand nombre de muscles et prend des formes très-variables, mais toujours appropriées à la locomotion. Tantôt il s'étend en longs tentacules qui servent au mollusque pour nager ou pour se fixer aux corps sous-marins; tantôt il forme des espèces d'ailes placées de chaque côté du corps, que l'animal emploie pour se soutenir dans l'eau ; d'autres fois il s'élargit sous le ventre en une espèce de *pied* charnu, à l'aide duquel l'animal rampe, soit sur la terre, soit au fond de l'eau ; c'est la disposition que nous présentent la limace et le colimaçon. Quelquefois même il se contourne en un long tube contractile qui, en se resserrant et en se dilatant alternativement, se remplit et se vide continuellement d'eau, et produit un petit courant qui fait avancer l'animal.

Nous avons parlé des stratagèmes divers que les *mollusques* emploient pour attirer leur nourriture à eux. Quant aux organes qui doivent lui faire subir les changements nécessaires à son assimilation, ils offrent des rapports assez frappants avec ceux des animaux vertébrés; et c'est même à cause de cette ressemblance, que G. Cuvier a placé les *mollusques* immédiatement après le premier embranchement et avant celui des articulés, quoique ces derniers l'emportent de beaucoup sur eux par le reste de leur organisation.

Relativement à la digestion, les *mollusques* ont une bouche qui n'est le plus souvent qu'un simple orifice sans appendices particuliers, mais qui est quelquefois garnie de corps durs qui leur servent, soit à couper, soit à broyer leurs aliments. Vient ensuite un *estomac*, tantôt simple, tantôt multiple, après lequel on trouve des intestins plus ou moins longs et contournés sur eux-mêmes. Du reste tous ces animaux ont un foie, souvent même très-volumineux.

Pour la circulation, on remarque que leur sang est aqueux, incolore ou peu coloré en blanc ou en bleu ; mais ils ont un système complet de veines et d'artères, et un cœur tantôt simple et faisant l'office du cœur gauche des mammifères et des oiseaux, tantôt double et analogue à celui des vertébrés, excepté que les deux parties qui le composent sont séparées et non adossées l'une à l'autre.

Quant à la respiration, l'animal a tantôt un poumon, tantôt des branchies, selon qu'il respire le fluide atmosphérique en nature, ou que, vivant dans l'eau, il retire de ce liquide l'air qu'il tient en dissolution. La position de ces organes est tantôt extérieure et tantôt intérieure ; dans ce dernier cas on trouve à la surface du corps un orifice qui y conduit l'air ou l'eau nécessaire à cette fonction.

Terminons ces généralités sur les *mollusques*, par quelques considérations particulières sur leur habitation et sur les rapports qu'ils peuvent avoir avec nous. La grande majorité des espèces connues fréquentent les eaux de la mer, et se tiennent tantôt près du rivage, tantôt dans les endroits les plus profonds. On distingue les espèces riveraines, en ce qu'elles ont un *pied* pour marcher, ou plutôt pour ramper, tandis que les pélagiennes sont pourvues d'ailes ou nageoires pour nager; les premières ont la coquille généralement forte et épaisse, parce que, se trouvant exposées à être lancées contre les rochers qui forment les côtes, elles auraient été infailliblement brisées; tandis que les secondes, n'ayant rien à craindre de semblable au milieu de leurs eaux profondes, peuvent n'avoir qu'une coquille légère ou simplement cornée.

Outre les espèces marines, on en connaît aussi de fluviales et de terrestres; ce sont même celles que l'on a le mieux étudiées, parce qu'elles sont plus faciles à observer que les autres.

Quant aux rapports que les *mollusques* peuvent avoir avec l'homme, ils sont en général très-bornés; il y en a peu qui nous rendent service ou nous fassent du mal. Il en est pourtant quelques-uns qui nous servent d'aliment; l'huître par exemple, le colimaçon, etc., et un plus grand nombre, si on les connaissait mieux, pourraient nous être utiles sous le même rapport; d'autres nous fournissent quelques produits; tels sont la *seiche*, le *rocher*, l'*avicule*, etc.

Si ces services ne sont pas d'une grande importance, du moins ne les achetons-nous pas par les dommages que ces animaux nous occasionent. Parmi les espèces terrestres, les escargots et les limaces sont à peu près les seules qui nuisent au jardinage ; et parmi les espèces marines, les pholades et les tarets peuvent seuls devenir dangereux, en attaquant les bois qui forment le pilotis des quais et des ports, ou la quille des vaisseaux lancés à la mer.

Malgré le nombre immense des êtres compris dans l'embranchement des mollusques, les naturalistes de l'antiquité ne s'en sont presque pas occupés, d'abord parce que la plupart des espèces ne vivent que dans la profondeur des mers, à une trop grande distance des côtes pour qu'ils pussent les remarquer, et ensuite parce qu'en général les anciens, ne fixant leur attention que sur des objets d'utilité matérielle, ne trouvaient pas, dans les *mollusques* qu'ils auraient pu observer aisément, des résultats assez satisfaisants pour les engager à les étudier d'une manière spéciale. Mais depuis que, par les progrès de la navigation, on a découvert tant de coquilles si variées dans leurs formes et si riches en couleurs ; depuis qu'on a pu être témoin des habitudes intéressantes de quelques-uns des animaux qui les habitent, le zèle des amateurs a été excité par le désir de faire de nouvelles découvertes ; de sorte que chaque voyage maritime de long cours est venu augmenter les richesses conchyliologiques de quelques coquilles remarquables par leur beauté ou par leur singularité. Les belles espèces une fois connues, on s'est occupé d'espèces moins flatteuses à l'œil, mais non moins intéressantes par la singularité de l'organisation des animaux qui les habitent. Par cette étude soutenue, le nombre des *mol-*

*lusques* s'est tellement accru qu'il dépasse actuellement cinq mille.

On sent que pour se reconnaître au milieu du grand nombre de ces animaux, qui, malgré leur variété, ont tant de rapports entre eux, il a fallu les classer avec méthode, afin de ne pas réunir des espèces disparates, et de ne pas éloigner les unes des autres celles qui se ressemblent. Cette classification a été longtemps difficile, parce qu'on n'avait que des notions incomplètes sur ces animaux ; ce n'est qus depuis quelques années, qu'on paraît s'être entendu pour les diviser en cinq classes : les *céphalopodes*, les *ptéropodes*, les *gastéropodes*, les *acéphales* et les *cirrhopodes*.

1° Les *céphalopodes* se reconnaissent en ce qu'ils ont le corps complétement renfermé dans leur manteau comme dans un sac ; leur tête est bien distincte, et leur bouche est entourée de tentacules ou bras, ordinairement au nombre de huit ou dix (le *poulpe*, la *seiche*) ;

2° Les *ptéropodes* ont aussi une tête distincte ; mais, au lieu de tentacules, ils ont des espèces de nageoires placées, comme des ailes, de chaque côté du cou ; leur coquille, quand ils en ont, est très-frêle et très-délicate (les *hyales*) ;

3° Les *gastéropodes* ont encore la tête bien distincte. mais ils n'ont pas, comme les précédents, ou des ailes de chaque côté du cou, ou des tentacules autour de la bouche ; ils rampent sur un disque charnu ou *pied*, placé à la partie inférieure de leur corps ; leur coquille est presque toujours univalve et plus ou moins contournée en spirale (la *limace*, le *limaçon*, le *buccin*) ;

4° Les *acéphales* manquent de tête, ainsi que l'indique leur nom ; leur bouche est cachée au fond de leur *manteau*, dans lequel on trouve aussi les principaux viscères de l'animal (l'*huître*, la *moule*) ;

5° Enfin les *cirrhopodes* ressemblent aux acéphales par le défaut de tête et par la disposition de leur manteau ; mais ils en diffèrent en ce qu'ils ont des espèces de membres cornés et articulés, avec un système nerveux analogue à celui des animaux de l'embranchement qui précède (les *anatifes*).

I<sup>re</sup> CLASSE. — CÉPHALOPODES.

On nomme *céphalopodes* les mollusques qui portent sur leur tête des espèces de bras ou *tentacules* charnus et inarticulés, rangés en couronne autour de leur bouche.

Ces animaux sont de tous ceux de leur embranchement ceux dont l'organisation est la plus compliquée. Ils ont une tête bien distincte, des yeux ronds et très-grands, une oreille analogue à celle des poissons, deux mâchoires cornées semblables au bec d'un perroquet, et un cerveau renfermé dans une boîte cartilagineuse.

A l'aide de leurs tentacules, dont toute la surface est garnie de suçoirs ou ventouses, et dont l'extrémité est quelquefois élargie, les *céphalopodes* peuvent se fixer aux corps placés dans l'eau, saisir leur proie, ramper au fond des mers ou nager avec agilité dans leur sein. Dans ce dernier cas, ils ont toujours la tête en bas et le corps en haut ; ce qui ne les empêche pas de se porter dans toutes les directions avec beaucoup de rapidité.

Leurs organes digestifs, circulatoires et respiratoires sont renfermés dans le *manteau*, qui est fermé de toutes parts, excepté en avant, où se trouve une grande ouverture qui laisse passer la tête avec ses dépendances, et dans laquelle se trouvre l'orifice du conduit qui amène aux branchies l'eau nécessaire à la respiration, l'ouverture du canal qui rejette le résidu de la digestion, et enfin l'extrémité du tube qui verse au dehors une sécrétion particulière, fortement colorée, que l'animal répand autour de lui pour se rendre invisible, quand il est poursuivi par ses ennemis.

La bouche des *céphalopodes* présente, outre ses deux mâchoires, une langue hérissée de pointes cornées qui leur forment des organes masticateurs très-énergiques; aussi ces mollusques sont-ils voraces et carnassiers; ils se nourrissent de crabes, de homards, de poissons et de tous les animaux marins qu'ils peuvent saisir et terrasser. Unissant l'adresse à la force et à l'agilité, tantôt ils se tiennent cachés parmi les algues et les fucus, attendant que quelque victime s'approche à la portée de leurs longs tentacules, tantôt ils voguent au sein des eaux, portant de tous côtés leurs regards attentifs; et dès qu'ils aperçoivent une proie convenable, ils s'élancent à sa poursuite, et l'enlaçant dans leurs bras, ils l'amènent à leur bouche, où elle est écrasée et engloutie sur-le-champ.

Presque tous les *céphalopodes* ont une coquille; ceux qui ne l'ont pas extérieure en ont un rudiment intérieur, qui acquiert quelquefois une dureté pierreuse, et qui demeure assez souvent complétement cornée. Mais, dans tous les cas, la substance cornée ou pierreuse qui la compose est de forme symétrique, et peut se partager en deux parties égales et semblables.

On divise ces animaux en cinq genres : les *poulpes*, les *argonautes*, les *calmars*, les *seiches* et les *nautiles*.

Le mot **POULPE** (*polypus*), qui signifie *plusieurs pieds*, s'appliquait autrefois à tous les céphalopodes connus, et leur avait été donné à cause du grand nombre de tentacules qui entourent leur bouche. Depuis que les progrès de l'histoire naturelle ont fait découvrir beaucoup d'espèces analogues à celles que connaissaient les anciens, on n'a plus donné le nom de *poulpe*, qui n'est qu'une corruption du mot polype, qu'aux animaux pourvus de huit grands tentacules à peu près égaux, dont la coquille est réduite à deux grains coniques de substance cornée, placés dans l'épaisseur de leur peau dorsale, et dont le ventre est dépourvu de ces ailes latérales, qui facilitent la natation des espèces pélagiennes. Aussi les *poulpes* ne peuvent-ils pas nager, ou du moins ils nagent mal ; c'est pour cela qu'ils se tiennent de préférence près des côtes, où ils font de grands dégâts parmi les crustacés et les poissons qui fréquentent les mêmes endroits. La force de leurs bras est telle qu'il n'est presque pas d'animaux qui, enlacés dans les contours de ces organes, puissent leur échapper ; on prétend même qu'ils font quelquefois périr des nageurs. Le nombre immense de ventouses dont ces appendices sont garnis, nombre qui va jusqu'à cent vingt paires, fait qu'il est presque impossible aux animaux qu'ils ont pris d'échapper à leurs étreintes.

**L'ARGONAUTE** (*argonauta*) a de grands rapports avec les poulpes par toute son organisation et par le nombre de ses tentacules ; mais il en diffère en ce que deux de ces appendices sont un peu plus longs que les autres, et se dilatent à leur extrémité en une large membrane ; l'*argonaute* a d'ailleurs renfermés dans une jolie coquille nacrée et transparente, dont l'intérieur ne présente qu'une seule loge.

Ce genre, dont on compte plusieurs espèces que les anciens confondaient sous le nom d'*argonaute*, et auxquelles le vulgaire donne encore le nom générique de **nautile papyracé**, à cause de la finesse de sa coquille, a été de tout temps célèbre par ses habitudes singulières ; les poëtes surtout les ont décrites avec enthousiasme. Cet animal se tient toujours en pleine mer et n'approche jamais du rivage. Dans les temps calmes, on le voit s'élever à la surface de l'eau, où sa coquille légère surnage comme une nacelle. Déployant alors ses tentacules élargis, il présente une espèce de voile aux vents, au gré desquels il se laisse aller tant que le calme dure ; mais si le temps s'obscurcit ou si quelque bruit vient à l'effrayer, l'animal replie sa voile, rentre dans sa coquille, et, la remplissant d'eau, retombe au fond de la mer, où il demeure jusqu'à ce que le danger soit passé.

Le mot **CALMAR** (*loligo*), abréviation de *calamarium* ou plutôt de *theca calamaria* (encrier), se donnait d'abord à tous les céphalopodes qui répandent une liqueur noire, dont on faisait usage pour écrire. Maintenant on ne l'applique plus qu'aux espèces dont la coquille rudimentaire est cornée et a la forme d'une lame d'épée ou de lancette, et qui ont la bouche entourée de dix tentacules, dont deux beaucoup plus longs se terminent par une assez large ventouse. Leur manteau forme d'ailleurs, sur les côtés et à la partie postérieure de leur corps, deux espèces de nageoires qui leur rendent la nage beaucoup plus facile qu'aux poulpes. Aussi tous les *calmars* sont-ils pélagiens et montrent une agilité remarquable pour des animaux sans squelette intérieur ou extérieur. Non-seulement ils poursuivent leur proie avec vitesse, on les voit souvent s'élancer hors de l'eau à d'assez grandes hauteurs pour retomber quelquefois sur le pont des vaisseaux. Si ces mollusques se tenaient toujours dans les eaux profondes, on connaîtrait peu leurs habitudes ; mais on a remarqué que, durant la tempête, il se rapprochent des côtes, soit pour se fixer aux rochers au moyen de leurs ventouses, soit pour y chercher des victimes à dévorer.

On pêche les *calmars* pour plusieurs motifs : d'abord pour leur encre qui s'emploie avantageusement dans les arts ; et ensuite pour leur chair, qui sert de nourriture aux pauvres, mais dont on fait surtout un grand usage comme appât pour la pêche de la morue.

Les SEICHES (*sepia*) ont les plus grands rapports avec les calmars, dont elles ne diffèrent que par leur coquille et par leurs nageoires latérales. Dans les *seiches*, la coquille est ovale et de nature calcaire, et les nageoires s'étendent sur toute la longueur du corps ; tandis que dans les calmars, la première est longue et pointue, et les dernières n'existent qu'à la partie postérieure du corps.

Du reste, ces deux genres de mollusques ont la même

organisation et les mêmes habitudes ; aussi agiles et aussi rusés les uns que les autres, ils font une grande destruction de poissons et de crustacés, soit au milieu de la mer, soit près de ses rivages. A leur tour ils sont poursuivis par les gros poissons, et entre autres, par les congres qui en font leur principale nourriture. Mais leur fécondité est immense ; ils pondent leurs œufs en grandes grappes auxquelles on donne, sur les ports, le nom de *raisins de mer*. On recherche les *seiches* comme les calmars, pour leur encre et pour leur chair ; leur coquille, qu'on nomme vulgairement *os de seiche*, s'emploie à polir divers ouvrages, et se suspend dans la cage des petits oiseaux pour leur servir à s'aiguiser le bec.

Les **NAUTILES** (*nautilus*) forment un genre peu nombreux en espèces vivantes, et dont la coquille est la seule partie bien connue. Extérieurement cette coquille ressemble à celle de l'argonaute, et, dans le commerce, on désigne cette dernière sous le nom de *nautile*. L'une et l'autre semblent en effet avoir été formées par un cône ou cornet contourné plusieurs fois sur lui-même ; mais dans l'argonaute, l'intérieur du cône est sans cloisons, et ses tours sont cannelés en travers, tandis que dans les *nautiles*, l'intérieur du cône est divisé en plusieurs compartiments par des cloisons transversales, et ses tours ont leur surface extérieure entièrement unie.

Quant à l'animal, il est encore très-peu connu ; mais on sait qu'il a beaucoup de rapports avec celui des seiches ; seulement, comme le *nautile* vit enfoncé dans une coquille, il lui faut un siphon ou canal pour lui amener l'eau dont il a besoin pour respirer.

On ne compte que deux espèces de nautiles; ce sont la *spirule* ou *cornet de postillon*, et le *nautile flambé*, qu'on appelle ainsi pour le distinguer du nautile papyracé qui appartient à l'argonaute.

On trouve dans l'intérieur du globe terrestre, au milieu des masses calcaires, une immense quantité de coquilles dont la forme extérieure et intérieure fait présumer que l'animal qui les habitait devait ressembler à celui des nautiles. Parmi ces coquilles, les unes sont droites, coniques et semblables à un trait ; on les nomme *bélemnites*, d'un mot grec qui signifie *javelot*. Elles ont un test mince et double, c'est-à-dire composé de deux cônes réunis par leur base, et dont l'intérieur beaucoup plus court que l'autre, est divisé en dedans en chambres par des cloisons parallèles, concaves du côté de la base. Un canal s'étend du sommet du cône externe à celui du cône interne et se continue de là, tantôt le long du bord des cloisons, tantôt à travers leur centre. Ces coquilles sont au nombre des fossiles les plus abondants dans les terrains crétacés.

D'autres coquilles fossiles sont contournées sur elles-mêmes comme celles des nautiles, et portent le nom d'*ammonites* ou *cornes d'Ammon*, parce qu'elles ressemblent à des cornes de béliers. Les couches de terrains secondaires, qu'on a nommés *ammonéens*, fourmillent d'espèces de ce genre de toutes grandeurs, depuis celle d'une lentille jusqu'à celle d'une roue de carrosse.

Enfin certaines coquilles également fossiles n'ont aucune ouverture apparente, et ont été appelées *nummulites* ou *pierres numismales*, à cause de leur peu d'épaisseur et de leur forme arrondie. C'est un des fossiles les plus répandus et qui forme presque à lui seul des chaînes entières de collines calcaires et des bancs immenses de pierres à bâtir.

## *II*e ET *III*e CLASSES. — PTÉROPODES. ET GASTÉROPODES.

Les *ptéropodes* forment une classe peu nombreuse et peu importante, dont le caractère distinctif consiste à avoir, pour appendices locomoteurs, des nageoires placées comme des ailes de chaque côté de la bouche. La disposition de ces organes annonce que ces animaux sont destinés à vivre au milieu des vastes plaines de l'Océan, où ils se meuvent avec agilité, et où ils n'ont point à craindre d'être jetés contre les rochers. Aussi fuient-ils les côtes rocailleuses sur lesquelles le défaut de coquille, ou la faiblesse de cet appareil protecteur, les auraient exposés à être brisés par les vagues. Ces mollusques sont petits et manquent de coquille ou l'ont très-imparfaite. Ils sont très-abondamment répandus dans les mers du Nord, où ils servent de nourriture aux baleines. Cette famille ne renferme qu'un petit nombre de genres, parmi lesquels nous citerons les *hyales* et les *clios*.

Les premières ont une coquille cornée ou vitrée, transparente et fragile. On en trouve une espèce dans la Méditerranée, c'est l'*hyale commune*, petite coquille de la grosseur d'une noisette, dont le nom qui signifie *cristal*, lui a été donné à cause de sa transparence. On la rencontre aussi dans l'Océan.

Les *clios* ont le corps oblong et sans manteau, et elles

manquent de coquille ; l'espèce la plus célèbre est le C. *boréale* qui fourmille dans les mers du Nord et qui fait la principale nourriture des baleines, malgré sa petite taille qui ne dépasse pas un pouce.

Mais si la seconde classe est petite, la troisième est extrêmement considérable ; elle comprend un grand nombre de mollusques testacés ou sans coquille, munis d'une tête bien distincte et qui rampent sur un disque charnu placé à la partie inférieure de leur corps, et que l'on désigne sous le nom de *pied* : c'est à cette disposition qu'ils doivent leur nom de *gastéropodes*, mot grec qui veut dire *ventre pied*.

On peut se faire une idée précise de la forme de tous ces animaux, par celle de la limace et du colimaçon : tous, en effet, ont le corps terminé en avant par une tête saillante, mais susceptible d'être ramenée dans l'intérieur du manteau, et sur laquelle on distingue le plus souvent des tentacules en nombre pair et variable depuis deux jusqu'à six. Ces tentacules diffèrent de ceux des céphalopodes, en ce que, au lieu d'entourer la bouche, ils sont toujours situés à la partie postérieure de la tête. Ces organes, qui sont exsertiles et susceptibles de s'allonger et de se raccourcir au gré de l'animal, paraissent être le siége d'une sensibilité exquise et d'un tact très-délicat ; car on les voit se retirer non-seulement au moindre contact, mais encore à la simple approche d'un corps qui peut les blesser.

La plupart des *gastéropodes* ont des yeux ; mais la position de ces organes varie selon les espèces. On les trouve placés tantôt à l'extrémité des tentacules, et tantôt sur la tête, à une plus ou moins grande distance de ces appendices ; aucun n'a d'organe pour l'ouïe ni pour l'odorat. Leur pied, de forme variable, leur sert le plus souvent pour ramper à la surface de la terre ou au fond des eaux. Les espèces qui ont cet organe mince et large l'agitent comme une nageoire, et l'emploient pour se mouvoir au sein des eaux.

La bouche est toujours placée à la partie inférieure de la tête, et consiste tantôt en une trompe entièrement charnue ou garnie de petites dents à son extrémité, tantôt en mâchoires cornées, de forme variable. Leur œsophage est court ; leur estomac ordinairement multiple est souvent garni intérieurement de pièces dures et cornées ; leur anus est placé vers la partie antérieure et droite, derrière la tête. Leur *cœur* est aortique. Quant à leurs organes respiratoires, ils varient considérablement, non-seulement par leur position, mais encore par leur nature. Les uns respirent l'air atmosphérique, tandis que les autres ont des branchies tantôt internes, tantôt attachées à la circonférence du manteau. Il est évident d'après cela que leurs habitudes doivent être tantôt aquatiques, tantôt terrestres.

La coquille de ces animaux est toujours univalve, et ressemble à celle des céphalopodes, excepté que le cône auquel elle doit sa naissance, au lieu d'être droit et roulé sur un même plan, est oblique et forme des tours ou *spires* qui s'élèvent les uns au-dessus des autres, comme dans le *limaçon*, le *buccin*.

Cette classe de mollusques se divise en un assez grand nombre d'ordres, dont les plus importants sont ceux

des *dermobranches*, des *pulmonés* et des *pectinibranches.*

## I<sup>er</sup> *Ordre*. — DERMOBRANCHES.

Parmi les gastéropodes qui respirent par des branchies, et qui par conséquent ne peuvent vivre que dans
l'eau, il en est un certain nombre qui ont ces organes
visibles à l'extérieur ou simplement recouverts par un
repli du manteau de l'animal. On a donné à ces mollusques le nom de *dermobranches*, qui veut dire **branchies à la peau.** Mais comme la position des organes
respiratoires n'est pas toujours facile à déterminer, on
a cherché un caractère extérieur au moyen duquel on
pût reconnaître ces animaux ; et on l'a trouvé, d'abord
dans la forme de leur disque ventral, qui règne sur toute
l'étendue de leur ventre, et ensuite à la forme de leur coquille, qui est à peine *turbinée*, et dont l'ouverture,
extrêmement large, leur permet de faire sortir leur pied
tout entier, soit pour nager, soit pour ramper.

Ce double caractère distingue les *dermobranches* de
tous les autres gastéropodes, dont le pied n'occupe que
la partie antérieure du ventre, et dont la coquille a toujours sa spire bien marquée.

On ne trouve ces mollusques que dans les eaux salées : les uns, en petit nombre, se tiennent dans la profondeur des mers ; ce sont en général ceux qui manquent
de coquille ou qui l'ont très-petite ; les autres au contraire ne quittent jamais les bords de l'eau. Les premiers ont des espèces de nageoires pour la natation,
tandis que les seconds se traînent en rampant sur les

rochers et les thalassiophytes ou plantes marines, qui croissent avec tant d'abondance près des côtes.

On divise cet ordre en genres dont les principaux sont : les *doris*, les *glaucus*, les *carinaires* et les *aplysies*.

Les *doris* ont été ainsi nommées par allusion aux nymphes de ce nom qui présidaient à la mer. Comme ces dernières, les *doris* ne quittent jamais les eaux salées, tantôt rampant sur les rochers à peu de distance des côtes, tantôt se traînant sur les plantes marines si communes dans la haute mer, d'autres fois nageant à la surface des flots au moyen de leur large pied.

Viennent ensuite les *glaucus*, dont on ne connaît bien qu'une seule espèce, animal de forme allongée, terminée en pointe postérieurement, et très-remarquable par la beauté de ses couleurs. Son corps, d'un gris de perle, présente sur le dos deux bandes longitudinales d'un bleu superbe ; couleur qu'on retrouve également sur sa tête et sur sa queue. Il est originaire des mers méridionales.

Le genre *carinaire* a les branchies à la partie antérieure et supérieure du dos, le manteau épais et couvert d'aspérités, les tentacules longs et coniques, la coquille mince, non symétrique et largement ouverte.

Déjà, depuis longtemps, on connaissait la coquille des *carinaires*, que leur nature vitrée faisait rechercher des amateurs ; mais on ne savait rien sur l'animal qui la produit. Ce n'est que depuis la fin du siècle dernier que les voyageurs ont commencé à l'étudier ; mais comme ce mollusque est privé de défense, et se trouve exposé aux attaques de tous les habitants des mers, il s'est écoulé un temps considérable avant qu'on ait pu rencontrer des individus complets : à tous il manquait quelque chose ; car il est remarquable que les *carinaires*, malgré leur délicatesse apparente, ont la vie tellement tenace, qu'on en a vu continuer de se mouvoir après avoir été privés de leur nucléus, et par conséquent des organes les plus essentiels de la vie, tels que le foie, l'estomac et les branchies. Ce n'est que depuis quelques années qu'on s'est procuré des individus entiers, et qu'on a pu former pour ce genre la caractéristique que nous avons donnée.

Les *aplysies* sont des mollusques nus, ou n'ayant pour toute coquille qu'une lame intérieure placée au-dessus de la cavité branchiale, pour protéger les organes qu'elle contient. Leur manteau forme, au-dessus de leur dos et de chaque côté, un large repli redressé qui recouvre presque entièrement la partie supérieure de leur corps, excepté en avant, où se trouve placée la tête. Celle-ci est extrêmement remarquable par la présence de quatre tentacules, dont les deux postérieurs sont larges et concaves antérieurement, comme la conque de l'oreille d'un quadrupède, particularité qui a fait donner à ces animaux le nom de *lièvres marins ;* on les nomme aussi *limaces de mer*, à cause de la ressemblance qu'elles ont avec le mollusque terrestre de ce nom.

Le corps des *aplysies* laisse exsuder de toutes ses parties une liqueur fétide et souvent colorée, qui leur sert à repousser leur ennemi par son odeur ou par sa causticité, ou du moins à les rendre invisible à ses yeux, en troublant autour d'elles la transparence des eaux ; et comme cette liqueur gluante est extrêmement tenace et ne s'enlève que très-difficilement, on leur a donné le nom grec qu'elles portent, et qui exprime cette particularité.

## II° Ordre. — PULMONÉS.

Les *pulmonés* constituent un ordre parfaitement distinct, non-seulement parmi les gastéropodes, mais encore dans l'embranchement tout entier des mollusques, par leur mode de respiration et par la nature de l'organe qui sert à cette fonction.

Tandis que tous les autres mollusques respirent le fluide atmosphérique par l'intermédiaire de l'eau, les *pulmonés* seuls ne peuvent vivre qu'à l'air libre, et ont à cet effet une cavité dont l'intérieur est tapissé par les ramifications de l'artère pulmonaire, et communique au dehors par un trou ouvert sous leur manteau, et que l'animal resserre ou dilate à son gré, de manière à laisser entrer l'air ou à s'opposer à son introduction.

Mais, quoique la nature de leur respiration exige que ces gastéropodes puisent au sein de l'atmosphère les matériaux nécessaires à cette importante fonction, il s'en faut que toutes les espèces comprises dans cet ordre soient exclusivement terrestres : il y en a en assez grand nombre qui sont entièrement aquatiques ; seulement, au lieu de fréquenter les eaux profondes, comme peuvent le faire les mollusques pourvus de branchies, elles se tiennent de préférence dans les petits ruisseaux, les étangs et les mares ; ou, si quelques-unes habitent la mer, elles n'en quittent jamais les rivages, afin de pouvoir facilement s'élever à la surface de l'eau, pour respirer librement le fluide atmosphérique.

Quant à la forme et au genre de vie de ces mollusques, ils sont assez différents selon les espèces ; les uns ont la peau nue et se traînent sur un pied qui règne sur toute la partie inférieure du corps ; les autres vivent dans une coquille, et n'ont leur pied qu'à la base de leur cou. Cette coquille se distingue de celle de tous les autres mollusques, d'abord parce que son ouverture n'offre jamais ni échancrure, ni canal, ensuite parce que sa surface extérieure n'est jamais parfaitement unie ou marquée de gros tubercules, ni ornée de couleurs éclatantes ; enfin, parce qu'elle n'a jamais l'épaisseur ou la transparence des coquilles marines. Leur nourriture est principalement végétale ; mais ils sont extrêmement voraces, et les espèces terrestres font beaucoup de dégâts dans les champs et les jardins : une mâchoire en forme de faux, dont leur bouche est armée, leur permet de couper les feuilles et les fruits avec une rapidité qui, vu le grand nombre de ces animaux, ruine souvent le cultivateur en détruisant ses récoltes.

Ce genre de nourriture exige un canal alimentaire très-développé ; aussi les *pulmonés* ont-ils l'estomac musculeux, et le plus souvent multiple ; leur foie est surtout d'une grosseur considérable.

La respiration de ces animaux, tout aérienne qu'elle est, n'est pas assez énergique pour rendre leur sang chaud ; aussi ont-ils, comme les reptiles, les mouvements lents et les sensations obtuses, et tous disparaissent pendant l'hiver et se cachent dans des trous profonds, où les influences atmosphériques ne se font point sentir, et dans lesquels ils tombent dans l'engourdissement.

La différence du milieu que ces mollusques habitent, ainsi que celle d'organisation qui en est la suite, les ont fait diviser en deux familles : les *limacinés* et les *lymnéens*.

Parmi les premiers, qui sont tous terrestres, l'on reconnaît aisément les *limaces* à leur corps allongé, à leur peau complétement nue ou protégée par une coquille toujours trop petite pour loger l'animal entier, et cachée dans l'épaisseur de l'enveloppe cutanée.

Quoique ces mollusques soient entièrement terrestres et ne puissent vivre dans l'eau, ce n'est guère que pendant les temps pluvieux qu'ils se montrent dans les champs ; et quand ils sont forcés de sortir, par un temps sec, de la retraite humide où ils se tiennent habituellement cachés, ils ont soin de ne marcher que dans l'herbe verte qui conserve toujours un certain degré de fraîcheur.

Leur marche est extrêmement lente et s'exécute par la contraction et l'allongement alternatif de leur corps, qui cependant se traînerait encore avec plus de lenteur, sans la mucosité ou bave abondante qu'ils exsudent sur toute l'étendue de leur pied : telles sont en France la *limace rouge*, la *limace grise*, la *petite limace*.

Les *limaçons* ou *escargots* forment un genre excessivement nombreux qui comprend plus de deux cents espèces répandues dans toutes les parties du monde. On les reconnaît à leur coquille arrondie ou conique, dont l'ouverture est généralement très-considérable, quoique l'avant-dernier tour de la spire l'entame, de manière à lui donner la forme d'un croissant.

Ce sont des mollusques trop connus dans tous les pays, pour qu'il soit nécessaire d'en faire la description ; nous nous bornerons à faire observer la ressemblance qui existe entre cet animal et la limace ; leur tête est également surmontée de quatre tentacules dont deux antérieurs plus près de la bouche, et deux postérieurs plus rapprochés du sommet. Ces derniers supportent les yeux et sont rétractiles d'une manière particulière : ils ont la forme de tuyaux creux qui logent le nerf optique, avec un muscle qui en se contractant, fait rentrer l'œil dans l'intérieur de cette cavité et l'attire jusque dans la tête. Cette disposition rend cet organe moins facile à léser que s'il eût fallu, pour le mettre à l'abri, faire rentrer le tentacule tout entier, en commençant par sa base. On divise le genre *limaçon* en plusieurs sous-genres, dont les principaux sont les *escargots* proprement dits, les *bulimes*, les *clausilies* ou *nompareilles* et les *agathines*.

Parmi les lymnéens qui sont tous aquatiques, les *planorbes* ont, ainsi que leur nom l'indique, des coquilles très-aplaties, qui laissent voir les tours de la spire en dessous et en dessus, comme dans celles des céphalopodes, tandis que dans les mollusques à spire saillante, on ne voit les tours de cette dernière que d'un seul côté.

L'animal qui produit cette coquille se fait remarquer par deux longs tentacules entre lesquels sont placés les yeux, et par une liqueur abondante qu'exhale son manteau, liqueur qu'on prend vulgairement pour son sang, parce qu'elle est de couleur rouge : mais c'est à tort : les *planorbes*, comme tous les mollusques, ont leur fluide nourricier tout à fait transparent ou à peine coloré. Ce prétendu sang n'est autre chose qu'un liquide analogue à celui que les *seiches*, les *calmars*, etc., répandent, quand ils sont inquiétés.

On trouve beaucoup de ces animaux dans les lacs, les étangs, etc., où ils se nourrissent de matières végétales, comme tous les pulmonés ; leurs coquilles sont en général minces, fragiles et presque complétement diaphanes. L'hiver ils s'enfoncent dans la vase, et tombent dans l'engourdissement.

L'espèce la plus grande du genre, qui habite en abondance toutes les eaux dormantes, est la *planorbe cornée*, qui a environ un pouce de diamètre, et qui a été ainsi nommée à cause de la couleur de sa coquille, qui est d'un brun fauve à l'extérieur, et d'un blanc jaunâtre au dedans.

### *III<sup>e</sup> Ordre.* — PECTINIBRANCHES.

Ce troisième ordre est sans comparaison le plus nombreux de la classe des gastéropodes ; il comprend une immense quantité de mollusques faciles à reconnaître à leur coquille généralement conique et contournée en spirale et à leur pied charnu, qui, au lieu de s'étendre sur toute la partie inférieure de leur corps, n'en occupe ordinairement que la portion antérieure, vers le cou, ce qui leur a fait donner aussi le nom de *trachélipodes*, qui veut dire *pied du cou*. La portion postérieure, qui contient les principaux organes de la digestion, demeure toujours cachée dans la spire de la coquille, et porte le nom de *tortillon*.

Tous les mollusques de cet ordre sont essentiellement aquatiques, et la plupart ne vivent que dans la mer ; il leur faut par conséquent des branchies pour respirer. Ces organes qui, ainsi que l'exprime leur nom de *pectinibranches*, sont en forme de peignes ou composées de lanières rangées parallèlement, comme les dents d'un peigne, sont constamment attachées au plafond d'une cavité logée dans le dernier tour de la coquille, et communiquant avec l'extérieur, soit par un simple trou, soit par un siphon plus ou moins long qui traverse une échancrure ou un canal pratiqués sur la circonférence de l'ouverture. Dans tous les cas, cette ouverture est ordinairement munie d'un opercule mobile, que l'animal peut ouvrir ou fermer à son gré.

C'est dans ce groupe de mollusques que se trouvent les coquillages les plus remarquables par la diversité de leurs formes et par la variété et l'éclat de leurs couleurs. Ce sont par conséquent ceux qui ont le plus anciennement attiré l'attention des naturalistes et des amateurs. On a eu d'autant plus de plaisir à les réunir en collection, qu'ils n'ont aucun besoin de préparation, et qu'ils sont extrêmement faciles à conserver. Pour se reconnaître au milieu de la multitude d'espèces souvent peu différentes qui composent cet ordre, on a été obligé d'avoir recours aux moindres particularités de structure qu'elles offrent, pour en former les caractères distinctifs. On en a étudié la coquille dans les plus grands détails. La grandeur de l'ouverture, la présence ou l'absence du canal respiratoire, l'étendue de l'échancrure, l'état de la columelle, qui peut être lisse ou ridée, la forme du bord, le poli ou les aspérités de la surface, la longueur de la spire, tout a été mis à contribution et a servi à caractériser les genres et les espèces.

Nous citerons, parmi les genres de cet ordre nombreux, les *sabots*, les *paludines*, les *nérites*, les *cones*, les *porcelaines*, les *buccins*, les *tonnes*, les *harpes*, les *fuseaux*, les *pyrules*, les *turritelles*, les *olives*, les *volutes*, les *mitres*, les *vis* et les *halyotides*.

### IV<sup>e</sup> CLASSE. — ACÉPHALES.

Cette quatrième classe comprend une immense quantité de coquilles vivantes, et peut-être un plus grand nombre de fossiles, que l'on trouve répandues avec profusion et quelquefois en bancs énormes, dans les couches qui forment la croûte solide du globe terrestre. Mais malgré son étendue, cette classe n'est pas moins facile à caractériser que les précédentes. Uniquement composée d'animaux sans tête apparente, elle ne saurait être confondue avec les classes précédentes, qui ne comprennent que des espèces dont la tête, plus ou moins saillante, est d'ailleurs marquée par la présence d'yeux ou de tentacules mobiles, ni avec la suivante, dont la coquille est constamment multivalve.

Leur corps est renfermé dans un manteau qui, étant ployé en deux, l'enveloppe comme un livre est enveloppé par sa couverture : seulement il arrive assez fréquemment que les deux lames de cette enveloppe se réunissent par devant, de manière à former une espèce de tube, ou même un sac dans lequel l'animal se trouve entièrement caché. C'est entre la paroi intérieure de ce sac et le corps qu'elle recouvre, que sont placées les branchies qui reçoivent l'eau au moyen d'un siphon formé par un repli du manteau.

La bouche de ces mollusques est toujours placée au fond du sac, et ne présente ni trompe, ni mâchoires, ni dents, ni enfin aucun organe particulier pour la mastication. C'est une simple ouverture qui ne sert qu'à admettre les molécules nutritives que l'eau lui apporte continuellement : par conséquent tous les *acéphales* doivent toujours habiter l'eau ; car s'ils ne vivaient pas dans cet élément, dont le mouvement leur amène les aliments sans la participation de l'animal, il faudrait qu'ils pussent aller les chercher au loin ; ce qui serait impossible aux nombreuses espèces qui restent pendant toute leur vie fixées à la même place, et difficile à toutes, vu que leurs mouvements sont toujours pénibles, lorsqu'ils ne leur sont pas impossibles.

La plupart d'entre eux en effet n'ont pour tout organe locomoteur qu'une petite masse charnue (le *pied*), dont les mouvements s'opèrent par un mécanisme analogue à celui de la langue des mammifères, et qui a ses muscles attachés dans le fond des valves de la coquille. Quelques espèces seulement font servir les valves de leur coquille à leur déplacement, en leur imprimant un mouvement rapide, qui fait faire à l'animal des bonds et des élancements quelquefois considérables : c'est ainsi que le pétoncle laissé à sec par le reflux regagne l'eau, son séjour ordinaire.

La difficulté qu'éprouvent ces animaux pour changer de place, exigeait que chaque individu eût en lui-même le moyen de se reproduire, et que la fécondation s'opérât sans déplacement : aussi tous les *acéphales* sont-ils hermaphrodites et peuvent se féconder eux-mêmes.

On conçoit que des animaux si peu favorisés par la nature dans l'exécution de la locomotion, et si dépourvus d'armes offensives, seraient exposés à devenir la proie des plus faibles ennemis, s'ils n'avaient reçu du créateur une enveloppe solide, capable de les protéger ; c'est une *coquille bivalve*, formée de deux pièces articulées ensemble près de leur base, au moyen d'une charnière, dont la forme et la disposition varient selon les genres. La réunion des deux valves est assurée par un ligament élastique, tantôt extérieur, tantot intérieur, qui tend toujours à les écarter, et par des dents ou saillies de l'une des valves auxquelles correspondent des dépressions ou enfoncements analogues de l'autre. Ces dents, dont l'existence n'est pourtant pas constante, sont ordinairement de deux sortes ; les unes sont placées au sommet de la valve, au centre de la charnière et sont dites *cardinales* ; les autres sont situées sur les côtés de cette dernière, et sont par conséquent *latérales*. Quelquefois elles forment une ligne continue, droite, brisée ou courbe.

Il est évident, d'après cette disposition, que l'animal n'a besoin d'aucun effort pour ouvrir sa coquille ; ce n'est donc que pour la fermer qu'il faut qu'il contracte ses muscles. Or, ce dernier cas est beaucoup moins fréquent que le premier, car ces animaux, devant être constamment prêts à recevoir la nourriture que l'eau leur amène, doivent avoir leur coquille presque toujours béante ; ils ne la ferment que lorsqu'ils ont quelque danger à craindre.

La présence des muscles destinés à clore la coquille peut être reconnue, même sur cette dernière, à la seule inspection de la face inférieure des valves ; on y remarque toujours dans le voisinage de la charnière, une ou deux parties plus ou moins rugueuses que l'on appelle *impressions musculaires*, parce qu'elles indiquent la place où les muscles étaient attachés pendant la vie de l'animal.

Observons toutefois que tous les *acéphales* ne sont pas testacés ; il en est quelques-uns, en petit nombre il est vrai, qui sont complétement nus. Tels sont les *ascidies* et les *biphores ;* les espèces à coquilles sont plus nombreuses et forment l'ordre suivant.

### *Ordre des* LAMELLIBRANCHES.

Ces acéphales ressemblent beaucoup à l'huître, si commune partout, par leur coquille, qui est toujours bivalve, et par la forme de leur manteau, qui s'allonge en avant pour donner naissance à deux feuillets. Mais, chez les *lamellibranches*, le manteau n'est pas toujours ouvert en avant, comme chez les brachiopodes ; de plus, leurs branchies, toujours au nombre de deux de chaque côté du corps, se présentent sous la forme de feuillets lamelleux, striés régulièrement en travers par les vaisseaux capillaires. Ils n'ont jamais de tentacules allongés en forme de bras ; ces organes sont ordinairement remplacés par quatre appendices coniques, quelquefois ciliés, dont les mouvements circulaires déterminent dans l'eau la formation d'un léger ourbillon, qui apporte dans la bouche de l'animal les petites parcelles de matière nutritive contenues dans ce liquide.

La plupart des *lamellibranches* ont un pied charnu placé entre les quatre branchies, qui se meut par un mécanisme analogue à celui de la langue des mammifères, mais qui n'existe pas toujours. Aussi les mouvements de ces mollusques sont-ils extrêmement bornés, et plusieurs ne peuvent pas même changer de place et restent pendant toute leur vie fixés sur le rocher où ils sont nés. Quelques espèces cependant se meuvent avec une certaine agilité en imprimant aux valves de leur coquille un mouvement rapide qui les rapproche l'une de l'autre.

Un assez grand nombre de bivalves possède ce qu'on appelle un *byssus*, c'est-à-dire un faisceau de fils plus ou moins déliés, sortant de la base du pied, et par lesquels l'animal se fixe aux corps placés à sa portée. On ne connaît pas bien la nature de ce byssus ; les uns le regardent comme un muscle atrophié ; mais cette opinion nous paraît moins probable que celle qui le regarde comme le produit d'une sécrétion. En effet, on remarque que lorsque cet appendice a été coupé par accident, il se reproduit plus ou moins complétement, phénomène qui se remarque beaucoup plus fréquemment pour les parties sécrétées que pour les organes.

L'ordre des *lamellibranches* comprend les genres *huître, jambonneau, aronde* ou *avicule, moule, pholades* et *tarets*.

Les **huitres** (*ostrea*) sont fort nombreuses, mais toujours faciles à distinguer à leur coquille irrégulière, feuilletée, tantôt mince et unie comme du papier, tantôt épaisse et raboteuse comme une pierre.

Des deux faces de leurs valves, l'intérieure est toujours lisse, de couleur plus ou moins blanche, et quelquefois nacrée, tandis que l'extérieure est inégale et garnie d'aspérités ou même d'épines. L'animal qui habite cette demeure est des plus simples de la famille ; il n'a ni pied, ni tentacules, ni siphon ; il ne peut par conséquent se déplacer ; il reste toujours couché sur sa valve convexe au fond de l'eau, où ses mouvements se bornent à ouvrir et à fermer sa coquille, et son instinct se réduit à attendre patiemment que l'eau lui apporte sa nourriture.

C'est à ce genre qu'appartient l'*huître commune*, si connue de tout le monde, et surtout des gourmets. On sait la prodigieuse consommation qui s'en fait dans toutes les parties du monde. Il est des amateurs d'huîtres qui en mangent jusqu'à trente douzaines, et même davantage, et la chair de ces mollusques est si facile à digérer, qu'il est rare qu'ils s'en trouvent incommodés. Les personnes dont l'estomac est délicat peuvent par conséquent en faire usage préférablement à d'autres viandes. Mais l'*huître* n'est pas toujours également bonne à manger ; l'été elle a moins de goût et se gâte d'ailleurs trop vite ; aussi n'en consomme-t-on guère

qu'en hiver. Celles qu'on vient de retirer de l'eau conservent un goût de vase désagréable ; mais on le leur
fait perdre en les faisant *parquer* ou séjourner pendant
quelque temps, dans un bassin dont on peut renouveler
l'eau à volonté. Par ce moyen, leur chair devient plus
tendre et plus facile à digérer.

On pêche les *huîtres* dans presque toutes les mers
d'Europe, et surtout dans l'Océan. Elles forment, à peu
de distance des côtes, des bancs immenses d'où on les
retire avec une *drague*, espèce de râteau attaché à une
perche, qui la traîne en tout sens au milieu de ces mollusques, les détache et les fait tomber dans un vaste filet.
On en prend ainsi de dix à douze mille à la fois. La
pêcherie d'*huîtres* la plus remarquable que nous ayons
en France est celle de Cancale, près de Saint-Malo.

On sent qu'une pêche aussi active ne pourrait man-
quer d'épuiser tôt ou tard le banc, quelque puissant
qu'il soit, si on ne l'interrompait de temps en temps et
si l'animal n'était d'une grande fécondité ; mais la précaution qu'on a de ne point pêcher pendant l'été, époque à laquelle les *huîtres* se reproduisent, suffit pour
leur permettre de réparer les pertes occasionnées par la
pêche des autres saisons.

Pour se faire une idée de la forme des JAMBONNEAUX
(*pinna*), il faut se représenter une grande moule dont la
base serait considérablement rétrécie et allongée en
pointe : cette coquille aurait une grossière ressemblance
avec un jambon, et c'est ce qui a valu aux mollusques
dont nous parlons, le nom qu'on leur donne vulgairement.

La force de ces coquilles n'est nullement en rapport avec leur taille ; elles sont au contraire très-minces et feuilletées, et sans la solidité de leur tissu, elles seraient facilement brisées par le moindre choc ; elles sont si légères que le vent peut les enlever.

L'animal du *jambonneau* est extrêmement remarquable par la longueur et la finesse de son byssus, qui est formé d'un grand nombre de fils lustrés et soyeux, qu'on emploie à confectionner différents tissus, recherchés à cause de leur moelleux et de leur souplesse. Mais il faut les porter avec les couleurs que la nature leur a données, car il a été jusqu'ici impossible de les teindre. Au reste, ceux qui en font usage ont peu à regretter les couleurs artificielles , attendu que leurs teintes naturelles ont un éclat et surtout une permanence, que le temps ni le lessivage n'altèrent jamais. La seule chose que l'on puisse regretter dans les objets faits de cette matière, c'est que leur prix élevé n'en permette l'usage qu'aux gens riches et opulents. Ce n'est guère qu'en Turquie que l'on en fabrique communément.

Ces mollusques ont les mêmes habitudes que les huîtres : ils se réunissent en troupes innombrables sur les fonds sablonneux ou vaseux, à peu de distance des côtes, et se fixent aux corps marins par le moyen de leur byssus ; on les en détache comme les huîtres , avec un grand rateau. Cette pêche est d'autant plus avantageuse que, outre la soie qu'ils fournissent, ils offrent dans leur chair une nourriture assez agréable.

Les **AVICULES** (*avicula*), qu'on appelle encore *arondes*, ressemblent assez à des moules, dont la coquille serait presque ronde et la charnière prolongée en forme d'aile, et semblent avoir quelque rapport avec un oiseau qui aurait les ailes étendues ; c'est d'après cette considération qu'on lenr a donné ces deux noms qui veulent dire, l'un *petit oiseau*, et l'autre *hirondelle*.

Ces coquilles sont en général petites, minces, très-fragiles et nacrées intérieurement ; mais malgré cette dernière particularité on en ferait peu de cas, si ce n'était à ce genre qu'appartient l'espèce qui produit les *perles d'Orient*. Cette espèce, qui a été surnommée *mère-perle* ou *margaritifère*, à cause de cette circonstance, se trouve abondamment dans les mers méridionales et surtout dans le golfe Persique, sur les côtes de Ceylan, etc. Mais tous les individus de cette espèce ne fournissent pas de perles ; il faut pour cela que la matière qui sert ordinairement à faire la nacre qui enduit toute face intérieure des valves, s'épanche dans leur cavité sous la forme de globules plus ou moins considérables, et il paraît que cette extravasion est toujours causée par quelque maladie.

On trouve les *avicules* margaritifères réunis en troupes ou plutôt en bancs énormes, qui ont jusqu'à trois lieues de long. Des plongeurs habitués à cet exercice vont l'y pêcher avec de grands paniers ; on en retire ensuite les perles. Il paraît que dans la plupart des endroits où a lieu cette pêche, l'ouverture s'en fait avec solennité et devient l'occasion de fêtes et de réjouissances publiques.

On reconnaît les MOULES (*mytilus*) à deux caractères :

à l'absence de dents à la charnière et à la présence d'un byssus ; ce sont des coquilles marines à valves égales, bombées et triangulaires, dont l'animal a un pied pointu et allongé, qui ne peut lui servir à ramper, mais qu'il emploie très-adroitement à fixer son byssus aux corps marins.

On trouve les *moules* en abondance dans toutes les mers, à peu de distance des côtes. Comme leur chair est assez agréable au goût, on en pêche de grandes quantités. Mais, comme en même temps elles se vendent à bas prix, il n'y a guère que les femmes et les enfants qui s'occupent de cette pêche. Munis d'un rateau et d'un panier, ils vont pendant la marée basse les détacher des corps auxquels elles adhèrent par leur byssus. C'est seulement pendant l'hiver, à la fin de l'automne et au commencement du printemps, que cette pêche a lieu : le reste de l'année, qui est l'époque de leur frai, leur chair est dure, coriace et sans saveur. C'est surtout durant cet intervalle que leur usage paraît causer des accidents aux personnes qui s'en nourrissent, accidents que l'on attribue ordinairement à la présence d'un petit crustacé venimeux, mais qui sont bien plutôt dus à la mauvaise qualité du mollusque. La principale espèce de ce genre est la moule *commune* ou *comestible*, très-répandue sur toutes nos côtes, où elle se pend en longues grappes aux rochers, aux pieux, aux vaisseaux, etc.

Les **PHOLADES** (*pholas*) ou *dails*, sont des acéphales extrêmement remarquables par la facilité avec laquelle ils percent les corps les plus durs ; non-seulement ils creusent le sol sur lequel coule l'eau, ils attaquent même les rochers les plus durs, et à force de patience ils parviennent à s'y pratiquer une demeure commode et d'autant mieux abritée, qu'elle est inaccessible à tous les animaux marins dont ils ont quelque chose à craindre. Pour tromper encore mieux leurs ennemis, ils donnent au commencement de leur galerie une direction horizontale, et la terminent par un coude subit, à l'extrémité duquel ils établissent leur habitation; de cette manière, leur demeure a la forme d'une pipe à fumer. Il n'est pas rare de rencontrer, dans le voisinage de la mer, de vastes rochers percés ainsi dans tous les sens, par des animaux de ce genre. Dans cette espèce de cellule dont il ne doit plus sortir, l'animal, sans se donner aucune peine, reçoit de l'eau qui y pénètre tout ce qu'il lui faut de nourriture pour sa subsistance, et s'y développe comme il le ferait au sein même des eaux, où il jouirait de toute sa liberté.

On pourrait s'imaginer que le mollusque capable de creuser ainsi le roc le plus dur, doit avoir un instrument bien solide pour parvenir à un semblable résultat. Eh bien, la *pholade* est un petit animal qui n'a pas plus d'un pouce de long, et qui n'a à sa disposition qu'un pied charnu de la même nature que celui de la limace, et sa coquille qui n'est nullement remarquable par sa force. Aussi des savants ont-ils prétendu que ce n'était pas l'animal qui avait percé la pierre, mais qu'au contraire la pierre s'était formée autour lui. Mais des colonnes d'un temple placé sur le bord de l'eau, qu'on a trouvées criblées de trous faits par ces mollusques, ont prouvé victorieusement que c'était bien la *pholade* qui perçait elle-même le roc. Un autre fait qui le démontre avec la même évidence, c'est qu'on a rencontré dans certains rochers des pholades percées d'outre en outre par d'autres pholades.

On trouve très-abondamment ces mollusques dans toutes les mers ; leur chair, quoique peu délicate, est néanmoins recherchée par les pauvres : on la fait même mariner pour la conserver plus longtemps ; mais le principal usage de ces animaux, c'est de servir d'appât pour la pêche.

On reconnaît aisément les *pholades* à leur coquille allongée, largement ouverte de chaque côté, et garnie de pièces accessoires dont le nombre varie beaucoup selon les espèces.

La plus commune sur nos côtes est le *dail* ou *pholade vulgaire*, qui est très-répandu sur tout le littoral de la France.

Les **tarets** (*teredo*) sont pour le bois, ce que les pholades sont pour les pierres ; ils percent toutes les pièces de charpente qu'ils trouvent dans l'eau, et causent quelquefois par là d'épouvantables dégâts, non-seulement aux digues, mais encore aux vaisseaux qu'ils mettent en peu de temps hors de service. En 1731, ils détruisirent une partie du pilotis des digues de la Hollande. Il faut une active surveillance pour se garantir de leurs atteintes ; le goudronnage fréquent des bois que l'on est obligé de laisser séjourner longtemps dans la mer, est le moyen le plus propre à les empêcher de leur nuire.

L'animal dangereux qui fait de si grands torts à

l'homme est de forme allongée et couvert d'une petite coquille qui ne défend que la partie postérieure de son corps. La partie antérieure est protégée par un tube cylindrique, et par une espèce de croûte calcaire qu'il dépose, à mesure qu'il avance, sur les parois du trou qu'il se pratique dans le bois.

On connaît plusieurs espèces de *tarets*, dont la principale, le *taret naval*, a six pouces de long, et s'est rendu célèbre sur tous les ports de mer par le mal qu'il fait aux navires.

Outre ces genres, l'ordre des lamellibranches en comprend plusieurs autres moins importants : tels sont les *peignes*, les *marteaux*, les *bénitiers*, les *cames*, les *arches*, les *petoncles*, les *anodontes*, les *mulettes*, les *bucardes*, les *cyclades*, les *solens* ou *manches de couteaux*, les *arrosoirs*, etc., etc.

### V<sup>e</sup> CLASSE. — CIRRHOPODES.

Cet ordre, bien que peu nombreux, ne laisse pas que d'être intéressant sous plusieurs rapports. D'abord les mollusques qu'il embrasse présentent dans leur structure une certaine analogie avec les animaux du deuxième embranchement. C'est ainsi qu'ils ont de chaque côté du corps des rudiments de membres articulés, que l'on appelle *cirrhes*, et que l'on peut comparer aux petits appendices qui se trouvent sous la queue des écrevisses et des homards; leur bouche est armée de mâchoires latérales; leur coquille n'est ni univalve ni bivalve; elle se compose de plusieurs pièces inégales et disposées avec une certaine symétrie de chaque côté de l'animal ; enfin leurs ganglions nerveux ne sont plus épars sans ordre dans toutes les parties du corps ; ils forment une espèce de chaîne sous le ventre , à peu près comme dans les animaux articulés. Mais ils offrent avec les acéphales des rapports encore plus nombreux ; leur corps est toujours enveloppé dans un manteau, soit en totalité, soit en partie ; ils n'ont point de tête distincte ni d'organes spéciaux pour les sens ; leur bouche n'est jamais entourée de tentacules ; et, ce qui les distingue essentiellement des animaux articulés, ils sont privés de la faculté de se mouvoir en totalité, et par conséquent condamnés à vivre toujours fixés à la même place. La seule différence qu'on remarque chez les *cirrhopodes* sous le rapport du mouvement, c'est que les uns sont attachés aux corps marins immédiatement par leur coquille, tandis que les autres sont soutenus sur un pied mobile, dont l'extrémité seule touche le sol.

Cette impossibilité de se transporter d'une place à une autre rend nécessairement les *cirrhopodes* aquatiques ; aussi n'en trouve-t-on que dans la mer , où ils vivent des débris des corps organiques que ses flots tiennent en suspension, et qu'ils charrient sans cesse vers le rivage. Mais à l'égard de cette fixité des *cirrhopodes*, nous devons faire observer qu'elle n'est pas inhérente à leur nature ; dans les premiers temps de leur vie, ils nagent librement au sein des eaux et ressemblent beaucoup à certains branchiopodes , tels que les cyclopes ou les cypris. Aussi la plupart des naturalistes actuels les placent-ils dans la classe des crustacés, parmi lesquels ils forment un ordre à part. Mais, outre que cette ressemblance est loin d'être parfaite, même à cette époque, les différences sont bien plus nombreuses, lorsque l'animal, s'étant fixé à quelque corps sous-marin, se montre à nos yeux comme une masse charnue, enveloppée dans un nombre variable de valves calcaires articulées ensemble, privé de tête et enveloppé dans un manteau comme le corps des mollusques. Alors ils paraissent offrir beaucoup plus de rapports avec ces derniers qu'avec les animaux articulés. C'est donc avec juste raison qu'on les regarde comme établissant le passage du second embranchement au troisième.

Un des faits les plus remarquables de la vie des *cirrhopodes*, est leur reproduction. Comme tous les animaux des trois premiers embranchements, ils se propagent par des œufs, que la femelle pond dans la mer. Mais l'être qui en provient, au lieu de ressembler à ses parents, a, au moment de sa naissance, une forme toute différente : sa conformation extérieure est la même que celle d'un petit crustacé, d'un cyclope ou d'une limnadie, par exemple : il est pourvu de deux antennes, de deux petits yeux, et de trois paires de pattes ; il a des mâchoires latérales, et son abdomen se termine par des soies. Plus tard, à la suite de plusieurs changements successifs, il prend deux nouvelles paires de pattes et un test univalve et coriace qu'il porte sur le dos ; de nouvelles paires de pattes se montrent, l'abdomen se raccourcit, et l'animal se fixe. Dès ce moment, on ne lui voit plus d'antennes ni d'yeux, son test s'encroûte de matière calcaire, et ses pattes, au nombre de six de chaque côté, prennent un plus grand nombre d'articles, qu'elles n'en avaient primitivement.

Du reste, cet ordre ne nous offre que deux genres remarquables, les *anatifes* et les *balanes*.

## IV<sup>e</sup> embranchement. — RAYONNÉS.

Dans les animaux des trois embranchements qui précèdent, nous avons trouvé un assez grand nombre de rapports de structure, pour qu'il fût difficile de ne pas les sentir ; leurs principaux systèmes organiques se font remarquer par la ressemblance de leurs formes et de leurs usages, et leurs parties extérieures sont constamment symétriques. Chez les animaux *rayonnés*, cette uniformité et cette disposition symétrique disparaissent, pour faire place à une grande diversité de formes et de fonctions. Le seul caractère bien marqué qu'ils présentent, consiste dans la simplicité de leur organisation, évidemment inférieure à celle des vertébrés, des articulés et des mollusques, et dans la disposition de leurs parties, qui forment ordinairement autour d'un axe ou centre commun, des espèces de rayons semblables à ceux d'une étoile ou aux pétales d'une fleur, ce qui leur a fait donner aussi le nom de *zoophytes*. Leur système nerveux, bien loin d'atteindre à un développement comparable à celui des autres animaux, n'a pas de centre commun pour recevoir les sensations ou pour présider aux mouvements ; ils n'ont jamais de sens spéciaux pour la *vue*, l'*ouïe*, l'*odorat* et le *goût ;* le *toucher* passif est le seul dont ils jouissent. Leurs mouvements ne sont pas plus développés que leur sensibilité ; à un très-petit nombre d'exceptions près, ils manquent d'appendices locomoteurs, et ne manifestent leur existence que par le déplacement de quelques-unes de leurs parties. La plupart demeurent fixés pendant toute leur vie à la place où ils sont nés, et y forment souvent des agrégations nombreuses d'individus, habitant la même demeure et menant en quelque sorte une vie commune.

Leur nutrition s'opère d'une manière extrêmement simple ; leur cavité digestive n'a le plus souvent qu'une ouverture qui sert également à l'introduction de la nourriture et au rejet des excréments ; quelquefois même elle communique au dehors par plusieurs orifices, qui ont tous la propriété d'absorber les matières nutritives et d'en expulser le résidu, ainsi que les débris usés du corps. Chez les espèces les plus simples même, on ne trouve plus aucune trace du canal alimentaire : leur nutrition s'opère de la même manière que celle des végétaux, par l'absorption immédiate des sucs que l'eau leur apporte continuellement.

On conçoit que les organes de la respiration et de la circulation ne doivent pas exister, ou doivent du moins être très-imparfaits dans cette classe d'animaux ; aussi ne trouve-t-on que rarement chez eux des cœurs, des poumons, ou des branchies ; seulement, quand ils ont une cavité digestive, on en voit s'échapper quelques vaisseaux qui portent les sucs nourriciers dans les diverses parties du corps. En un mot, leur organisation est si peu compliquée, qu'un grand nombre d'entre eux peuvent se multiplier par la division mécanique de leur corps en plusieurs parties. Dans d'autres, on voit pousser sur leur peau des espèces de bourgeons semblables à ceux des végétaux, lesquels s'étant suffisamment développés, se détachent du corps auxquels ils adhéraient, et deviennent des êtres vivants et animés comme lui. Il faut observer néanmoins que la grande majorité se reproduit également par des œufs.

Ces faits et d'autres analogues rendent très-intéressante la connaissance de cette partie de la zoologie ; malheureusement elle est encore peu avancée faute d'observations suffisantes. Le peu d'utilité matérielle que nous retirons de l'étude de ces animaux l'a fait longtemps négliger, et ce n'est que depuis quelques années qu'elle a fait des progrès vers la perfection, par suite des espèces nouvelles que les naturalistes et les voyageurs ont découvertes sur nos côtes ou dans les mers éloignées. Mais malgré ces découvertes, il y a si peu de rapports entre les animaux compris dans l'embranchement dont nous parlons, qu'il est extrêmement difficile d'y établir des classes sur des caractères un peu positifs. Ajoutez à cela, que plusieurs de ces êtres sont tellement petits, qu'il est impossible de les étudier sans le secours d'un verre grossissant. Aussi compte-t-on pour les animaux de cet embranchement, autant de classifications qu'il y a d'auteurs qui ont écrit leur histoire.

Nous diviserons les *zoophytes* en cinq classes : les *échinodermes*, les *acalèphes*, les *polypes*, les *infusoires* et les *spongiaires*.

### 1re CLASSE. — ÉCHINODERMES.

Les *échinodermes* se reconnaissent à leur forme rayonnée, à leur peau solide et généralement garnie d'épines, à leur canal intestinal presque toujours pourvu de deux ouvertures, et à la présence d'organes pour la respiration et la circulation.

Cette classe comprend les animaux les plus compliqués du dernier embranchement. Ils ont des organes imparfaits pour la circulation et pour la respiration, et une peau assez bien organisée ; car elle est le plus souvent soutenue par une espèce de squelette extérieur analogue à celui des articulés, et auquel s'attachent communément des pointes ou épines mobiles, qui remplacent en quelque sorte les membres de la plupart des animaux supérieurs. Les pièces solides qui composent leur squelette, étant unies entre elles d'une manière qui leur permet de se mouvoir les unes sur les autres, il en résulte que l'animal jouit d'une véritable locomotion, et peut se transporter en totalité d'un endroit à un autre. Les mouvements lui sont d'autant plus faciles, que sa peau est fréquemment percée d'ouvertures, qui donnent passage à des *tentacules* qui, agissant comme des ventouses, servent à la fois de conduits aquifères et d'organes locomoteurs. Mais, pour que ces mouvements soient faciles, il faut qu'ils soient secondés par ceux de l'eau, qui, soulevant son corps, en rendent le déplacement plus facile. Aussi les *échinodermes* ne quittent-ils jamais l'élément liquide, où non-seulement ils se trouvent plus à leur aise, mais qui leur fournit encore, dans les animaux qu'il nourrit en son sein, le genre d'aliments le plus convenable à leur organisation, et les matériaux nécessaires à leur respiration branchiale.

La reproduction de ces animaux est toujours ovipare et ne saurait s'opérer par scission ; on observe cependant que les différentes parties de leur corps qu'ils ont perdues par accident ne tardent pas à reparaître, quoiqu'un peu moins développées qu'elles n'étaient d'abord.

Cette classe se divise en deux ordres : les *stellifères* ou échinodermes pédicellés, et les *holothurides* ou échinodermes sans pieds.

1º L'ordre des *stellifères* comprend tous les échinodermes pourvus de pieds, et dont la forme est évidemment rayonnée.

2º Les *holothurides* manquent d'appendices locomoteurs, et le rayonnement de leurs organes ne se manifeste qu'à leur extrémité antérieure.

### Iᵉʳ *Ordre*. — STELLIFÈRES.

C'est surtout aux zoophytes de cet ordre que convient spécialement le nom d'échinodermes, qui veut dire *peau hérissée de piquants*. Leur enveloppe cutanée est en effet percée d'un grand nombre de petits trous, placés en séries régulières sur toute sa surface, et donnant passage à des tentacules membraneux et cylindriques. très-favorablement disposés pour la locomotion. Armés à leur extrémité de ventouses semblables à celles qui garnissent la bouche des sangsues, ces organes servent à fixer l'animal aux corps sous-marins, ou à le déplacer avec une vitesse variable, mais en général médiocre. On pourrait donc comparer ces tentacules à ceux des céphalopodes parmi les mollusques ; mais, outre que, chez ces derniers, ces appendices sont tout à fait charnus, tandis que ceux des *stellifères* sont composés de pièces solides, leur manière d'agir est toute différente ; ce ne sont pas en effet des muscles qui mettent en jeu les pieds des rayonnés dont nous parlons, comme cela s'observe pour les bras des céphalopodes et pour les membres des animaux vertébrés et articulés ; ces organes sont percés d'un canal intérieur qui règne dans toute leur étendue, et qui communique avec une cavité remplie d'eau, placée à leur base ; et c'est ce liquide qui, en se portant d'un endroit à l'autre, détermine l'allongement et le raccourcissement alternatifs de ces appendices, et par suite la progression de l'animal.

Cet ordre, qui est le plus nombreux de la classe, comprend deux petites familles : celle des *stellérides* et celle des *échinides*.

### Ire Famille. — Stellérides.

Sous le nom de *stellérides*, on désigne tous les échinodermes dont le corps est aplati et généralement divisé en rayons, qui sont le plus souvent au nombre de cinq : c'est au point central, où ces rayons se réunissent, que se trouve placée la bouche qui est inférieure et qui sert en même temps d'anus. La charpente de leur corps se compose de petites pièces osseuses qui, par la diversité de leur disposition, contribuent à former les trous des tentacules et facilitent leurs mouvements, qui sont beaucoup plus étendus que ceux de tous les autres animaux du même embranchement.

Tous ces rayonnés sont carnassiers et vivent de mollusques, d'annelides et d'autres zoophytes qu'ils broient avec facilité, au moyen des pièces dures dont leur bouche est garnie. A leur tour, ils sont dévorés par les poissons, les crabes, etc., qui les mutilent en leur arrachant un ou plusieurs de leurs rayons; mais leur force de reproduction est telle, qu'on a vu des individus, qui ne conservaient plus qu'une seule de ces parties, réparer toutes les autres en très-peu de temps. Il faut cependant observer que la partie reproduite n'acquiert jamais la force de la précédente; c'est ce qui fait qu'on trouve si souvent des *stellérides* irréguliers.

Les *stellérides* sont répandus dans toutes les mers; ils sont si abondants sur certaines côtes, qu'on s'en ser pour fumer les terres, seul usage auquel on les ait employés jusqu'ici. On divise cette famille en deux grands genres : les *astéries* ou *étoiles de mer* et les *encrines*.

Les ASTÉRIES (*asterias*) ont le disque ou la partie centrale de leur corps aplati, et donnant naissance à un nombre variable de rayons, qui présentent quelques rapports avec une étoile ; ce qui leur a fait donner le nom d'*étoiles de mer* qu'elles portent sur toutes nos côtes. Les pièces dures qui entrent dans la structure de leur enveloppe extérieure, sont unies entre elles d'une manière régulière et fort compliquée. Leur bouche est placée à la partie inférieure du disque central, et communique avec un vaste estomac qui envoie presque toujours des prolongements dans chaque rayon. Ces échi-

nodermes sont très-gloutons et dévorent une grande
quantité d'animaux, qu'ils saisissent avec leurs longs
bras et qu'ils amènent dans leur bouche, où ils sont
engloutis sur-le-champ.

Les **encrines** (*encrinus*) diffèrent principalement des
astéries, en ce que leur disque se prolonge inférieurement en une tige articulée, au moyen de laquelle ces
échinodermes adhèrent au sol. Du reste, leurs rayons
sont nombreux et divisés en branches et en rameaux.

### II<sup>e</sup> Famille. — Échinides.

Quoiqu'il y ait des différences extérieures assez tranchées entre les *échinides* et les stellérides, l'organisation
de ces deux sortes de zoophytes présente de nombreux
rapports ; toutes les parties essentielles sont les mêmes,
excepté cependant que la cavité digestive des *échinides*
a un double orifice, tandis que celle des étoiles de mer
n'en a qu'un. D'ailleurs, les premiers n'ont pas cette disposition rayonnée et branchue, si remarquable chez ces
derniers ; leur corps, de forme globuleuse ou discoïdale,
est revêtu d'un test ou d'une croûte calcaire, composé
de pièces qui se joignent exactement, et qui sont percées de plusieurs rangées régulières de petits trous, par
où passent des pieds membraneux et qu'on appelle *am-
bulacres*. La surface de cette enveloppe est en outre
armée d'épines implantées sur de petits tubercules mobiles, ce qui a fait donner à ces animaux le nom vulgaire de *hérissons* ou de *châtaignes de mer* ; de sorte
que les *échinides* se trouvent pourvus de deux sortes
d'organes locomoteurs : les pieds qui sont mous et con-

tractiles, et les épines qui sont dures et inflexibles ; mais, malgré ce double appareil, les mouvements de ces échinodermes ne sont pas plus agiles ; ils sont au contraire très-lents et plus bornés encore que ceux des stellérides.

Tous les *échinides* sont carnassiers comme les précédents, et se nourrissent de petits coquillages qu'ils saisissent avec leurs pieds, et qu'ils brisent avec un appareil dentaire vigoureux. Il se compose d'une bouche armée de cinq dents enchâssées dans une charpente très-compliquée et garnie de plusieurs muscles, à laquelle on donne le nom de *lanterne*.

On divise cette famille en plusieurs genres, dont le principal est le suivant :

Les **OURSINS** (*echinus*) ont la bouche au milieu de leur face inférieure et l'anus au point opposé ; tel est l'*oursin commun*, qui est de la forme et de la grosseur d'une pomme, et qu'on mange dans les ports de mer ; l'O. *miliaire* n'est pas moins répandu que le précédent dans toutes nos mers.

*II<sup>e</sup> Ordre.* — **OLOTHURIDES.**

Cet ordre ne se compose que du seul genre **HOLOTHURIE** (*holothuria*), qui comprend des animaux à corps oblong, presque vermiforme et évidemment destiné à établir un passage des stellifères aux annelides. Son extrémité antérieure est percée par la bouche qui est entourée de tentacules, tandis que l'anus occupe l'extrémité opposée ; c'est aussi dans cette dernière ouverture que sont placées les branchies, qui n'ont pas seulement pour fonction de vivifier le sang, comme cela s'observe dans les poissons et la plupart des mollusques, mais encore de favoriser la locomotion ; car des muscles soumis à la volonté de l'animal lui permettent de remplir ou de vider à son gré la cavité qui contient ces organes, et d'imprimer au corps des mouvements assez étendus.

La peau des *holothuries* est moins dure que celle des échinodermes précédents ; elle a même assez de souplesse pour que l'animal puisse changer de forme quand on le touche, et se contracter de manière à occuper un très-petit espace ; quelquefois, quand il est agité par la crainte de quelque danger, ses contractions sont si fortes et si subites, qu'il déchire et vomit ses intestins.

## II<sup>e</sup> CLASSE. — ACALÉPHES.

Cette seconde classe comprend tous les zoophytes de forme rayonnée, dont le corps mollasse, gélatineux et transparent, n'offre pour tous organes intérieurs que certains canaux, qui paraissent être des ramifications des intestins.

Leur forme est constamment régulière, arrondie, rarement ovale (les vélelles seules offrent cette forme) ; leur corps est presque toujours circulaire, tantôt aplati et discoïde, plus souvent bombé et hémisphérique. Le peu de consistance de ces êtres singuliers leur permet de changer de forme à leur gré, au point d'occuper dix fois moins d'espace, lorsqu'ils se contractent que lorsqu'ils sont épanouis. Un petit nombre seulement ont à l'intérieur un disque plus consistant et de nature cartilagineuse, qui donne à leur corps un peu plus de soutien et une forme un peu mieux déterminée. On sent que la mollesse et la contractilité ne peuvent qu'être favorables aux mouvements ; aussi les *acalèphes* se meuvent-elles avec facilité dans les eaux qu'elles habitent constamment ; et comme elles sont toutes phosphoriques et qu'elles répandent une vive lumière pendant la nuit, leurs mouvements ressemblent aux ondulations de la flamme, en sorte qu'on croirait que la mer, qu'elles recouvrent sur une large surface, est en proie à un vaste incendie, qui se propage lentement par l'impulsion d'un vent léger et continu. C'est du reste un phénomène qui nous est également offert par quelques mollusques acéphales.

Les marins et les voyageurs désignent tous les animaux de cette classe sous le nom commun d'*orties de mer*, dénomination impropre sans doute, mais qui exprime bien la sensation douloureuse qu'ils produisent sur la peau de celui qui les manie, sensation qu'on a comparée à celle que nous fait éprouver la plante de ce nom lorsque nous la touchons. Les anciens, qui leur connaissaient également cette propriété, leur donnèrent le nom d'*acalèphe*, qui signifie pareillement ortie.

Cette classe renferme plusieurs genres, dont le plus important est celui des *méduses*.

Ces acalèphes, que les anciens désignaient sous le nom de *poumons marins* et qui portent encore ce nom sur les côtes de la Sicile et de l'Italie, ont le corps parfaitement circulaire et entièrement gélatineux, sans aucune partie solide à l'intérieur ; et c'est sans aucun doute à cette délicatesse et à cette mollesse de leur tissu, que ces animaux doivent leur dénomination de *poumons* : les naturalistes modernes leur ont donné le nom de *méduses* qu'ils portent généralement.

Quoique la plupart de ces acalèphes aient leur face inférieure garnie de cirrhes, quelquefois longs et nombreux, ces organes paraissent leur être de peu d'utilité pour l'exécution des mouvements : l'animal se meut principalement par les contractions et les dilatations de son corps, qui se gonfle et s'affaisse alternativement. Et ce mode de locomotion, qui rappelle les mouvements de systole et de diastole du cœur des mammifères et des oiseaux, leur avait fait donner d'abord le nom de *cardiogrades*, que l'on n'a pas adopté, parce que cette dénomination semblait emporter avec elle l'idée d'un cœur, dont les *méduses* auraient été pourvues.

Toutes les espèces de cette famille sont marines et pélagiennes ; on les rencontre sur les immenses plaines de l'Océan, voguant librement au gré des flots, ayant la bouche et les cirrhes en bas et la partie convexe en haut. Elles ont le corps orbiculaire, plus ou moins convexe supérieurement, aplati ou même légèrement concave à sa surface inférieure, où l'on remarque, outre la bouche qui est placée au centre, un grand nombre d'appendices charnus, qui dans quelques espèces semblent destinés à suppléer la bouche, tandis que chez d'autres ils ont pour usage de saisir les petits animaux dont elles se nourrissent, c'est-à-dire des insectes, des mollusques, des vers, etc. En somme, leur forme ressemble, à s'y méprendre, à un champignon et surtout à un oronge : aussi donne-t-on à ces animaux le nom d'ombrelles. Leur corps comme celui de tous les acalèphes, est phosphorescent pendant la nuit ; néanmoins cette propriété ne lui est pas essentiellement inhérente, et paraît être subordonnée à la volonté du zoophyte ; car les naturalistes et les voyageurs ont observé fréquemment chez les mêmes individus le passage de l'état phosphorique à l'état opaque, et *vice versâ*. Mais ce n'est que pendant leur vie qu'ils peuvent ainsi changer ; après leur mort ils sont toujours phosphorescents.

Comme ces acalèphes sont entièrement gélatineux et que le moindre choc peut les briser, ils fuient autant que possible les rivages et les écueils, et restent dans la haute mer ; soutenus à la surface de l'eau par les contractions et les dilatations alternatives de leur corps, ils se laissent aller à l'impulsion du vent, à moins que ce dernier ne les pousse à la côte, auquel cas ils cherchent à résister à son action ; mais ils n'y réussissent pas toujours. La marée en rejette souvent sur le rivage des quantités assez considérables, pour qu'on ait essayé de les mettre à profit, en extrayant l'ammoniaque qu'ils contiennent en abondance.

Outre ces accidents, qui en détruisent un très-grand nombre, ces acalèphes ont encore à craindre deux ennemis non moins redoutables : ce sont les actinies et les baleines ; ces dernières surtout avalent des milliers d'individus d'une petite espèce qui fréquente les mers du Nord.

### IIIᵉ CLASSE. — POLYPES.

Quoique le nom de *polype* fût usité chez les anciens, les animaux que nous appelons actuellement ainsi n'étaient pas connus d'eux, du moins pour la plupart ; ces zoophytes, étant généralement invisibles à l'œil nu, n'ont pu être bien décrits que depuis la découverte du microscope.

Les naturalistes ont ainsi nommé cette classe de zoophytes, parce que les tentacules qui entourent leur bouche rappellent ceux des poulpes, animaux auxquels nous avons dit que les anciens donnaient le nom de *polypes*. Du reste, le nombre et la forme de ces tentacules varient selon les genres. Quant au reste de leur corps, il est toujours allongé et cylindrique, et présente une organisation si simple, qu'on peut souvent le diviser, sans compromettre leur existence, en un très-grand nombre de parties, qui deviennent chacune un animal complet. Le seul organe bien distinct que l'on remarque en eux, c'est une petite cavité intestinale à une seule ouverture ; encore cette dernière n'est-elle pas absolument indispensable, l'absorption qui s'opère par les pores cutanés étant ordinairement suffisante pour fournir à ces êtres singuliers les aliments nécessaires. Leur reproduction peut être ovipare, gemmipare ou scissipare. Dans le premier cas, il y a dans les *polypes* un organe spécial dans lequel se forment les œufs, comme dans tous les autres animaux ; dans le second cas, il pousse à la surface du corps des espèces de bourgeons analogues à ceux qui se développent sur les végétaux, et qui donnent naissance à un nouvel individu qui se détache tôt ou tard de sa mère, pour mener une vie indépendante. Quant à la génération scissipare, c'est la plus simple de toutes ; elle consiste dans la section naturelle ou artificielle d'une partie du corps, qui, étant séparée du reste, se développe et devient un animal entier.

La manière dont les zoophytes se reproduisent par bourgeons les rend susceptibles de former des êtres composés, qui jouissent d'une vie particulière et commune, de manière que la nourriture que prend chacun d'eux profite tantôt à lui seul, tantôt à la société entière. Dans les cas où ils sont ainsi réunis, ils se construisent une demeure commune, tantôt cornée, tantôt pierreuse, mais toujours solide, à laquelle on donne le nom de *polypier*.

Ces polypiers s'accumulent quelquefois en telle quantité, qu'il n'est pas rare de leur voir former des écueils redoutables aux vaisseaux, et même des îles entières, sur lesquelles la végétation vient ensuite se développer, et préparer des aliments pour des êtres plus compliqués. C'est principalement dans les mers du Sud que ces petits animaux pullulent à foison ; leur multiplication y est si rapide, que certains géologues n'ont pas craint d'avancer que c'est à des êtres de cette nature, qu'est due la formation de toute la chaux qui se trouve dans le sein de la terre.

La classe des *polypes* est extrêmement considérable, mais l'étude est loin d'en être aisée : la petitesse des animaux qu'elle renferme en rend l'observation si diffi-

cile, que chaque auteur propose une classification différente. La plupart des naturalistes actuels la divisent
en trois principaux ordres : les *zoanthaires*, les *alcyoniens* et les *sertulariens*.

### Ier *Ordre*. — ZOANTHAIRES.

Les *zoanthaires* n'ont à leur canal intestinal qu'un
seul orifice servant de bouche et d'anus en même temps;
leurs tentacules sont simples et très-nombreux, et leur
peau est épaisse et coriace.

Ce sont des polypes dont la forme radiaire est si prononcée, qu'ils ressemblent à une fleur beaucoup plus
qu'à un animal. Leur corps, cylindrique et de longueur
médiocre, s'élargit à ses deux extrémités, dont l'inférieure forme une espèce de pied dont l'animal se sert
quelquefois pour ramper, tandis que la supérieure est
entourée par une couronne de tentacules nombreux et
communiquant, par un canal dont ils sont pourvus, avec
le parenchyme de la peau. C'est au centre de ces appendices que se trouve placé l'orifice unique du canal intestinal du polype.

Ces zoophytes ont pour type les *actinies*, que les ma-
telots et les habitants des côtes désignent sous le nom
d'*anémones de mer*. Malgré leur taille, toujours supérieure à celle des bryozoaires, ces êtres curieux ont une
organisation plus simple; tout leur corps est à peu près
homogène, et consiste en un parenchyme musculo-cel-
luleux, également irritable et contractile dans toutes ses
parties et d'une consistance très-molle et presque muqueuse ; leur tube digestif n'a qu'une seule ouverture et

a ses parois confondues avec les parties voisines. Les seules particularités qu'on trouve dans ce canal, c'est d'abord un grand nombre de plis longitudinaux que quelques anatomistes regardent comme des ovaires, et ensuite deux rétrécissements qui le partagent en trois cavités distinctes, un pharynx, un estomac et un cœcum.

Quelques *zoanthaires* vivent libres et errent à leur gré, soit en nageant à l'aide de leurs tentacules et des contractions de leur corps, soit en rampant au moyen du disque qui leur sert de pied et qui ressemble à celui des gastéropodes. Mais il en est un certain nombre qui se fixent à quelque corps marin, sur lequel ils demeurent pendant toute leur vie. D'autres se réunissent ensemble ; ce sont ceux qui se construisent des polypiers calcaires qni se soudent les uns aux autres. La formation de ces masses pierreuses n'a pas lieu comme dans les autres zoophytes ; elle est due à la pénétration dans les mailles du tissu organisé d'une matière inorganique qui durcit ce dernier et lui donne une consistance semblable à celle de la pierre. Mais il faut observer à l'égard de cette dureté qu'elle dépend de l'âge du polypier ; si celui-ci est vieux, il ne contient plus de matière organique, c'est du carbonate de chaux à peu près pur. Dans le jeune âge, au contraire, la chaux est unie à une grande quantité de tissu animal ; et le polypier n'a qu'une consistance coriace quand il n'est pas entièrement mou.

On trouve des *zoanthaires* dans toutes les mers, mais surtout dans celles du midi, et toujours à une profondeur peu considérable. C'est surtout dans les lieux où la mer est calme et où le soleil répand une vive lumière qu'on rencontre le plus de ces animaux ; c'est là que la plupart passent leur vie fixés à quelque corps marin. Un petit nombre d'espèces seulement demeurent constamment libres et errent à leur gré le long des côtes.

Tous paraissent être carnassiers ; ils se nourrissent d'animaux entiers qu'ils saisissent avec leurs tentacules et qu'ils engloutissent dans leur estomac, où ils les digèrent avec une rapidité étonnante. C'est pour cela que, par les temps calmes et sereins, on les voit étendre leurs tentacules, afin d'être toujours à portée de s'emparer de leur proie ; les moules, les autres testacés et les petits poissons sont, de tous les habitants des mers, ceux auxquels ils s'adressent le plus fréquemment et dont ils détruisent le plus.

Tous les *zoanthaires* jouissent à un haut degré de la faculté de reproduire les parties qu'on leur enlève. Bien plus, une actinie, coupée longitudinalement en deux, donne naissance à deux individus complets ; ces animaux sont donc scissipares. Mais ils se reproduisent aussi par des gemmes qui se développent sur les parois de leur canal intestinal et que le zoophyte rejette ensuite par sa bouche par une espèce de vomissement. Ces zoophytes pullulent par conséquent beaucoup, et ce fait est d'ailleurs prouvé par les masses énormes qu'ils produisent, par l'entassement de leurs polypiers. Cependant l'homme n'est point parvenu à tirer parti de ces êtres singuliers, excepté néanmoins sur quelques côtes où les pauvres les mangent.

L'ordre des zoanthaires est très-étendu et comprend beaucoup d'espèces vivantes et fossiles. On les a divisés en deux genres, selon qu'ils ont le corps mou ou pierreux ; ce sont les *actinies* et les *madrépores*.

Les ACTINIES (*actinia*) forment le genre le plus intéressant de cette famille ; ce sont des êtres très-bizarres qu'un examen superficiel a fait quelquefois classer parmi les végétaux. Quand on les voit à la surface de la mer, épanouis en rosette ornée des plus vives couleurs, leurs tentacules ont tant de rapports avec les pétales d'une fleur, qu'on ne les désigne vulgairement que sous le nom d'*anémones de mer*. Lorsque par un temps calme et serein, ils se réunissent en grand nombre sur quelque point peu distant du rivage, la surface de l'eau qu'ils recouvrent ressemble à un parterre émaillé de fleurs. Mais, pour peu que l'état de l'atmosphère change, ces prétendues anémones se contractent et ne forment plus qu'un corps arrondi, semblable à une pomme de canne qui tombe tout à coup au fond de l'eau et y reste jusqu'à ce que le calme se rétablisse. Aussi les *actinies* sont-elles regardées par les marins comme d'excellents baromètres qui prédisent le temps avec une certitude presque absolue.

On rencontre beaucoup de ces zoophytes le long des côtes pendant la belle saison ; ils y font une guerre acharnée aux vers, aux méduses, aux petits crustacés, etc., qu'ils saisissent très-adroitement avec leurs tentacules. Mais l'hiver ils gagnent la haute mer, soit parce qu'ils y trouvent une nourriture plus abondante, soit parce qu'ils y jouissent d'une température plus douce.

Les *actinies* se multiplient avec rapidité, tant par la

section mécanique que par la génération gemmipare. Dans ce dernier cas, elles rendent leurs petits par la bouche.

Sous le nom de **MADRÉPORES**, nous désignons tous les polypes à polypiers auxquels M. de Blainville donne le nom de *zoanthaires pierreux*. On ne connut d'abord de ces êtres singuliers que la partie pierreuse ; aussi le groupe qu'ils formèrent ne fut rien moins que naturel : ce ne fut que lorsqu'on put étudier les animaux qui sé-crètent ces masses calcaires que l'on en sépara les es-pèces dont l'organisation est différente ; de sorte que maintenant le genre des *madrépores* n'est formé que de zoophytes, dont l'animal a la même organisation que les actiniens, et dont le polypier, entièrement pierreux, est formé par l'agrégation d'une plus ou moins grande quantité de cellules lamelleuses, disposées en rayons au-tour d'un axe central, à moins qu'elles ne soient défor-mées par la pression des polypiers voisins.

Quoiqu'on trouve de ces *zoophytes* dans toutes les mers du monde, c'est principalement dans les régions inter-tropicales, qu'ils se trouvent en plus grande abondance : l'océan Pacifique, l'archipel Indien, le grand Océan mé-ridional sont les lieux qu'ils préfèrent ; là, leur nombre est tel et leur force de reproduction est si active, qu'ils constituent le plus grand nombre des récifs qui rendent la plupart de ces mers si dangereuses pour la naviga-tion. Accumulés en masses énormes, ils forment des couches entières de plaines calcaires et servent de base à un grand nombre de petites îles.

13*

### *II<sup>e</sup> Ordre.* — ALCYONIENS.

Ce deuxième ordre comprend les polypes dont les tentacules, au nombre de huit seulement, sont larges, foliacés et garnis sur leurs bords de petits prolongements qui les rendent dentelés. Leur bouche communique avec un œsophage, qui débouche dans un estomac assez vaste, dont les parois adhèrent aux parties voisines par des espèces de cloisons ou mésentères disposés circulairement, et entre lesquels sont placés les ovaires : ceux-ci communiquent avec la cavité intestinale ; de sorte que c'est par la bouche que les œufs sont rendus.

La plupart de ces polypes vivent agrégés, et se construisent des polypiers, qui diffèrent principalement de ceux des zoanthaires, en ce que leurs cellules communiquent presque toujours entre elles par le moyen de canaux intérieurs, de sorte que la nourriture que prend chaque animal peut profiter soit à lui seul, soit à la communauté entière. Ce mode de nutrition a beaucoup d'analogie avec celui des plantes, et justifie la dénomination de *zoophytes,* que l'on a imposée au dernier embranchement de la zoologie.

Les *alcyoniens* ont la cavité digestive des zoanthaires ; mais leur peau est plus molle, et les tentacules qui entourent leur bouche ne sont jamais au nombre de plus de six ou huit.

On divise les *alcyoniens* en deux genres : les *coraux* et les *pennatules.*

Les CORAUX (*coralium*) se reconnaissent à leur polypier pierreux et branchu, sans cellules à sa surface et sans articulations. Leur bouche, comme celle de tous les alcyoniens, est entourée de huit tentacules pinnés, et leur corps est traversé dans tous les sens, de petites aiguilles cornées ou calcaires ; leur polypier est de forme rameuse comme un arbrisseau, et d'abord creux intérieurement ; mais peu à peu le canal se remplit par le dépôt d'une matière semblable à celle des aiguilles, et les branches du polypier deviennent aussi compactes que de la pierre.

Tous ces êtres singuliers semblent concourir à favoriser l'erreur des naturalistes sur leur nature ambiguë : considérés en fragments plus ou moins gros, ils ont, par leur dureté et par leur aspect poli, l'apparence d'un corps inorganique. Examinés tout entiers, ils ressemblent à des végétaux munis d'une tige et de plusieurs rameaux couverts de fleurs.

Toutefois un examen attentif pourra toujours faire connaître la nature de ce zoophyte ; il ne sera pas difficile de voir un polypier dans la tige et dans les branches, et de petits polypes dans ces rosettes épanouies qui les parent avec tant de grâce. Ces rayons divergents, qu'on prendrait pour les pétales d'une fleur, sont autant de tentacules, au centre desquels se trouve placée la bouche de l'animal.

On rencontre les *coraux*, dont le nombre est assez considérable, dans les mers du midi, sur le fond desquelles ils forment des parterres aussi agréables par la diversité de leurs tiges que par l'éclat de leurs couleurs.

La seule espèce de ce genre est le *corail du commerce*, l'un des plus jolis polypiers que l'on connaisse ; il ressemble, à s'y méprendre, à un petit arbuste, et surtout à une branche de pêcher ou d'amandier en fleur. Fixé aux rochers sous-marins par un large pied qui fait corps avec eux, il brave la fureur des tempêtes, et acquiert en vieillissant une dureté comparable à celle du marbre, et une taille d'environ un pied. La profondeur des eaux dans lesquelles il peut vivre est extrêmement variable ; on en trouve des pieds, depuis trente jusqu'à deux cents mètres de la surface de l'eau : mais on remarque que celui qu'on retire d'une grande profondeur est plus pâle et moins grand que celui qui croît près de la surface de la mer.

La belle couleur rouge de ce polypier le fait rechercher pour en faire de petits objets de parure, principalement des colliers ; en Turquie surtout, ces ornements sont fort de mode. On fait la pêche du *corail* sur la plupart des côtes de la Méditerranée ; pour le prendre, on se sert de morceaux de bois attachés en forme de croix ou d'étoile, au centre desquels est placée une grosse pierre. Au moyen d'une longue corde, on descend cet appareil jusqu'au fond de l'eau, où on le promène en tous sens ; et dans les mouvements qu'on lui imprime, il abat de temps en temps quelques pieds de corail, qui s'attachent aux branches de l'appareil, et que l'on retire successivement.

La principale pêche du corail se fait sur les côtes de la Barbarie ; on en pêche aussi sur celles de France et d'Italie.

Le genre PENNATULE *pennatula*), l'un des plus naturels de l'actinologie, comprend tous les rayonnés pour-

vus de huit tentacules dentelés, et vivant épars, en plus
ou moins grand nombre, à la surface d'une partie d'un
polypier libre et flottant, dont la forme rappelle plus ou
moins celle d'une plume à écrire.

Tandis que tous les alcyoniens précédents restent fixés
à la même place sans pouvoir la quitter, les *penna-*
*tules*, quoique vivant dans un polypier commun, conservent leur liberté et ne contractent aucune adhérence
avec les corps sous-marins ; elles nagent au sein des
eaux par les contractions de leur corps, et par l'action
combinée de tous les polypes qui habitent ensemble la
même demeure. La forme de ces animaux est extrêmement remarquable. Leur polypier est une masse le plus
souvent allongée, garnie sur toute sa surface de polypes
saillants disposés avec régularité, et communiquant tous
ensemble par le moyen d'une substance charnue qui le
recouvre comme une espèce d'écorce. Une des extrémités du polypier seulement demeure nue et n'a point de
polypes ; et il n'est pas rare que cette partie s'enfonce,
soit dans le sable, soit entre deux rochers, soit au milieu
des thalassiophytes, mais sans contracter d'adhérence
avec eux.

Ces zoophytes, dont on rencontre des espèces dans
toutes les mers, répandent presque tous une vive lumière phosphorique, et offrent pendant la nuit un spectacle magnifique, lorsque, nageant ensemble d'un concours unanime ou entraînés par le mouvement des
vagues, ils présentent à nos yeux l'aspect d'une flamme
mouvante à la surface des eaux.

### *III<sup>e</sup> Ordre.* — Sertulariens.

Les *sertulariens* n'ont qu'une seule ouverture au canal intestinal ; mais ce canal n'offre aucun organe intérieur particulier. Du reste, leur peau est molle et leurs tentacules sont en nombre variable. Tels sont les *corallines* et les *hydres*.

Quoiqu'on n'ait pas découvert de polypes sur les corallines (*corallina*), et que plusieurs naturalistes les regardent, à cause de cette circonstance, comme des végétaux, leur polypier a tant de rapport avec celui des précédents, qu'il serait difficile de leur trouver une place plus convenable, soit parmi les zoophytes, soit parmi les plantes, soit même dans un règne intermédiaire aux animaux et aux plantes. Elles ont le polypier flexible et formé de plusieurs tiges articulées et portées sur des espèces de racines, de sorte que, considéré dans sa totalité, il ressemble à une véritable plante.

La nature de ce polypier est plutôt cornée que calcaire ; toutefois sa surface est entièrement couverte d'une matière solide et crétacée dans laquelle on distingue, à l'aide d'un microscope, de petites cellules invisibles à l'œil nu. Quant à l'animal qui le produit, il nous est entièrement inconnu, comme nous l'avons dit.

On trouve les *corallines* sous toutes les latitudes ; mais elles sont plus abondantes et plus vivement colorées dans les mers équatoriales que dans celles des pays tempérés. Celles-ci sont en général d'une couleur rougeâtre ou purpurine, qui se fonce par son exposition à l'air ; mais celles des mers voisines de la ligne sont naturellement ornées de couleurs plus vives et même de formes plus élégantes que les nôtres. Toutes sont fixées aux rochers sous-marins, dont elles ne se détachent que par le choc de quelque corps dur ; car elles sont capables de résister à la violence des flots soulevés par la tempête.

L'espèce la plus célèbre de ce genre est la *coralline officinale*, ainsi nommée parce qu'elle est fort usitée comme vermifuge en médecine, sous le nom de *mousse de Corse*.

Les **HYDRES** (*hydra*), plus connues sous la dénomination vulgaire de *polybes à bras*, ont reçu ce dernier nom à cause des longs tentacules qui entourent leur bouche, tentacules dont la longueur est presque égale à celle du corps tout entier. Ce sont des animaux presque microscopiques chez lesquels l'organisation est réduite à son dernier degré de simplicité. On ne trouve chez eux aucun organe particulier pour la nutrition, la génération, la sensibilité ou la motilité ; leur corps a la forme d'un tube gélatineux dont les bords sont garnis de tentacules, et dont la cavité tient lieu d'estomac ; et telle en est l'homogénéité, qu'on peut les retourner sens dedans dehors, de manière que les parois de leur tube intestinal deviennent l'enveloppe extérieure et *vice versâ*, sans que pour cela le polype cesse de vivre. Bien plus, en divisant leur corps en plusieurs fragments, chacun de ceux-ci renferme toutes les conditions d'existence, et devient un polype entier.

Et cependant, malgré cette extrême simplicité, ces animaux nagent, rampent, marchent, saisissent leur proie, sont sensibles au moindre contact et même à l'action de la lumière. Il suffit, pour s'assurer de la subtilité de leur toucher, de communiquer quelques mouvements à l'eau dans laquelle ils séjournent; on les voit sur-le-champ se contracter pour se soustraire au danger auquel ils se croient exposés. La lumière produit, à ce qu'il paraît, sur toute la surface de leur corps, le même effet que sur nos yeux; car si on les en prive, en mettant un corps opaque entre elle et le polype, celui-ci quitte sa place, pour se mettre à un endroit où il puisse en recevoir l'influence.

C'est chez ces animaux que la force de reproduction est poussée au plus haut degré. Chaque tentacule qu'on leur enlève se répare promptement, et l'on peut même en renouveler l'ablation autant de fois qu'on le veut, sans que leur énergie reproductrice s'affaiblisse d'une manière sensible. On peut également leur couper toute autre partie de leur corps sans les faire périr; bien plus, chaque fragment devient un animal complet; de sorte qu'on peut multiplier ces êtres à volonté par une simple section. Mais leur génération naturelle se fait par des bourgeons qui sortent de différents points du corps, sur lequel ils forment comme des espèces de branches.

Les *hydres* sont extrêmement communes dans la plupart des eaux douces; on en trouve surtout une grande quantité dans les étangs, sous les lentilles d'eau qui y croissent en abondance. Elles vivent de petits animaux qu'elles attirent dans leur bouche, au moyen des tentacules dont elle est entourée.

Les espèces les plus communes en France sont l'*hydre verte* et l'*hydre brune* ou *polype à longs bras*.

La classe des polypes comprend encore l'ordre des *bryozoaires*. Ce sont les seuls êtres de leur classe qui offrent une bouche et un anus distincts, et dont les tentacules soient garnis de cils vibratiles. Quelques naturalistes les placent dans l'embranchement des mollusques. Du reste, la plupart d'entre eux sont microscopiques. Les principaux genres de cet ordre sont les *eschares*, les *flustres* et les *cristatelles*.

### IVᵉ CLASSE. — INFUSOIRES.

Sous le nom de *microzoaires*, *microscopiques*, *infusoires* ou *animalcules*, on désigne un grand nombre de petits animaux essentiellement aquatiques, de nature très-diverse, et dont le seul caractère distinctif est d'être très-petits, et de n'être le plus souvent visibles qu'à l'œil armé du microscope.

Malgré l'homogénéité presque complète de structure de beaucoup de ces êtres, chez lesquels la nutrition se borne à l'absorption que font leurs pores extérieurs des molécules organiques tenues en dissolution dans l'eau, et dont la génération s'opère soit par des bourgeons, soit par une section mécanique, il en est un certain nombre dont l'organisation est évidemment plus compliquée et se rapproche de celle des animaux des embranchements précédents, dans lesquels il faudra tôt ou tard les placer. Cette classe est par conséquent hétérogène, et n'offre que très-peu de caractères communs à tous les êtres qu'elle comprend.

Les propriétés les plus remarquables dont jouissent les *microzoaires* sont d'abord un tact d'une délicatesse extrême et ensuite une concractilité non moins développée ; aussi, bien que plusieurs de ces animaux ne nous offrent ni nerfs ni muscles distincts de la masse du corps, ils sentent et se meuvent avec une vivacité, que l'on chercherait en vain dans des êtres plus élevés dans la série animale. On les voit, à l'aide d'un bon microscope, s'agiter en tous sens dans une goutte d'eau, pour fuir un péril ou pour attaquer une proie. Ils ont la surface extérieure assez sensible pour s'apercevoir s'ils se trouvent dans un endroit où le liquide s'évapore, et où ils sont en danger d'être bientôt à sec ; dans ce cas ils se hâtent de gagner une eau plus profonde pour prolonger leur existence ; car aucun de ces animaux ne peut vivre hors de cet élément. Dès qu'ils en sont sortis, ils se dessèchent, perdent toute espèce de mouvement, et, quoiqu'on ait avancé le contraire, ils ne reviennent pas à la vie après en avoir été privés.

On divise cette classe nombreuse, mais difficile à étudier, en deux ordres principaux : les *rotifères* et les *gymnodés*.

### I<sup>er</sup> *Ordre*. — ROTIFÈRES.

Sous le nom de *rotifères* ou de *monogastriques*, on désigne un assez grand nombre de microzoaires, dont la bouche bien visible est entourée, comme celle des hydres, d'un certain nombre d'appendices nommés cirrhes, disposés en forme de roues et très-mobiles, et qui, en outre, présentent à la partie postérieure de leur corps une espèce de queue destinée à favoriser les mouvements.

Leur corps est généralement de forme ovale et de consistance gélatineuse ; on y distingue facilement une bouche, un estomac, un intestin et souvent un anus près de la bouche. Certains observateurs ont même cru remarquer sur leur tête des points saillants qu'ils ont pris pour des yeux. Ils sont par conséquent beaucoup mieux organisés que la plupart des zoophytes. Ces animaux se nourrissent de microscopiques qu'ils attirent dans leur bouche par le mouvement rotatoire de leurs cirrhes, et poursuivent leur proie avec une agilité et un acharnement incroyables dans ces animalcules.

Ces animaux se placent en tête de la classe des microscopiques, parce qu'ils sont supérieurs à tous les autres par le nombre et par le développement de leurs organes. Ils ne forment pas simplement des masses homogènes ; on leur trouve une espèce de tête, avec une bouche entourée de cirrhes très-mobiles dont ils se servent pour faire tourbillonner l'eau, de sorte que ces animaux se rapprochent sous ce rapport des rayonnés et surtout de certains polypes.

Ces organes, qui sont de la même nature que le reste de leur corps, paraissent servir non-seulement à attirer la nourriture dans la cavité digestive qui existe évidemment chez tous les *rotifères*, mais encore à former des branchies imparfaites. Aussi leur trouve-t-on un appareil circulatoire, et même un cœur dont on peut observer la contraction et la dilatation successives. Ainsi les *rotifères* sont évidemment mieux organisés qu'un grand nombre d'animaux des classes précédentes, chez lesquels on ne voit aucune trace d'appareil respiratoire ou circulatoire. Aussi ne se propagent-ils pas par section comme les polypes ; ils ont des ovaires, desquels s'échappent les germes qui doivent les perpétuer. On devrait, par conséquent, les placer avant plusieurs autres classes d'animaux rayonnés ; mais comme on ne peut pas les observer facilement, parce qu'il faut, pour se servir du microscope, beaucoup d'habitude et de pratique, on les relègue ordinairement dans une même classe avec les espèces de l'ordre suivant.

### II<sup>e</sup> Ordre. — GYMNODÉS.

Les *gymnodés* ou *infusoires polygastriques* sont en général d'une grande simplicité ; on a beaucoup de peine à reconnaître en eux aucun organe interne, et jamais ils ne présentent à leur surface aucun appendice analogue à ceux que nous avons remarqués dans les espèces de l'ordre des rotifères. Leur corps offre l'aspect d'une gelée transparente ; et, bien que dépourvu d'organes locomoteurs, il se meut au sein des eaux avec une agilité étonnante, sans que cependant l'œil puisse distinguer, même à l'aide d'un puissant microscope, par quel mécanisme s'opèrent leurs mouvements.

Et cependant ces êtres si mal organisés ont une volonté, se meuvent dans un sens plutôt que dans un autre, évitent les obstacles qui les empêchent de se rendre à leur but, et cherchent à se mettre à l'abri de la chaleur et de la lumière, dont l'influence détermine l'évaporation du liquide dans lequel ils vivent. Tels sont les *enchelides*, les *volvoces* et les *monades*.

## Vᵉ CLASSE. — SPONGIAIRES.

La nature des spongiaires, et surtout des éponges, est
assez peu tranchée pour que les naturalistes aient longtemps hésité sur la place qu'ils devaient leur assigner.
Parmi les anciens, les uns les regardaient comme des
animaux, même assez bien organisés, puisqu'ils les
croyaient capables de se déplacer à leur gré, tandis que
d'autres les plaçaient parmi les végétaux. La plupart
des naturalistes modernes ont adopté la manière de voir
des premiers, fondés dans leur opinion par les mouvements bien sensibles que l'animal exécute toutes les
fois qu'on le touche, et surtout par son mode de reproduction qu'ils ont vu s'opérer par des œufs.

Ainsi, on les voit dans les premiers instants de leur
vie avec une forme ovale tout à fait analogue à celle
des jeunes polypes et aux monades : leur enveloppe
extérieure est hérissée de petits cils qu'ils meuvent avec
beaucoup d'agilité pour nager au sein des eaux où ils
ont pris naissance. Ce n'est qu'à un certain âge que,
quittant ces habitudes vagabondes, ils se fixent à quelque corps aquatique, et se mettent à produire cette
substance, aussi diverse par sa nature que par sa forme,
qu'on désigne sous le nom d'*éponge*. Cette substance
peut par conséquent être considérée comme analogue au
polypier des polypes, avec d'autant plus de raison
qu'elle en a, dans certaines espèces, la nature calcaire.
D'autres fois, au contraire, elle est plutôt siliceuse ou
même cornée.

Ces êtres ambigus vivent dans les eaux douces ou

salées ; ils sont beaucoup plus abondants dans les mers équatoriales que dans celles qui se rapprochent davantage des pôles. C'est là qu'ils parviennent à leur plus grand développement ; ils y atteignent quelquefois vingt pouces de hauteur. Ils se fixent aux rochers à l'aide d'un pied évasé, et y adhèrent avec assez de force pour que le mouvement des flots ne puisse pas les en détacher. Mais la profondeur à laquelle ils croissent varie considérablement ; tandis que les uns vivent dans les plus grandes eaux, les autres se tiennent sur les rochers que la vague couvre et abandonne alternativement. Ils sont surtout abondants dans les mers voisines de l'équateur.

Les animaux des *éponges* sont les plus simples que l'on connaisse ; ils sont primitivement isolés ; mais à mesure qu'ils grandissent, ils se rapprochent les uns des autres et finissent par former, par leur réunion, une masse gélatineuse uniforme qui recouvre toute la surface du polypier en pénétrant dans les tubes qui le forment, et dont elle tapisse toute la paroi intérieure. Ils paraissent se nourrir en aspirant les molécules organiques contenues dans l'eau, et en rejetant ensuite le résidu de leur digestion par les pores nombreux dont la surface de leur corps est criblée.

On trouve ces zoophytes dans toutes les mers et entre autres dans la Méditerranée, où ils se fixent aux rochers et aux autres corps marins ; et on les divise en trois genres principaux, les *éponges*, les *spongilles* et les *téthyes*.

Les **ÉPONGES** (*spongia*), se distinguent des deux genres

suivants par la nature simplement cornée de leur polypier et par l'élasticité de la masse qui le compose ;
elles ne vivent que dans les eaux marines. La principale
espèce de ce genre est l'*éponge commune*, dont l'économie domestique fait un si fréquent usage. On la pêche
dans la Méditerranée, et principalement dans les îles de
l'Archipel grec, où elle fait l'objet d'un commerce considérable. On va la chercher en plongeant, et quand on
l'a retirée de la mer, on la lave à plusieurs eaux, pour
la nettoyer du sable et de la matière gélatineuse qui la
salissent ; ensuite on la plonge dans une dissolution de
chlore, pour la blanchir et la débarrasser d'une odeur
désagréable qu'elle exhale. L'*éponge usuelle* nous vient
des mers d'Amérique.

Les **spongilles** (*spongilla*) sont des corps plus ou
moins consistants, disposés en masses régulières et percés de pores, qui paraissent tenir lieu de bouche ; mais
leur nature est tellement ambiguë, que beaucoup de
naturalistes les regardent comme des productions végétales.

Les **téthyes** (*tethys*) sont des masses irrégulièrement
globuleuses, dont l'intérieur est tout hérissé de longs
acicules, qui se réunissent sur un noyau central.

# BOTANIQUE.

## CONSIDÉRATIONS GÉNÉRALES.

Nous avons exposé l'histoire des animaux dans la première partie du règne organique. Cette seconde partie sera consacrée à l'étude des végétaux, dont la connaissance constitue la *phytologie* ou *botanique*.

Cette science, de même que la zoologie, se divise en plusieurs branches, selon le but spécial qu'elle se propose dans l'étude des végétaux.

Ainsi quand elle a pour objet principal la connaissance des organes et des fonctions des plantes, elle porte le nom de *physique végétale*, laquelle comprend l'*organographie* ou description des organes à l'état normal; la *phythopathie* ou *pathologie végétale*, qui étudie les mêmes organes à l'état de maladie; la *physiologie* qui cherche à apprécier les fonctions propres à chaque organe, et enfin la *géographie botanique* qui étudie les lois qui président à la distribution des végétaux à la surface de la terre. Lorsqu'au contraire la botanique s'occupe plutôt de la description des plantes ou de leur distinction mutuelle, elle est généralement désignée sous le nom de *phytographie*, laquelle renferme pareillement plusieurs branches, dont les principales sont la *taxonomie* ou exposition des systèmes de classification les plus usités, et la *phytographie* proprement dite, qui fait connaître les caractères propres à chaque groupe de végétaux. Enfin, lorsqu'au lieu d'étudier les plantes en elles-mêmes, la botanique cherche à faire l'application de leurs qualités ou propriétés aux besoins de l'homme, ce qui est le but principal de la science, on lui donne le nom de *botanique appliquée*, et celle-ci se subdivise en *botanique médicale, agricole, économique* et *industrielle*, selon que l'on cherche à l'appliquer plus spécialement à la médecine, à l'agriculture, à l'économie domestique ou à l'industrie.

Il est évident que cette dernière partie de la botanique ne peut marcher qu'appuyée sur les deux premières ; comment en effet connaître les localités d'une plante et la distinguer parmi toutes les autres, sans le secours de la physique végétale et de la phytographie ? La botanique appliquée n'est donc, pour ainsi dire, que le corollaire et le résultat de ces deux dernières sciences. Aussi ne la séparerons-nous pas de la phytographie : chaque fois que nous aurons fait connaître un végétal, nous indiquerons sommairement les usages qu'il peut avoir en médecine, dans l'économie domestique et dans les arts. Nous ne diviserons par conséquent la phytologie qu'en deux branches dont l'une comprendra la *physique végétale*, et l'autre la *phytographie*.

Mais avant d'entrer dans l'étude de ces deux sciences, il est important de se faire une idée précise de ce que l'on entend par végétal ; il faudra à cet effet se rapporter à ce que nous avons exposé au commencement de cet ouvrage où nous avons bien développé les caractères communs aux animaux et aux végétaux, et ceux qui n'appartiennent qu'à chacun de ces groupes ; il nous suffira de rappeler ici que les derniers se distinguent particulièrement des premiers par le défaut de *nerfs*, de *muscles* et de *cavité digestive ;* ils sont par conséquent dépourvus de la *sensibilité*, de la *mobilité* et de la *faculté de digérer*. Ainsi, ils n'ont aucune idée de leur existence ni de celle des objets qu'ils environnent, et n'ayant aucun des besoins que la faculté de sentir engendre dans les organismes sensibles, ils n'éprouvent jamais le désir de se déplacer, et demeurent fixés à la même place pendant toute leur vie. La cavité digestive leur eût donc été complètement inutile.

D'après ces considérations, on pourra définir les végétaux des êtres organisés, privés de la faculté de sentir, de se mouvoir volontairement et de digérer, de sorte que la seule chose qui les distingue des corps inorganiques, c'est une espèce d'*excitabilité*, propriété en vertu de laquelle ils se nourrissent et se reproduisent.

Nous n'insisterons pas davantage sur les différences qui distinguent les organismes du règne végétal de ceux du règne animal ; nous allons passer de suite à l'étude de la *physique végétale*.

# PREMIÈRE PARTIE.

## PHYSIQUE VÉGÉTALE,

Cette science, ainsi que nous l'avons dit, s'occupe de l'étude des organes à l'état sain et à l'état de maladie,

des fonctions propres à chaque organe, et de la distribution des plantes à la surface du sol. De là la division
de cette partie de la botanique, en *organographie, physiologie, pathologie* et *géographie végétales*. Cependant
nous ne parlerons ici que des deux premières, parce que
la troisième est encore trop peu avancée pour qu'on
en puisse faire l'objet d'un traité spécial, et parce que
nous dirons sur la quatrième tout ce qu'elle comporte, à
l'article consacré à chaque plante ou à chaque famille
de plantes.

L'*organographie végétale* est cette partie de la physique végétale, qui a pour objet la connaissance des organes de la plante à l'état normal. Elle ne s'occupe pas
seulement des parties extérieures de la plante, telles que
la racine, les feuilles, les fleurs, etc.; elle pénètre plus
profondément dans l'intérieur des organismes, pour y
découvrir les tissus simples ou élémentaires qui, par
leurs combinaisons variées, donnent naissance aux différents organes.

## CHAPITRE I.

### TISSUS ÉLÉMENTAIRES DES VÉGÉTAUX.

Il est évident que les végétaux n'ayant pas de sensibilité ni de motilité, doivent être dépourvus des tissus
élémentaires qui servent à former le système nerveux
et les muscles qui mettent ces deux facultés en action.
Or, comme tous les autres tissus de l'organisme animal
ne sont que des modifications de la cellulosité, il est
également clair que les végétaux ne doivent avoir que

cette dernière pour base de toute leur organisation : c'est en effet ce que démontre l'observation : car en examinant le tissu intime d'un organe végétal, soit à l'œil nu, soit, mieux encore, à l'aide d'un verre grossissant, on voit qu'il est formé par l'agglomération régulière ou irrégulière d'un grand nombre de lames très-diverses, interceptant des espaces ou cellules plus ou moins étendues, qui toutes communiquent ensemble, mais par des voies complétement inconnues : quoique certains micrographes aient cru avoir découvert des fentes et des pores sur les parois de ces cellules, ces observateurs paraissent avoir été trompés par des illusions d'optique.

Mais de même que le tissu cellulaire des animaux se présente sous plusieurs aspects différents, le tissu cellulaire végétal nous présente pareillement trois modifications principales : tantôt les cellules qui le constituent ont leurs parois minces et transparentes ; c'est le tissu *utriculaire* ou *cellulaire* proprement dit ; tantôt elles ont leurs parois opaques, et elles donnent naissance à des tubes courts et terminés en pointe ; c'est alors le *tissu fibreux ;* d'autres fois enfin, elles forment de longs canaux à parois minces et transparentes et dont le diamètre est à peu près égal partout ; c'est le *tissu vasculaire*. A ces trois tissus, nous ajouterons l'*épiderme*, lequel, quoiqu'il ne soit qu'une modification du tissu utriculaire, présente des différences tellement tranchées et des caractères si particuliers, qu'il est impossible de ne pas le considérer comme tissu spécial.

## § I<sup>er</sup>. *Du tissu utriculaire.*

Ce tissu est formé par la réunion ou plutôt par la soudure d'une quantité innombrable de *cellules, vésicules* ou *utricules;* il est facile de se convaince que l'agglomération de ces utricules dépend de la soudure de leurs parois, et non de leur formation au milieu d'un corps particulier, dans lequel il se serait établi des vides; il suffit pour cela de faire bouillir le tissu cellulaire dans l'acide nitrique ou même simplement dans l'eau. Après avoir été soumises pendant quelque temps à l'action de la chaleur, les parois des utricules soudées se séparent, et chaque vésicule se montre isolée et parfaitement intacte. Ces cavités paraissent être sphériques primitivement; mais elles ne tardent pas à prendre une forme dodécaétrique par suite du développement de l'organe dont elles font partie; de manière que si l'on coupe alors transversalement une masse de ce tissu, la section offre une surface couverte de figures hexagonales régulières, qui ressemblent à celles d'un gâteau d'alvéoles d'abeilles. Mais là ne se bornent pas les modifications des utricules. Pour peu qu'elles soient gênées dans leur développement, une partie de leurs faces prend de la prépondérance sur les autres, de manière que ces cavités peuvent offrir toute espèce de formes régulières ou irrégulières.

Le défaut d'espace suffisant pour le développement des utricules du tissu cellulaire, joint à l'inégale pression que les substances contenues dans leur cavité exercent sur leurs parois, détermine assez fréquemment la rupture d'un certain nombre d'entre elles, et produit dans le végétal de grands vides, qu'on désigne sous le nom de *lacunes*. Ces sortes de déchirures sont très-nombreuses dans les tiges et les feuilles des plantes aquatiques; elles sont destinées. selon certains naturalistes, à rendre le végétal plus léger. et à le faire flotter à la surface ou au milieu des eaux; tandis que, selon d'autres observateurs, elles servent. par l'air dont elles sont remplies, à empêcher la putréfaction de la plante. Ce qui semblerait favorable à cette dernière manière de voir, c'est qu'il arrive assez souvent qu'au lieu de contenir de l'air, elles sont remplies de sucs résineux, qui. comme on le sait, sont immiscibles à l'eau. Remarquons qu'il ne faut pas confondre ces lacunes avec les *conduits* ou *méats intercellulaires*, qui résultent du défaut de rapprochement et de soudure entre les parois externes de certaines utricules : ces méats. qui sont toujours remplis d'air, n'ont aucune communication avec les cellules voisines, qui conservent leurs parois intactes. tandis que dans les lacunes, il y a toujours déchirure des lames intercellulaires et réunion de plusieurs utricules ensemble.

La disposition qu'affectent les vésicules du tissu cellulaire est régulière. toutes les fois qu'elles ne sont pas gênées dans leur formation : elles forment constamment des séries longitudinales juxtaposées; mais, dans le cas contraire, leur disposition varie comme leur forme, et elles n'offrent aucune régularité.

Les micrographes se sont beaucoup occupés de la nature de la membrane qui forme les parois des utri-

cules ; mais ils ne sont nullement d'accord sur ce sujet :
les uns la regardant comme fibreuse, les autres lui at-
tribuant une nature granuleuse ; un certain nombre
pensent qu'elle est criblée de fentes ou de pores qui établissent une communication de l'une à l'autre, tandis
que d'autres, en plus grand nombre, nient l'existence
de ces ouvertures, qu'ils attribuent à une membrane
intérieure qui tapisse l'externe, et qui, en se déchirant de
diverses manières fait paraître la cellule comme rayée
ou ponctuée. Mais il est un fait sur lequel tous s'accordent : c'est que cette membrane est mince et incolore ;
et si dans certains cas elle ne paraît pas telle, son opacité ne lui est pas inhérente et dépend de la nature des
substances que contient la vésicule.

Ces substances sont assez variées ; quand on étudie le
tissu cellulaire d'une plante naissante, on ne trouve que
de la séve dans les cellules qui le forment ; mais peu à
peu ce liquide disparaît pour fournir à la nourriture des
organes, et les utricules se remplissent de substances différentes, selon les parties du végétal. Ainsi quelquefois
elles ne contiennent que de l'air ; mais le plus souvent on
y trouve diverses matières liquides, acides ou huileuses.
C'est ainsi que la pomme, la cerise, la groseille, etc., doivent leur saveur à un acide renfermé dans le tissu cellulaire qui forme leur parenchyme. Ce sont des huiles fixes
que l'on retire par expression des vésicules de la noix,
du ricin, de l'olive, etc.; celles de l'orange, de la berga-
motte, des feuilles du thym, des pétales de la tubéreuse,
contiennent des huiles essentielles, auxquelles ces diverses substances doivent le parfum qui les distingue.

Mais les cellules ne renferment pas seulement des liquides ; elles contiennent aussi des matières solides. Celles-ci se présentent ordinairement sous la forme de globules variables, que l'on découvrit d'abord dans le tissu cellulaire des feuilles, ce qui leur fit donner, par l'observateur qui les remarqua le premier, le nom de *chlorophylle* ou vert des feuilles. Les parties décolorées, telles que les pétales du lys, du nénuphar, etc., ne doivent ce défaut de coloration qu'à l'absence des granules.

La *chlorophylle* n'est pas la seule matière solide contenue dans les utricules du tissu végétal : on y trouve encore de la *fécule*, le *gluten* et de petits cristaux de sels à base de chaux. La première a, comme la précédente, la forme globuleuse ; mais elle est tout à fait transparente, et d'ailleurs elle prend, par l'action de la teinture d'iode, une belle couleur violette que ne présente jamais la chlorophylle. Ajoutez à cela que, tandis que celle-ci se trouve spécialement dans les feuilles, la fécule est plus répandue dans la racine, les graines, etc. Enfin la forme des grains de la fécule varie selon la nature des végétaux qui les fournissent ; c'est ainsi qu'on distingue la fécule des pommes de terre de celle du blé, du maïs, etc. Le *gluten* est une substance azotée qui se rencontre avec la fécule dans la plupart des graines céréales. Quant aux cristaux salins qu'on observe dans un petit nombre de plantes, et qu'on désigne sous le nom de *raphides*, ils ont la forme de petites aiguilles brillantes et d'une transparence parfaite.

Le tissu cellulaire est, sans contredit, celui qui abonde

le plus dans les végétaux; il en forme entièrement un
certain nombre, tels que les champignons, et tous, sans
exception, en sont uniquement composés dans les premiers temps de leur existence. Les rayons médullaires
en sont aussi uniquement formés, et les feuilles, les
fruits, les graines lui doivent en très-grande partie leur
origine; enfin, c'est lui qui sert à former le tissu fibreux
et vasculaire, dont nous allons maintenant nous occuper.

### § II. — *Du tissu fibreux*.

Il est extrêmement difficile d'établir une ligne de démarcation bien tranchée entre le tissu fibreux et les deux
autres tissus élémentaires du végétal. Comme il est destiné à établir le passage de la cellulosité aux vaisseaux,
et que le tissu cellulaire se change continuellement en
tissu vasculaire, il est infiniment probable que le tissu
fibreux n'est qu'une modification transitoire des deux
autres. Il se présente sous la forme de cellules allongées
ou de vaisseaux courts, auxquels on donne le nom de
*tubes fibreux*, de *clostres*, etc. La seule différence qui le
distingue des utricules, c'est que celles-ci ont leurs extrémités droites et parallèles, tandis que les *clostres* ou
*tubes fibreux* les ont plus ou moins obliques. D'un autre
côté, il ne diffère du tissu vasculaire que par la brièveté
des cellules qui le constituent. On voit que ces différences sont d'autant moins tranchées, que l'on sait positivement que les parois des utricules sont considérablement modifiées par la pression qu'exercent contre
elles les utricules voisines, ce qui rend extrêmement peu
importante la direction oblique ou horizontale de ces

parois. Quant à la longueur relative des utricules, il est évident qu'elle n'a pas plus d'importance ; ainsi il est probable que le tissu fibreux n'existe pas réellement et n'est que l'état transitoire par où passent les utricules avant de se transformer en vaisseaux.

Ce qui semble confirmer cette manière de voir, c'est que le liber et l'aubier sont les parties du végétal où ce tissu est le plus abondant ; or, on sait que ces parties ne sont que le bois et l'écorce non encore parvenus à leur complet développement. Il constitue aussi les fibres de toutes les plantes textiles, telles que le *lin*, le *chanvre*, le *phormium tenax*, l'*agavé*, etc., que l'on cueille toujours avant leur entière maturité.

Nous devons cependant dire qu'il existe une différence organique entre les vaisseaux et le tissu fibreux : les utricules de ce dernier ont leur cavité très-petite et leurs parois très-épaisses, quoique transparentes, tandis que les vaisseaux ont ces dernières minces et opaques avec la cavité intérieure relativement très-développée. Mais cette différence ne paraît pas être en contradiction avec la théorie de la transformation successive ; il est en effet naturel que les parois des utricules s'amincissent en s'allongeant, et qu'en même temps elles deviennent plus solides ; ce qui expliquerait l'opacité des parois et l'agrandissement de la cavité intérieure.

De même que les cellules du tissu utriculaire, la cavité des clostres renferme diverses substances dont la plus importante est le *ligneux*, principe immédiat qui entre en grande quantité dans la composition du bois.

## § III. — *Du tissu vasculaire.*

Ce tissu est formé, comme nous l'avons déjà dit, par la réunion en faisceaux d'un plus ou moins grand nombre de canaux, de longueur, de structure et de calibre variables. Il diffère spécialement du tissu fibreux par l'étendue de la cavité vasculaire et par la minceur des parois qui la circonscrivent : de plus, les vaisseaux sont toujours plus ou moins ramifiés, tandis que les cavités du tissu précédent sont toujours simples et sans divisions. C'est à la réunion de ce tissu avec le précédent qu'est due la formation des *fibres* des végétaux, tandis que la cellulosité simple constitue ce que l'on a nommé leur *parenchyme*, tel qu'on le trouve dans les fruits pulpeux ou charnus, comme les cerises, les pommes, etc.

On distingue cinq espèces principales de vaisseaux, selon leur structure ou selon la nature des fluides qu'ils sont destinés à charrier ; dans les uns c'est un liquide de nature et de consistance différentes ; dans les autres on trouve des gaz, qui sont spécialement destinés à la respiration du végétal.

1° *Vaisseaux laticifères* ou *séveux*. Sous ce nom on désigne tous les vaisseaux qui servent à charrier la séve. et surtout la séve élaborée ou *latex* : ils sont complétement clos, à parois minces et transparentes, sans pores ni fentes, mais communiquent ordinairement entre eux par des anastomoses fréquentes. Cylindriques quand ils peuvent se développer librement, ils prennent ordinairement une forme aplatie par suite de la pression qu'exercent sur eux les organes voisins. Dans tous les cas, le liquide qu'ils contiennent, et qui renferme beaucoup de globules, comme tous les fluides organiques, leur communique une teinte opaque, qui ne leur est point naturelle.

Ces vaisseaux abondent spécialement au milieu du tissu cellulaire, où ils sont le plus ordinairement réunis en faisceaux ; ils occupent toute la partie de la tige des plantes monocotylédonées et la circonférence du tronc des dicotylédonées ; ils se distinguent aisément de toutes les autres espèces par l'aspect trouble de la séve qu'ils contiennent, par le défaut de pores et de fentes sur leurs parois, et enfin par l'élasticité de ces dernières qui reviennent sur elles-mêmes à mesure que leur cavité se vide.

2° *Trachées.* Les vaisseaux que l'on désigne sous ce nom ont la même structure et les mêmes usages que les trachées des insectes ; ils sont composés par une membrane mince et transparente, et d'une lame étroite (la *spiricule*), roulée en spirale, à peu près comme les élastiques de laiton, dont on se sert pour les bretelles. Les tours de cette spire sont quelquefois tellement serrés qu'ils sont entièrement soudés ensemble, de manière qu'il est impossible d'apercevoir la membrane qui les réunit ; mais souvent on distingue facilement cette dernière, dans l'intervalle que ces tours laissent entre eux.

Cette structure des trachées a porté certains auteurs à regarder les trachées comme remplissant une double fonction. Selon eux, le tube serait destiné à charrier l'air, et la spire qu'ils croient être creuse intérieurement, serait un vaisseau qui contient de la séve. S'il était vrai que la lame spirale fût creuse intérieurement, cette explication serait fort plausible; mais malheureusement personne jusqu'ici n'a pu découvrir le canal que devrait parcourir la séve. Quoi qu'il en soit, les *trachées* sont généralement isolées, simples, et présentent rarement des ramifications : cette dernière circonstance est même tellement rare, qu'elle a été longtemps niée. Quant à leur terminaison, elles n'aboutissent pas dans une vésicule de tissu cellulaire, comme on le croyait autrefois; leur extrémité a toujours la forme d'un cône tantôt aigu, tantôt obtus. Ces vaisseaux se trouvent dans le centre de la tige des dicotylédons, où ils servent à former l'étui de la moelle : ils existent également dans les nervures de feuilles, dans les filets des étamines, dans les pétales de la corolle, les sépales du calice, et dans les parois de l'ovaire. Dans les monocotylédons, ils sont épars dans toute la tige, et se trouvent dans les pétioles, les pétales et autres parties du végétal ; on en trouve aussi dans les racines, mais moins distinctes, ce qui a fait révoquer en doute leur existence dans cette partie du végétal.

3° Les *vaisseaux réticulés*, dits aussi *ponctués* ressemblent beaucoup aux trachées. Les premiers surtout n'en diffèrent qu'en ce que la spiricule élastique est irrégulièrement roulée en spirale, tandis que dans les trachées elle est tout à fait régulière.

4° *Vaisseaux rayés qu'on appelle improprement fendus*, sont des canaux simples, dont les parois sont marquées de raies transversales, disposées les unes au-dessus des autres, d'une manière plus ou moins régugulière. On trouve ces vaisseaux ordinairement isolés, quelquefois réunis au nombre de deux ou trois ensemble, mais jamais en faisceaux ; ils abondent dans les couches ligneuses de la tige.

5° *Vaisseaux ponctués appelés mal à propos vaisseaux poreux.* Ces vaisseaux ne diffèrent des précédents qu'en ce qu'au lieu de fentes, leurs parois offrent des lignes transversales de pores ; il est même probable qu'ils ne forment avec eux qu'une seule espèce de vaisseaux, car ils occupent la même partie de la plante, et il arrive fréquemment que les lignes des points sont remplacées par de véritables raies, et réciproquement.

### § IV. — *De l'épiderme.*

L'*épiderme* est une enveloppe qui recouvre toutes les parties du végétal pour les garantir du contact de l'air atmosphérique. C'est une membrane extrêmement mince, transparente et inextensible qui se fendille par l'effet de la croissance du végétal, et qui tombe et se régénère avec la plus grande facilité. Comme toutes les matières que la plante sécrète ne peuvent se faire jour au dehors qu'en traversant l'épiderme, celui-ci est criblée d'ouvertures de forme variable qui leur livrent passage, en même temps qu'elles servent à l'absorption et à l'exhalation des substances nécessaires à la vie de l'organisme.

Tout mince qu'il est, l'*épiderme* se compose de deux couches principales. L'extérieure, qu'on nomme *cuticule ou pellicule épidermique*, est d'un tissu extrêmement serré, et dont la composition chimique est très-analogue à celle du caoutchouc ; elle recouvre tous les organes extérieurs de la plante, soit qu'ils se trouvent exposés à l'air, soit qu'ils se trouvent en contact avec l'eau ou avec la terre. Sa surface présente le plus souvent des ouvertures dont la disposition varie selon les espèces végétales. La seconde couche, qui vient immédiatement au-dessous de la précédente, est formée d'un tissu utriculaire plus ou moins épais, dont les cellules ne contiennent jamais de chlorophylle, et sont d'autant plus serrées qu'elles sont plus extérieures. Celles-ci forment une surface tantôt plane et unie, tantôt rugueuse ou ondulée. Leurs parois, d'ailleurs très-épaisses, sont fréquemment imprégnées de silice et ont tant de dureté qu'elles font feu par le choc du briquet.

C'est dans le tissu de cette membrane épidermique, que se développent les *stomates*, ouvertures ovales, entourées d'un bourrelet saillant, qui correspondent d'une part avec celles de la cuticule, et d'autre part avec les méats intercellulaires. Le nombre de ces ouvertures est extrêmement variable : on en compte jusqu'à cent soixante mille sur une surface d'un pouce carré de feuille de lilas, tandis que la même étendue d'une feuille de gui n'en contient que deux cents. En général elles sont plus nombreuses à la face inférieure de la feuille ; la supérieure en est même quelquefois entièrement dépourvue. L'usage des *stomates* n'est pas encore bien déterminé : on pense généralement qu'ils servent à la respiration végétale ; un fait certain, c'est que le bourrelet qui les entoure se gonfle par l'action de l'eau et se contracte par le dessèchement. Nous terminerons ces considérations sur l'épiderme, en faisant observer que la couche celluleuse, qui donne naissance aux *stomates*, manque dans tous les végétaux qui vivent immergés, ainsi qu'à la racine et en général à toutes les parties qui ne sont pas exposées à l'air.

Mais quoique les éléments fondamentaux de la plante ne soient qu'au nombre de quatre, les organes qu'ils peuvent former par leur combinaison n'en sont pas moins nombreux ; en effet, un végétal bien développé, tel qu'un rosier, un lys, un œillet, par exemple, nous offre 1° une *racine*, par laquelle il tient au sol ; 2° une *tige* qui s'élance dans les airs ; 3° des feuilles plus ou moins larges ; 4° un *pistil* et des *étamines* pour reproduire le végétal ; 5° un *calice* et une *corolle* pour protéger les organes de la reproduction ; 6° le *fruit*, qui contient les germes d'une ou de plusieurs nouvelles plantes, et un grand nombre d'autres organes qui entrent dans la composition de ceux que nous venons d'énumérer, et que nous ferons connaître plus tard.

Mais en considérant la destination de ces divers organes, on ne tarde pas à s'apercevoir qu'elle est la même pour la plupart d'entre eux ; qu'ainsi la *racine*, la *tige*, les *feuilles*, etc., servent à absorber dans la terre, dans l'air ou dans l'eau, les aliments nécessaires à la plante ; de même le *pistil*, l'*étamine*, le *fruit*, la *corolle*, le *calice* et autres organes analogues, ont pour objet sa reproduction.

Il résulte de là que les différentes parties dont se compose le végétal sont destinées à l'accomplissement d'une des deux grandes fonctions organiques, les unes à la *nutrition*, les autres à la *reproduction*.

## CHAPITRE II.

### ORGANES DE LA NUTRITION.

La *nutrition* est beaucoup plus simple chez les plantes que chez les animaux ; dans les premières, les sucs nutritifs sont absorbés par une multitude innombrable de pores dont la surface du végétal est criblée ; et mêlés sur-le-champ avec la séve, ils vont fournir aux organes les matériaux nécessaires à leur développement et à leur conservation.

La simplicité de cette fonction fait qu'elle peut s'exécuter par presque toutes les parties du végétal ; mais comme elle ne s'opère pas partout de la même manière, nous allons faire voir comme elle a lieu dans la *racine*, dans la *tige*, dans les *bourgeons*, dans les *feuilles* et dans *quelques organes accessoires*, qui contribuent plus ou moins directement à la fonction de nutrition.

### § I. — *De la racine.*

On donne le nom de *racine* à cette partie du végétal qui, enfoncée le plus souvent dans le sol, où elle sert à le fixer, croît dans une direction opposée à celle de la tige et tend vers le centre de la terre. Toujours cachée dans la terre, où elle ne reçoit qu'accidentellement l'influence de la lumière, la *racine* a en général des teintes sombres et obscures ; néanmoins, elle peut prendre toutes sortes de couleurs, depuis le blanc jusqu'au noir et au rouge foncé, mais sans jamais devenir verte. Sa structure ne présente que des faisceaux de fibres réunis entre eux, comme ceux de la tige, par du tissu cellulaire interposé. Mais il arrive souvent qu'il se forme au milieu de ce tissu des dépôts de fécule qui prennent le nom de *tubercules* (*pommes de terre, patates*).

Destinée à servir de soutien à la plante et à lui fournir les matériaux nécessaires à son développement, la *racine* est composée de deux parties dont l'une lui sert spécialement de support et l'autre de suçoir pour absorber sa nourriture. La première, qui est la continuation de la tige, est d'une force généralement proportionnée à la grandeur du végétal et porte le nom de *corps*; la seconde, composée de filaments déliés, dont les extrémités sont munies de petites houppes ou *spongioles*, est appelée *chevelu*, parce qu'elle a été comparée aux cheveux pour la ténuité; ce sont ces *spongioles* qui absorbent au sein de la terre les matériaux nécessaires à la nutrition. De plus, les fibres, en se répandant au loin dans le sol et en s'insinuant même dans les fentes des rochers, servent à fixer la plante avec plus de solidité.

Les *spongioles* n'absorbent pas indistinctement tout ce qui se présente à eux; doués d'une espèce de sentiment ou de tact instinctif, elles savent laisser de côté les matières nuisibles ou inutiles, pour ne prendre que les substances nutritives; c'est ainsi qu'on voit la *racine*, qui ne se trouve pas dans un terrain convenable, parcourir des trajets longs et tortueux, traverser des murs épais, en un mot surmonter mille obstacles qu'on croirait invincibles, pour trouver dans un sol plus favorable la nourriture propre au végétal.

Mais la *racine* ne se borne pas à fixer la plante à terre et à lui fournir des sucs nourriciers ; elle sert encore à la débarrasser de ses matériaux inutiles et à la multiplier. Ce sont les pores dont elle est munie qui produisent l'*exhalation*, par laquelle le végétal rejette hors de lui les débris usés de ses organes ou le résidu de la nutrition. Quant à la manière dont la *racine* sert à la multiplication, elle s'explique aisément par les boutons ou bourgeons dont elle est parsemée, et dont le développement produit un nouvel individu.

La *racine* peut donc être regardée comme un des organes les plus essentiels du végétal, puisqu'elle le soutient, le nourrit, le reproduit et le débarrasse de ses débris. Cependant, sa grosseur n'est pas toujours en rapport avec la grandeur de la plante ; l'*arrête-bœuf*, par exemple, qui est une herbe chétive, a une racine énorme, tandis que le pin et les palmiers, qui sont de grands arbres, n'en ont qu'une très-petite. Dans le premier cas, la nutrition s'opère principalement par la racine ; dans le second, c'est plutôt par les organes entourés d'air, et surtout par les feuilles.

Si les *racines* sont utiles au végétal, elles ne rendent pas moins de service à l'homme ; les unes sont *alimentaires* (la carotte, la pomme de terre, le topinambour) ; les autres s'emploient en médecine (la rhubarbe, la guimauve, l'ipécacuanha, etc.) ; quelques-unes servent dans les arts (la garance).

La *racine* a été étudiée avec soin par les naturalistes,

auxquels elle a fourni de bons moyens de distinguer les végétaux ; pour cela, ils en ont examiné la *consistance*, la *structure*, la *composition*, la *durée* et la *forme*.

1° La racine est *charnue*, quand elle est grosse et tendre (la betterave, la carotte, etc.), et *ligneuse* lorsqu'elle est dure comme le bois (le chêne, le peuplier, etc.).

2° Elle est *pivotante*, si elle est conique, et s'enfonce perpendiculairement dans la terre, comme la *carotte ;* *fibreuse*, si elle se compose d'un grand nombre de filiments déliés (le palmier, le froment, etc.) ; *tubéreuse*, si elle est grosse, charnue et non fibreuse (la pomme de terre, la patate, etc.) ; *bulbeuse*, si elle est formée d'écailles charnues, placées en recouvrement les unes sur les autres ; tel est l'*oignon*.

3° La racine est *simple* quand elle n'a qu'un seul corps (la rave, le panais, etc.) *composée* ou *rameuse* quand elle en a plusieurs (le chêne, l'orme, etc.).

4° La racine est *annuelle* lorsqu'elle périt tous les ans (le coquelicot, etc.) ; *bisannuelle* quand elle en dure deux (la carotte, etc.) ; et *vivace* qnand elle dure plus longtemps (les arbres).

5° La *forme* des racines est extrêmement variée ; elle est *fusiforme, conique, arrondie, noueuse, rapiforme* ou en toupie ; *didyme* ou formée par la réunion de deux tubercules, *bulbifère* quand elle est surmontée par un bulbe, etc.

§ II. — *De la tige.*

Au contraire de la racine, qui reste constamment cachée sous la terre, la *tige* cherche la lumière et tend toujours à s'élever dans l'atmosphère ; c'est en vain qu'on voudrait la forcer à prendre une autre direction ; elle surmonte tous les obstacles qui l'empêchent d'obéir à sa tendance naturelle, à moins que, trop faible pour se soutenir par elle-même, elle soit obligée de ramper à la surface du sol ; encore n'est-il pas rare, dans ce cas, qu'elle s'attache aux plantes voisines pour pouvoir s'élever par leur secours.

Tous les végétaux en général ont une *tige ;* mais cette partie est quelquefois si peu développée, qu'on peut à peine la distinguer de la racine, avec laquelle elle se confond au *collet* ou à son point de jonction avec cette dernière. Les plantes de cette sorte sont dites *acaules ;* telles sont la *primevère*, la *jacinthe*, etc.

Chez d'autres, au contraire, la *tige* prend un accroissement énorme soit en longueur, soit en grosseur. Il n'est pas très-rare de rencontrer dans nos forêts des arbres de cent vingt à cent trente pieds de haut, et en Amérique les palmiers dépassent souvent cette élévation de plus de vingt pieds. Il en est de même de la grosseur ; on cite un *sycomore* américain qui avait soixante-douze pieds de circonférence à sa base, et un naturaliste voyageur, dont la véracité est reconnue de tout le monde, a vu, aux îles du Cap-Vert, un *baobab* qui en avait quatre-vingt dix.

Quoique toujours composée de fibres et de tissu cellulaire, comme la racine, la tige présente, sous le rapport de la structure, de grandes différences selon les plantes dans lesquelles on l'observe. Dans les dicotylé-

dones, c'est un *tronc* de forme conique, le plus souvent
ramifié à une certaine hauteur ; il est constamment formé
de plusieurs couches concentriques, semblables à des
cônes ou cornets emboîtés les uns dans les autres et plus
ou moins intimement soudés ensemble.

On y distingue trois parties parfaitement distinctes :
le *canal médullaire*, les *couches ligneuses* et l'*écorce*.

Le *canal médullaire* est une espèce d'étui central
formé par les couches les plus intérieures du bois, et
renfermant la *moelle* ou ce tissu léger et spongieux si
remarquable dans le sureau, l'osier, le saule, etc. On
ne connaît pas positivement quels sont les usages de
cette substance, mais on pense qu'elle sert au développement et à l'accroissement du végétal. On sait d'ailleurs
qu'elle s'étend jusqu'à l'écorce par le moyen des *rayons*
ou *canaux médullaires*.

Les *couches ligneuses*, avons-nous dit, sont formées
par des cônes emboîtés les uns dans les autres et soudés
ensemble de manière à former un tout solide. Le nombre de ces cônes est d'autant plus nombreux que le végétal est plus vieux ; et comme il s'en forme un tous les
ans, on peut, par la seule inspection de la tige, déterminer l'âge d'une plante ligneuse. Il faut remarquer
que la dureté des couches ligneuses est d'autant plus
considérable qu'elles sont plus intérieures ; par conséquent celles qui forment les parois du canal médullaire
sont les plus dures, et celles qui avoisinent l'écorcesont
au contraire les plus tendres ; celles-ci portent le nom
d'*aubier*, tandis que les plus centrales constituent le *bois*.
Mais il faut observer, à cet égard, que le passage de

l'une à l'autre de ces substances étant graduel, rien n'est plus difficile à déterminer que la ligne de démarcation entre le bois et l'aubier.

L'*écorce* est formée, comme le bois et l'aubier, de plusieurs couches superposées qui ne diffèrent des leurs que par une consistance moindre; encore faut-il observer que les couches intérieures de l'écorce, que l'on nomme *liber*, sont à peu près aussi dures que celles de l'aubier; les plus superficielles sont seules évidemment inférieures en consistance. Telle est la *couche herbacée*, laquelle est formée de cellules remplies de chlorophylle.

Dans les plantes monocotyledones, la *tige* est un *stipe* élancé, simple, cylindrique, et terminé à son extrémité supérieure par un magnifique bouquet de feuilles étalées ou pendantes en forme de dôme majestueux. Elle n'est plus composée, comme celle des dicotylédones, par l'emboîtement de cônes concentriques; elle est formée d'une multitude innombrable de fibres qui se portent de la base au sommet, en s'entre-croisant de diverses manières. Nous n'y distinguons plus ces différentes parties, que nous avons remarquées dans les dicotylédones, la moelle centrale, le bois, l'aubier, l'écorce, etc. ; elle nous présente constamment une masse à peu près homogène, dans laquelle la moelle se trouve uniformément répandue.

La *consistance*, la *forme*, la *direction*, et la *surface* de la *tige*, offrent un grand nombre de modifications, qui ont permis d'en distinguer de plusieurs sortes.

1° D'après la *consistance* de la tige, on dit que le végétal est une *herbe*, quand sa tige est verte, tendre, et périt chaque année (le blé, l'avoine); un *sous-arbris-seau*, quand elle est ligneuse et persistante, tandis que ses rameaux meurent et se renouvellent tous les ans (le thym, la sauge); un *arbrisseau* quand elle est li-gneuse et se ramifie dès sa base (le noisetier, le lilas); un *arbre*, lorsqu'elle est ligneuse, simple à sa base et divisée seulement à une certaine hauteur (le chêne, l'orme).

2º Quant à sa *forme*, la tige est *cylindrique* ou *ronde* (le pin, le lin); *comprimée* ou aplatie (le poa comprimé, espèce d'herbe des prairies); *anguleuse* ou marquée de côtes saillantes (la sauge, la menthe); *noueuse* ou *ren-flée* de distance en distance (le maïs, l'avoine), *sarmen-teuse* quand elle est armée de *vrilles* ou *mains* pour se soutenir (la vigne); *grimpante* quand elle s'élève en se fixant aux corps environnants par des espèces de ra-cines (le lierre); *volubile* ou *spirale* quand elle grimpe en s'entortillant autour d'un support (le haricot, le chè-vre-feuille.)

3º Par rapport à la *direction*, la tige est *dressée* ou *verticale* dans la campanule et le lin, et *rampante* dans la nummulaire.

4º Relativement à sa *surface*, elle est *glabre* quand elle n'a pas de poils (la pervenche); *pubescente* quand elle en a (la digitale pourprée); *épineuse* quand elle a des épines (le prunelier); *aiguillonée* quand elle a des aiguillons (le rosier).

Les usages de la *tige* sont assez bornés à l'égard de la plante; le principal paraît être de servir de support aux feuilles, aux bourgeons, et aux organes de la repro-

duction ; par conséquent elle sert en même temps à
nourrir et à multiplier les plantes. Mais les services
qu'elle rend aux arts et à l'économie domestique sont
bien plus nombreux ; les arbres fournissent le bois de
charpente, les herbes font la base de la nourriture de
nos bestiaux ; le santal, le campêche, etc., s'emploient
journellement dans la teinture ; nous tirons de la canne
à sucre la plus grande partie du sucre du commerce ;
enfin la médecine fait un usage continuel du quinquina,
la tannerie de l'écorce du chêne, etc.

### § III. — *Des bourgeons.*

On donne le nom de *bourgeons* à de petites éminences qui se remarquent sur la tige et sur ses divisions, et
qui renferment en eux les rudiments des feuilles, des
fleurs et des rameaux ; ce sont par conséquent des organes très-importans et qui sont aussi utiles à la reproduction qu'à la nutrition ; aussi la nature a-t-elle pris
un soin particulier pour les garantir des injures de l'air.
Formés de petites écailles placées en recouvrement les
unes sur les autres, les *bourgeons* sont de plus protégés, du moins dans les climats septentrionaux et tempérés, par un duvet fin et cotonneux, et par une couche d'enduit gluant et résineux, qui les rend inaccessibles au froid et impénétrables à l'humidité. Quand ces
appendices protecteurs manquent, le bourgeon est nu.

Les *bourgeons* se développent presque toujours dans
l'aisselle des feuilles, mais pas dans toutes. Ils présentent par conséquent sur la tige la même disposition que
les feuilles elles-mêmes. D'abord les *bourgeons* sont à

peine visibles, et portent le nom d'*yeux*. Devenus plus gros par l'effet du mouvement de la séve, ils prennent le nom de *boutons*. Les froids venant suspendre la marche du fluide nourricier, le développement du bouton s'arrête en automne et en hiver ; il ne continue qu'autant que les chaleurs se prolongent durant l'automne et entretiennent l'activité de la séve et la leur. Dans ce cas, il y a double végétation, et quelquefois même double récolte de fruits. Mais ce fait est accidentel ; le plus souvent le bouton ne s'épanouit en *bourgeon* que vers le printemps au retour de la belle saison.

La forme et la nature des bourgeons diffèrent dans les diverses espèces de plantes. On appelle spécialement *bourgeons* ceux qui se développent dans l'aisselle des feuilles, et c'est surtout à ceux-là que s'applique ce que nous venons de dire sur les bourgeons en général (le pêcher, le prunier, etc.). On nomme *turion* celui qui naît d'une racine ou d'une souche souterraine, comme celui de l'asperge comestible. Enfin on donne le nom de *bulbe* à celui qui provient d'une racine bulbeuse et qui est formé d'écailles charnues (le lis, la jacinthe, etc.).

On dit que le bourgeon est *florifère* ou *foliifère*, selon qu'il renferme des *fleurs* ou des *feuilles*.

Indépendamment de l'utilité des *bourgeons* par rapport au végétal, ces organes ont plusieurs usages soit dans l'économie domestique, soit en médecine, soit dans le jardinage. Ainsi l'oignon, le poireau, l'échalotte, l'asperge, etc., sont journellement employés comme aliments ou comme assaisonnement, la scille, l'ail, etc., fournissent à l'art de guérir, des remèdes efficaces.

Mais le service le plus important que nous rendent les *bourgeons* est celui qu'ils procurent à l'agriculture en servant à la *greffe* (on désigne ainsi une opération par laquelle on transporte un *bourgeon* d'une plante sur l'autre, pour qu'il s'y développe). Ce procédé, qui est d'un usage journalier, s'emploie pour améliorer la qualité des fruits ou des fleurs de certaines plantes, pour multiplier celles qui ne se propagent que difficilement par graines, pour hâter la fructification de certaines espèces, etc.

Pour que la *greffe* réussisse, il faut qu'elle ait lieu entre des végétaux de la même espèce, ou au moins du même genre, et sur les parties végétantes, afin que la séve du *sujet* qui reçoit la *greffe* puisse nourrir les bourgeons de cette dernière et en produire le développement.

On distingue trois espèces principales de *greffe* :

1º La *greffe par approche* est celle dans laquelle on soude ensemble deux plantes, soit par leur tige, soit par leur racine, et même par leurs feuilles. Pour cela on enlève sur elle deux plaques d'écorces de la même grandeur, et rapprochant leurs plaies et les garantissant du contact de l'air, on en détermine la réunion.

2º La *greffe par scions* est la plus usitée ; elle consiste à transporter un ou plusieurs rameaux ou *scions* d'une plante sur une autre ; pour cela on fait au sujet une fente, dans laquelle on engage le *scion*.

3º La *greffe par bouton* se pratique en enlevant au

sujet une plaque d'écorce, sur laquelle se trouve un ou plusieurs bourgeons, et en la remplaçant par une plaque absolument semblable tirée de la plante qu'on veut greffer sur lui.

### § IV. — *Des feuilles.*

On désigne sous ce nom ces expansions membraneuses, ordinairement vertes, qui naissent sur la tige ou sur ses divisions. Cette définition s'applique à la généralité des feuilles ; il en est pourtant quelques-unes qui n'ont pas tous ces caractères, et qui, au lieu d'être vertes, offrent une couleur jaune ou rougeâtre. D'autres, au lieu d'être de simples expansions minces et membraneuses, sont grosses et charnues, comme celles de l'aloës, de la joubarbe, etc.

Toute feuille se compose de deux parties : le *disque* ou *limbe* qui est la feuille proprement dite, et le *pétiole*, connu vulgairement sous le nom de *queue.*

Le *pétiole*, qui manque dans certaines feuilles appelées *sessiles* (le pavot), est une petite tige composée de fibres provenant de la branche qui porte la feuille. C'est elle qui, sous le nom de *côte*, traverse le disque dans toute sa longueur, en envoyant de chaque côté des prolongements nommés *nervures.* Ces dernières se divisent et donnent naissance aux *veines* ; et les veines, en se ramifiant à leur tour, forment un réseau fin et délicat, qu'on peut regarder comme la charpente de la feuille, et dont les mailles sont remplies de tissu cellulaire. Telle est la structure des feuilles *latérinerves.*

Dans certaines plantes (le lis, le blé), le pétiole, au

lieu de se ramifier en *nervures* et en *veines*, se fend, à son entrée dans le limbe, en un certain nombre de parties qui se dirigent parallèlement jusqu'à l'extrémité de la feuille. C'est la disposition que présentent les feuilles *basinerves*.

Quelquefois les nervures ne s'arrêtent pas à la circonférence du limbe, et, formant au delà une saillie plus ou moins considérable, acquièrent de la dureté et se transforment en *piquants*, comme dans le *houx*.

On distingue ordinairement deux faces dans les feuilles : l'une, *supérieure*, plus verte et moins poreuse ; et l'autre *inférieure*, de couleur moins forcée, plus velue et plus riche en stomates.

L'étude des feuilles, sans avoir l'importance de la fleur, est d'un grand intérêt pour la distinction des plantes ; les différences qu'elles offrent dans leur *forme*, leur *surface*, leur *circonférence*, leur *consistance*, leur *durée*, leur *composition* et leur *disposition*, présentent d'excellents caractères pour établir une ligne de démarcation, entre certains végétaux analogues par leur organisation et leurs propriétés.

1° La *forme* des feuilles est si variée qu'on a dit qu'il n'en existait pas deux parfaitement semblables ; mais quoique cela soit rigoureusement vrai, il n'en est pas moins certain que ces organes ont dans chaque espèce de végétaux une forme à peu près déterminée, et qui n'est pas inutile pour leur distinction. Elles sont *rondes*, *ovales*, *oblongues*, *carrées*, *triangulaires*, *linéaires*, dénominations qui n'ont pas besoin d'être définies. Elles sont dites *cordiformes*, *réniformes*, *sagittées*, *ensi-*

*bormes*, *palmées*, etc., selon qu'elles ressemblent à un cœur (le tilleul), à un rein ou rognon (le lierre terrestre), à bn fer de flèche (la sagittaire), à une épée (l'iris), à une main ouverte (le marronnier d'Inde), etc.

2° La *surface* des feuilles peut être *plane*, *convexe*, ou *concave*, *luisante* ou *opaque*, *unie* ou *raboteuse*, *glabre* ou *velue*, etc.

3° Leur *contour* est *entier* ou sans échancrures (l'olivier, le muscadier), *denté* ou découpé en dents (la violette, le houblon), *épineux* ou garni de piquants (le houx).

4° Sous le rapport de la *consistance*, les feuilles sont *coriaces* dans le laurier-rose, *molles* dans l'épinard, *charnues* dans la joubarbe, *creuses* ou *fistuleuses* dans l'oignon.

5° Suivant leur *durée*, elles sont *caduques* lorsqu'elles tombent promptement (le marronier), *marcescentes*, lorsquelles ne tombent que vers l'automne (le chêne), et *persistantes* quand elles restent sur la plante pendant plus d'une année (le buis, les conifères).

6° Les feuilles peuvent être *simples* ou *composées*; simples, quand le pétiole de chaque feuille naît de la tige ou d'une branche (le chêne, la citrouille); composées, lorsque d'un petit pétiole commun il part plusieurs pétioles plus petits (l'acacia, le palmier, le marronnier d'Inde).

A l'égard des feuilles composées, il faut remarquer qu'il en existe de plusieurs sortes. Ainsi elles sont *simplement composées* quand le pétiole commun ne se divise pas. On les dit *décomposées* lorsque le pétiole se ramifie, et *surdécomposées* quand les rameaux du pétiole se subdivisent eux-mêmes.

Les feuilles *simplement composées* présentent elles-mêmes plusieurs modifications. Si toutes les folioles partent du sommet du pétiole commun, la feuille est dite *trifoliée*, quand il y a trois folioles ; *digitée*, quand il y en a cinq ou sept ; *multifolliée*, quand il y en a un plus grand nombre. Si, au contraire, les folioles naissent de chaque côté du pétiole commun, comme les barbes d'une plume, la feuille est dite *pennée*.

7° Par *disposition* on entend la manière dont les feuilles naissent de la tige. Ainsi elles sont *opposées*, quand elles sont placées à la même hauteur et qu'elles partent de deux points opposés (l'*olivier*, la *pervenche*) ; *verticillées*, quand elles forment une espèce de couronne autour de la tige (la *garance*, le *laurier-rose*) ; *alternes*, lorsqu'elles partent de deux points opposés, mais à des hauteurs différentes (l'*orme*, le *tilleul*) ; *fasciculées*, quand elles sortent en grand nombre d'un même point de la tige (le *cerisier*, les *conifères*) ; *éparses*, quand elles paraissent dispersées sans ordre sur la tige (l'*euphorbe*).

Relativement aux feuilles éparses et au défaut d'ordre qu'elles offrent dans leur disposition sur la tige, nous ferons remarquer que ce n'est qu'une simple apparence ; en réalité, leur arrangement est soumis à des règles aussi fixes que les dispositions précédentes. En effet, en faisant passer un fil par la base des feuilles d'un rameau vigoureux, on observe d'abord que ce fil décrit autour de la branche une spirale régulière; qu'ensuite, après avoir décrit un nombre variable, mais constant de spirales, il rencontre directement au-dessus du point de départ une feuille parfaitement correspondante, et qu'enfin à partir de ce moment les feuilles suivantes de la première spirale se trouvent toutes immédiatement au-dessus des feuilles qui leur correspondront. Ainsi, la première correspondra à la première, la deuxième à la deuxième, la troisième à la troisième, etc.

La portion de rameau comprise ainsi entre deux feuilles superposées porte le nom de *cycle*, lequel se compose de deux éléments, du nombre de spirales décrites entre les deux feuilles et de celui des feuilles elles-mêmes. Le *cycle* le plus simple s'observe quand la troisième feuille est superposée à la première, et que la spirale est unique ; c'est le cas de l'orme, du camélia, etc. Lorsque c'est la quatrième qui correspond à la première, la spirale ne faisant pareillement qu'un tour, on a un cycle également très-simple : le souchet nous offre cette disposition. En représentant ces deux cycles par deux proportions, dont le numérateur exprimera le nombre de spirales et le dénominateur celui des feuilles, nous aurons pour le premier $\frac{1}{2}$ et pour le second $\frac{1}{3}$. Quant aux autres cycles, qui du reste sont en très-petit nombre, on les obtient en additionnant les numérateurs et les dénominateurs des deux proportions qui précèdent immédiatement, pour en faire le numérateur et le dénominateur de la suivante. On aura donc, au moyen des deux cycles primitifs, les cycles désignés par la proportion qui suit :

$$\frac{1}{2} \quad \frac{1}{3} \quad \frac{2}{5} \quad \frac{3}{8} \quad \frac{5}{13} \quad \frac{8}{21} \quad \frac{13}{58}.$$

Ce qui veut dire que le troisième cycle aura cinq feuilles et deux spirales, le quatrième huit feuilles et trois spirales, etc.

Les *usages* des feuilles sont très-multipliés ; sans parler de leurs propriétés absorbante, assimilatrice et exhalante, qui en font des organes essentiellement propres à la nutrition, propriétés dont nous parlerons plus tard, lorsqu'il sera question de la fonction de nutrition, quels services ne rendent-elles pas à l'économie domestique et à la médecine ! Celles de la plupart des herbes et d'un grand nombre d'arbres fournissent un fourrage excellent pour les bestiaux. Les choux, les épinards, l'oseille, la laitue, etc., font partie de la nourriture de l'homme. La guimauve, la mélisse, le cochléaria, la belladone, la morelle, etc., sont journellement employés dans le traitement des maladies. L'indigo fournit la couleur de ce nom.

§ V. — *Organes accessoires de la nutrition.*

On appelle ainsi certaines parties du végétal dont les usages ne sont pas bien connus, quoique leur position et leur structure ne permettent pas de douter qu'ils ne servent à la nutrition. Les principaux de ces organes sont les *stipules*, les *vrilles*, les *griffes*, les *suçoirs*, les *épines*, les *aiguillons* et les *poils*.

1° Les *stipules* sont des membranes foliacées placées à la base des feuilles, qu'elles sont destinées à protéger, selon quelques botanistes. On en trouve dans le pois, le haricot, le rosier, le tilleul, la mauve, etc. On peut les regarder comme des feuilles avortées ou mal développées.

2° Les *vrilles*, les *griffes* et les *suçoirs* ont cela de commun, qu'ils fournissent aux plantes trop faibles par elles-mêmes le moyen de s'attacher à un support solide. Les premières, qui sont fortes, quoique flexibles, ne sont que des rameaux avortés (la vigne) ; les secondes ne diffèrent des précédentes que par une plus grande ténuité (le lierre). Du reste, les unes et les autres ont pour seul et unique but d'attacher la tige aux corps voisins. Quant aux *suçoirs*, on peut les regarder comme des *griffes*, également propres à soutenir la plante et à absorber des sucs nutritifs (la cuscute).

3° Les *épines* et les *aiguillons* sont les unes et les autres des armes défensives que le végétal oppose à ses ennemis ; mais il y a cette différence entre eux, que les premières, étant des prolongements de la tige ou de la branche dont elles sortent, ne peuvent être enlevées sans déchirer leur support (le prunelier) ; tandis que les seconds, ne tenant qu'à l'épiderme, s'en détachent par le moindre frottement (le **rosier**) et sans qu'il en résulte de plaie sur la tige.

4° Les *poils* sont de petits filaments minces et déliés qui servent à garantir les plantes des injures du temps, et de plus, quand ils ont à leur base une glande, ils exhalent ordinairement une liqueur brûlante (l'ortie) qui cause de vives douleurs aux animaux.

## CHAPITRE III.

### FONCTION DE NUTRITION.

La *nutrition* est cette importante fonction par laquelle le végétal puise autour de lui, soit dans la terre, soit dans l'eau ou dans l'air, les substances dont il a besoin pour croître et se développer, en même temps qu'elle le débarrasse des débris usés de ses organes et des matériaux qui ne peuvent rester en lui sans danger.

La *séve* est le principal agent de cette fonction en servant de véhicule aux matières nutritives venues du dehors et aux débris organiques qui doivent être rejetés; elle est par conséquent pour le végétal ce que le sang est pour les animaux.

On voit par là que la nutrition végétale, de même que celle des animaux, n'est pas une fonction simple; c'est une réunion de plusieurs fonctions secondaires, dont les principales sont l'*absorption*, la *circulation*, la *respiration*, l'*assimilation* et l'*excrétion*.

### § Ier. — *Absorption*.

Toutes les parties du végétal sont perméables aux fluides liquides ou gazeux, avec lesquels elles sont en contact immédiat. C'est cette perméabilité mise en action qui constitue le phénomène que les physiologistes nomment *absorption*. C'est en vertu de cette propriété générale qu'une plante puise dans la terre, dans l'eau et dans l'air qui l'environnent des sucs qui, selon leur nature bienfaisante ou pernicieuse, déterminent son accroissement ou sa mort.

Pour qu'une substance puisse être absorbée, il est indispensable qu'elle soit fluide ou dissoute dans un fluide; les corps solides ne peuvent pénétrer dans le tissu des organes, à moins d'être réduits à un tel état de ténuité, qu'il équivaut pour ainsi dire à une dissolution. L'eau

est le principal agent dont la nature se sert pour introduire dans la plante les éléments dont elle a besoin
pour se réparer et pour se développer ; ces éléments
sont surtout l'oxygène, l'hydrogène, le carbone et l'azote,
auxquels il faut ajouter une certaine quantité de sels et
quelques autres corps élémentaires moins abondants. Du
reste, l'eau peut par elle-même, en se décomposant dans
le tissu des organes, être un élément nutritif par l'oxygène et par l'hydrogène qui la constituent. C'est par la
combinaison variée de ce petit nombre de matériaux
que le végétal produit les divers principes immédiats
que la chimie nous a fait connaître ; tels sont l'*amidon*,
la *gomme*, le *sucre*, la *résine*, le *camphre*, le *caoutchouc*, la *quinine*, la *morphine*, etc., etc.

On peut se faire une idée de la force avec laquelle les
fluides sont *absorbés* par les expériences d'un physicien
anglais, le célèbre Hales. Après avoir coupé la racine
d'un arbre, nouvellement mise à nu, il y adapta l'une des
extrémités d'un tube rempli d'eau, dont l'autre extrémité plongeait dans une cuve à mercure. L'eau contenue dans le tube fut *absorbée* si rapidement, que le mercure s'éleva, en six minutes, d'environ huit pouces dans
l'intérieur du tube, à la place de l'eau qui avait disparu.
En coupant de la même manière un cep de vigne, et en
y ajustant un tube à double courbure qu'on remplit de
mercure, la séve absorbée par les racines monte avec
tant d'énergie, qu'en peu de jours elle s'élève jusqu'à **76**
centimètres dans l'intérieur du tube, ce qui indique que
la force absorbante du végétal est supérieure à celle
d'une atmosphère.

La rapidité de l'*absorption* n'est pas moins étonnante que sa force ; qui ne sait qu'un rameau fané reprend presque immédiatement sa vigueur, dès qu'il a été plongé dans l'eau pendant quelques instants ?

La force absorbante est plus énergique tantôt dans les racines, tantôt dans les feuilles. L'*arrête-bœuf* et le *chiendent* végètent avec vigueur, quoiqu'on leur ait enlevé tout leur feuillage, ce qui prouve que la racine leur suffit pour vivre ; tandis que les diverses espèces de *palmiers* vivent très-bien dans de petites caisses, qui ne contiennent que quelques pieds cubes de terre, et périssent dès qu'on leur coupe la touffe de feuilles qui couronne leur tige ; d'où l'on peut conclure que c'est principalement par ces dernières que s'opère leur *absorption*. Il en est de même de la plupart des plantes marines ; leurs racines, qui sont très-petites, sont implantées dans des rochers, sur lesquels elles ne peuvent puiser aucune nourriture ; et cependant elles ont des tiges de mille à quinze cents pieds de long, qui ne sauraient tirer leurs aliments que de l'eau dans laquelle elles sont plongées.

Si maintenant nous recherchons la cause de ce phénomène curieux, nous trouverons beaucoup de divergence dans l'opinion des physiologistes : les uns le regardent comme un effet purement physique, tandis que les autres l'attribuent à une propriété vitale. Les premiers basent leur manière de voir sur des expériences et sur des faits qui nous paraissent concluants : tous les tissus organisés, même lorsqu'ils ont cessé de vivre, sont susceptibles d'absorber et de rejeter les fluides avec lesquels ils sont en contact ; le gaz hydrogène renfermé dans une vessie, n'y demeure pur que pendant peu de temps, parce que l'oxygène de l'air traverse les parois de l'enveloppe et se mêle avec lui. Ne sait-on pas que le bois, le cuir, etc., s'imprègnent d'humidité dans un temps, et se dessèchent dans un autre, selon les circonstances physiques dans lesquelles ils se trouvent ? On peut produire un phénomène tout à fait analogue, avec un appareil qu'a inventé M. Dutrochet : en remplissant d'eau gommée une vessie que l'on adapte à un tube de verre, et qu'on plonge ensuite dans l'eau, on voit cette dernière pénétrer promptement dans la vessie, et s'élever dans le tube à une hauteur supérieure au niveau du réservoir extérieur. On peut déterminer un effet inverse en remplissant la vessie d'eau pure, et en la plongeant dans un vase d'eau gommée : dans ce cas, on voit l'eau s'échapper de la vessie et se mêler à celle qui est contenue dans le réservoir. Ce phénomène, que M. Dutrochet a nommé *endosmose*, et qu'on désignait auparavant sous le nom d'*imbibition*, a paru, à certains physiologistes, très-analogue, sinon semblable à celui qu'offrent les corps organisés, et qu'on désigne sous le nom d'*absorption*.

Mais les autres physiologistes nient la parité de ces phénomènes ; ils reconnaissent entre eux quelques rapports dans le résultat, ils n'en trouvent aucun dans la manière dont ils s'accomplissent ; ils attribuent par conséquent l'absorption à une force vitale, qui cesse dès que la vie s'est éteinte. Ne serait-il pas possible de concilier ces deux manières de voir, en disant que cette fonction est un phénomène mixte, dépendant en partie d'une cause physique, en partie d'une propriété vitale?

Mais on ne s'est pas contenté d'avoir trouvé dans l'endosmose ou l'imbibition, la cause de l'*absorption* organique ; on a voulu remonter jusqu'à la cause de l'endosmose elle-même. La plupart des physico-physiologistes s'accordent à l'attribuer à un phénomène purement physique, que l'on désigne sous le nom de *capillarité*, propriété dépendant elle-même de *l'attraction*, que les molécules des corps exercent les unes sur les autres à de très-faibles distances. Ainsi, d'après cette théorie, l'*absorption* des matières étrangères serait le résultat de l'attraction que le corps vivant exerce sur les fluides qui l'entourent, et celle des molécules organiques proviendrait de l'attraction que les fluides contenus dans l'organisme exercent sur ces molécules. Pour nous, sans nier l'influence de la capillarité et de l'attraction sur le phénomène de l'*absorption*, il nous semble qu'il est difficile de ne voir en elle qu'un acte purement physique, auquel la vie ne prendrait aucune part.

### § II. — *De la circulation.* — *La séve.*

A mesure que les racines et les autres parties de la plante absorbent les sucs nutritifs, ceux-ci sont mêlés avec la séve et sont transportés avec elle dans toutes les parties de la plante. Dans ce mouvement, qu'on peut regarder comme analogue à la circulation animale, la *séve* acquiert les propriétés nécessaires au but qu'elle doit remplir. On remarque en effet que ce liquide est différent, selon qu'il est nouvellement absorbé ou qu'il a été élaboré par la circulation. Dans le premier cas, il est presque entièrement semblable à de l'eau, qui contiendrait une petite quantité de matières sucrées ou salines ; dans le second, la proportion du liquide est considérablement diminuée et se trouve remplacée par des parties solides, de nature variable, mais toujours éminemment propres à la nutrition. Aussi distingue-t-on deux sortes de *séves*, de même que deux espèces de sang : la séve *ascendante* encore imparfaite, qui est analogue au sang veineux des animaux, et la séve *descendante*, qui est plus élaborée, et qui correspond au sang artériel par ses propriétés nutritives.

Le mouvement de la *séve* est presque entièrement subordonné à l'influence des saisons. A peu près nul en hiver, il devient très-rapide au printemps, se ralentit pendant l'été, pour reprendre un peu d'énergie en automne. Deux causes extérieures paraissent surtout déterminer ce mouvement : ce sont la chaleur et l'électricité ; il est en effet constant que la végétation n'est jamais plus active, que par les *temps* qu'on appelle *lourds ;* et ces temps sont tous caractérisés par une forte élévation de température et par des orages, dont l'électricité est la principale, sinon l'unique cause.

Mais le végétal a en lui-même plusieurs causes qui donnent une impulsion énergique à la marche de la *séve*. Sans parler de l'endosmose et de la capillarité, que nous connaissons déjà, nous savons que l'exhalation incessante qui a eu lieu par la surface des feuilles produit dans les vaisseaux de la plante un état de vacuité qui est éminemment favorable au mouvement séveux.

L'expérience prouve en effet que les fluides absorbés s'élèvent d'autant plus rapidement vers les plus hautes branches, que le végétal est plus flétri : c'est ainsi qu'en mettant dans l'eau l'extrémité inférieure d'une branche dont les fleurs et les feuilles commencent à se faner, on voit celle-ci reprendre presque instantanément cet état turgide qui indique la vigueur et la santé.

Quelle est la route que suit la séve? Celle du printemps, la séve ascendante, suit généralement les vaisseaux qui constituent le bois du centre de la tige ou du moins ceux qui sont le plus éloignés de la circonférence. Mais la voie que parcourt le fluide n'est pas en ligne droite ; celui-ci se répand par des chemins latéraux dans toutes les parties de la tige. C'est au commencement de la belle saison que la *séve ascendante* se met en mouvement ; et c'est elle qui va réveiller les bourgeons engourdis par le froid de l'hiver. Sa circulation est très-active, tant que la chaleur se fait sentir ; mais peu à peu elle se ralentit ou même s'arrête entièrement vers le milieu de l'été , pour reprendre un peu plus tard en août ou en septembre.

Arrivée à l'extrémité du végétal, la *séve* qui s'est chargée des substances contenues dans l'intérieur des vaisseaux et des cellules du tissu utriculaire, a perdu les propriétés nutritives qui lui avaient permis de produire le développement des feuilles et des rameaux de l'année : elle a donc besoin de subir l'action de l'air pour recouvrer les principes qu'elle a perdus ; c'est ce qu'elle fait par la *respiration* dont nous allons parler.

### § III. — *De la respiration.*

Les plantes comme les animaux *respirent ;* c'est-à-dire qu'ils enlèvent à l'atmosphère une certaine quantité de ses principes constitutifs, pour se les approprier et pour les faire servir à leur nutrition. Les rapports de cette fonction, dans ces deux sortes d'êtres organisés, sont d'autant plus frappants que, chez les uns et chez les autres, il y a également absorption de gaz oxygène et exhalation de vapeur aqueuse.

Les principaux organes de la respiration végétale sont les feuilles ; néanmoins la tige, les fleurs, les fruits et même les racines ne sont pas étrangères à cette fonction.

Elle s'opère aussi par le moyen des trachées et des vaisseaux rayés, qui portent l'air dans toutes les parties du corps, pour le mettre en contact avec la séve et la rendre propre à être assimilée.

Pour que le fluide atmosphérique puisse être introduit dans l'intérieur du végétal, le tissu cellulaire placé au-dessous de l'épiderme communique avec l'air atmosphérique par le moyen des *stomates,* qui sont très-nombreux partout, mais surtout à la face inférieure des feuilles ; aussi est-ce principalement par ces dernières, que s'opère la respiration des plantes.

On conçoit que la respiration végétale et animale réunies auraient depuis longtemps épuisé l'atmosphère de tout l'oxygène qu'elle contient, si en même temps qu'elle perd de ce gaz par cette opération, elle n'en regagnait par une autre ; aussi remarque-t-on qu'indépendamment de l'absorption respiratoire, les plantes en ont une se-

conde, par laquelle elles s'emparent de l'acide carbonique, qui se dégage dans la respiration animale. Cet
acide, décomposé dans l'intérieur du végétal, se sépare
en ses deux éléments, dont l'un (le *carbone*) se mêle
avec la séve pour la rendre plus nutritive, tandis que le
second (l'*oxygène*) est rejeté au dehors et se répand de
nouveau dans l'atmosphère. Il suffit, pour que cette décomposition se fasse, que la plante soit soumise à l'action de la lumière, car on observe qu'elle n'a pas lieu
dans l'obscurité.

Au contraire, à l'ombre ou à la lumière diffuse, le végétal absorbe l'oxygène et dégage de l'acide carbonique ;
et c'est parce que le fait se passe ainsi, que les plantes
privées de la lumière solaire s'étiolent et deviennent jaunes : car alors, elles ne conservent pas de carbone, lequel sert à la formation de la chlorophylle, matière
verte des feuilles et de toutes les parties du végétal qui
présentent cette couleur. Ce cas, comme on le voit, est
exceptionnel, et dans la respiration normale, la plante
absorbe de l'acide carbonique, le décompose et exhale
l'oxygène.

C'est ainsi que la respiration animale de l'absorption
de l'acide carbonique par les végétaux, tout en puisant
dans l'atmosphère les matériaux nécessaires à la nutrition des êtres organisés, n'altèrent pas sa composition
naturelle, et la conservent dans l'état de pureté indispensable à l'entretien des corps vivants.

La *respiration* ne se borne pas à carboniser la séve
pour la rendre nutritive, elle enlève, par la transpira-
tion, l'excès d'eau que contient le fluide nourricier : c'est

ainsi que se forment ces gouttelettes d'eau que l'on trouve le matin sur un grand nombre de feuilles ; et si ces dernières n'en présentent pas toujours, c'est que, par suite de l'état atmosphérique, la vapeur aqueuse est dissoute par l'air, à mesure qu'elle arrive à la surface du végétal.

La preuve que cette eau provient de la plante et non de l'atmosphère, c'est qu'elle se montre, lors même qu'on place le végétal sous une cloche de verre qui ne contient pas la moindre humidité et qu'on recouvre la terre où il est planté d'une plaque de plomb.

Mais les plantes ne rejettent pas seulement de l'eau ; elles exhalent souvent des fluides plus ou moins épais, susceptibles de se condenser à l'air ou de s'y évaporer. Les *gommes*, les *résines*, la *manne*, l'*opium*, le *suc de l'érable à sucre*, les *huiles fixes*, etc., sont dans le premier cas ; les différentes espèces d'*huiles volatiles* sont dans le second. Ces diverses espèces de transpirations, qu'on désigne sous le nom particulier d'*excrétions*, s'opèrent spécialement par les feuilles et par la tige ; mais les racines en sont également susceptibles, et c'est par ces exhalations des racines qu'on explique la sympathie et l'antipathie que certaines plantes ont les unes pour les autres. On sait combien la scabieuse nuit au lin, le chardon hémorrhoïdal à l'avoine, etc.

### § IV. — *De l'assimilation.*

Lorsque la séve a été suffisamment élaborée et qu'elle a pris les caractères de la *séve descendante*, elle se trouve propre à réparer les pertes du végétal, et à produire des sucs particuliers qui varient selon l'espèce de plante, et dont la destination, quelquefois incertaine, est cependant ordinairement assez bien déterminée ; tels sont la *résine* des pins, des sapins, etc. ; le *lait* du figuier, de l'euphorbe, etc. ; la *manne* du frêne, la *gomme* des pêchers, des abricotiers, etc. Alors, par un mouvement rétrograde qui lui a fait donner le nom de *séve descendante*, ce liquide va aux divers organes, leur fournit les matériaux nécessaires à leur développement, et détermine ainsi l'augmentation en volume des différentes parties du végétal ; ou bien il se rend aux *glandes* dans lesquelles il change complétement de nature et se transforme en *gomme*, *manne* et autres produits dont nous avons parlé.

Si l'on veut se convaincre de la réalité du mouvement descendant de la séve, il suffit de faire à un tronc ou à une branche une ligature un peu serrée. On verra, peu de temps après, un bourrelet se former au-dessus d'elle, tandis que la partie inférieure n'augmentera en aucune manière ; ce qui prouve que le liquide a été arrêté dans son mouvement descendant, et s'est accumulé au-dessus de l'obstacle qui s'opposait à son passage. On observerait l'inverse, si l'on faisait la ligature au commencement du printemps ; car alors le bourrelet se montrerait au-dessous de la partie liée. Au surplus on peut s'assurer directement de la marche descendante de la séve, en enlevant sur la tige une bande d'écorce : on voit alors le fluide nourricier baigner le bord supérieur, tandis que le bord inférieur demeure parfaitement sec. Cette dernière observation montre en même temps la route que suit la séve descendante, c'est toujours à tra-

vcrs le tissu cortical , et surtout dans les fibres du *liber*
ou couches fibreuses de l'écorce qu'elle fraye son passage;
c'est aussi là qu'elle dépose tous les ans cette couche
de matière organisée qu'on nomme *cambium*, laquelle
se transforme successivement en tissu cellulaire , en
tissu fibreux , en aubier et enfin en bois. C'est donc par
elle que se forment cette suite de cônes emboîtés que
nous avons vus constituer la tige des végétaux dicoty-
lédonés. Pour les monocotylédonés , le dépôt n'est pas
différent , mais il s'opère ailleurs. Au lieu de se mettre
entre l'écorce et le bois , c'est au centre même de ce
dernier que le cambium se dépose et s'organise : ce qui
entraîne une grande différence dans ce développement
de ces deux sortes de végétaux.

## CHAPITRE IV.

### ORGANES DE LA REPRODUCTION.

La nature, qui parvient à plusieurs fins par la même
voie, a voulu que la racine et la tige, tout en conservant leur destination propre , qui est de servir à la nutrition, pussent en même temps concourir à la reproduction. Nous voyons en effet tous les jours qu'un rameau détaché de la tige à laquelle il tenait , ou même
simplement courbé vers le sol et recouvert de terre, y
prend racine, produit des bourgeons , des feuilles , des
fleurs et des fruits, en un mot devient une plante parfaitement semblable à celle qui lui a donné naissance.

Voilà donc un premier mode de reproduction propre
aux végétaux , mode que les jardiniers et les arboricul-

teurs imitent journellement, pour multiplier certaines plantes difficiles à obtenir par un autre procédé. Il consiste à incliner légèrement une jeune branche, et à l'entourer de terre à sa base, ce qui constitue le *marcottage* : ou à détacher un rameau pour le planter en terre, procédé qu'on désigne sous le nom de *bouture*.

La première de ces méthodes peut s'appliquer à toute sorte de végétaux vasculaires, l'œillet, le groseiller, la vigne, etc., tandis que la seconde ne s'emploie que pour ceux qui ont le bois blanc et léger, tel que le peuplier, le tilleul, le saule, etc.

Un second mode de reproduction très-commun, c'est celui qui se fait par les racines. Nous avons en effet remarqué que ces organes ont à leur surface de petits bourgeons, comme les tiges; et ces bourgeons, en se développant à l'air atmosphérique, produisent des tiges et par conséquent des plantes semblables à celle dont elles proviennent. Le cerisier, l'abricotier, l'ail, la pomme de terre, etc., sont dans ce cas. C'est même presque exclusivement de cette manière que l'on multiplie cette dernière.

Mais le mode le plus commun, le plus général que la nature emploie pour reproduire la plante, est sans contredit la *fructification*, fonction dont les organes sont désignés sous le nom collectif de *fleur*, dont nous allons parler en détail.

### De la fleur en général.

Le Créateur a réuni dans cette partie de la plante tout ce qui peut flatter la vue : l'élégance, la délicatesse et la variété dans la forme, la magnificence et l'éclat dans les couleurs. Aussi les anciens, uniquement frappés de sa beauté, n'avaient vu en elle qu'une parure pour le végétal, et étaient loin de soupçonner sous cette riche enveloppe l'existence des organes reproducteurs du végétal. Cependant l'observation vint dessiller les yeux. En examinant attentivement la fleur, on vit qu'au centre de cet organe, il existait des parties moins éclatantes dont l'usage était inconnu. L'expérience ne tarda pas à dévoiler le mystère, et l'on vit avec étonnement que ces parties, qui étaient restées jusqu'alors inaperçues, ou que du moins on avait regardées comme inutiles, étaient dans la réalité les seules véritablement importantes, et qu'elles étaient destinées à reproduire et à multiplier le végétal, tandis que celles qu'on avait cru constituer à elles seules la fleur, n'en furent plus qu'un accessoire, utile seulement pour protéger les parties essentielles. Dèslors la majeure partie des plantes qu'on avait cru jusqu'alors être privées de fleurs, parce qu'elles n'avaient point d'enveloppe colorée, furent examinées avec plus de soin et reconnues pour avoir des organes reproducteurs, quoique dépourvus de toute espèce de parure. On distingua donc deux sortes d'organes dans la fleur; les organes de la fructification, qui sont les seuls indispensables, et les organes protecteurs, qui, sans être aussi nécessaires, sont cependant extrêmement utiles, puisqu'il est peu de plantes qui en soient complètement dépourvues.

A ces deux sortes d'organes reproducteurs, que la plupart des végétaux possèdent, il faut en ajouter quelques autres dont l'existence est beaucoup moins constante, et qui par conséquent ne sont que d'une utilité secondaire pour la reproduction ; ainsi il y a trois sortes d'organes reproducteurs ; les uns sont essentiels et indispensables, ce sont les *organes sexuels;* les autres, quoique très-utiles, ne servent qu'à protéger les premiers ; on les appelle collectivement *périanthe,* et les troisièmes ne sont qu'accessoires et manquent dans un très-grand nombre de plantes, ce sont les *nectaires.*

Mais quelque différents que soient ces organes sous le rapport de leurs fonctions, on remarque qu'ils sont toujours disposés circulairement sur un axe central, autour duquel ils forment des *verticilles* concentriques, composées d'un plus ou moins grand nombre de pièces ; et ils doivent être regardés comme de simples transformations de feuilles.

### § I. — *Organes sexuels de la plante.*

Les *organes sexuels* sont généralement placés à l'extrémité d'une petite tige ou *pédoncule,* qui se termine à cet effet par un renflement ou évasement auquel on donne le nom de *réceptacle.* Ces organes sont de deux sortes : l'un appelé *pistil,* dans lequel se forment et se développent les germes de la nouvelle plante ; et l'autre, auquel on donne le nom d'*androcée,* qui produit une poussière fine (le *pollen*), dont l'influence est indispensable au développement des germes contenus dans le pistil.

Ces deux organes sont ordinairement réunis dans la même fleur qui est alors *hermaphrodite ;* mais il arrive assez souvent que le pistil se trouve placé sur une fleur, tandis que l'androcée réside dans une autre. Ces fleurs sont alors dites *unisexuées*. Mais outre cette dénomination commune, on appelle encore celle qui contient le pistil, fleur *femelle;* et celle où se trouve l'androcée, fleur *mâle.*

Il n'est pas rare que la fleur mâle et la fleur femelle d'un végétal soient placées sur deux individus différents, dans le chanvre, par exemple, la plante est alors *dioï-que;* d'autres fois, au contraire, les deux fleurs sont placées sur le même pied, comme dans le melon, la ci-trouille, etc.; et la plante est dite *monoïque.*

Après cet exposé préliminaire, nous allons parler successivement du pistil et de l'androcée.

1° Du PISTIL. Quand on examine une fleur, on aper-çoit ordinairement à son centre une ou quelquefois plu-sieurs petites éminences, presque toujours surmontées d'une aigrette effilée avec un petit évasement à son ex-trémité; c'est le *pistil.*

Cet organe se compose le plus souvent de trois par-ties : l'*ovaire*, le *style* et le *stigmate.*

La première est généralement ovale, et présente une cavité intérieure, qui renferme les ovules ou germes du fruit, et qui, par son développement, produit la graine : c'est la partie vraiment essentielle du pistil.

Les parois de l'ovaire sont formées par un certain nombre de pièces appelées *carpelles*, dont les bords sont soudés réciproquement ensemble, de manière à former la cavité ovarienne. Ces pièces doivent être regardées comme autant de feuilles modifiées selon la destination que le Créateur leur a donnée. La manière dont les feuilles carpellaires se soudent, soit entre elles, soit avec le placenta, détermine les diverses modifications que nous offre l'ovaire. Ainsi cet organe ne présente qu'une seule cavité lorsque les feuilles se soudent par leurs bords correspondants ; il renferme autant de cavités que de feuilles quand celles-ci, convergeant toutes vers le placenta, vont s'y réunir, de manière à former chacune une loge particulière ; et, dans ce cas, chaque loge peut se souder aux deux loges voisines, de façon à ne former qu'un seul ovaire, ou demeurer isolées et former chacune un ovaire distinct. Au centre de la cavité de l'ovaire et sortant du milieu du réceptacle, on aperçoit ordinairement une petite colonne qui continue le pédoncule et qu'on appelle *placenta* ou *trophosperme*. C'est là que sont fixés les *ovules*, que l'on doit regarder comme de véritables bourgeons ; rapport d'autant plus frappant, que les uns et les autres sont également propres à reproduire le végétal.

Mais l'ovaire ne contient pas toujours la colonne placentaire ; cela tient à ce que, au moment du développement, elle s'est, pour ainsi dire, fondue avec les carpelles, dont elle est devenue partie intégrante ; et, dans ce cas, c'est sur les feuilles carpellaires que se développent les ovules, parce que, s'étant appropriées le placenta, elles en remplissent la fonction.

On distingue deux sortes d'ovaires, d'après leur position relativement à l'enveloppe florale. Lorsque celle-ci le recouvre en totalité de manière à le rendre invisible, à moins d'enlever cette enveloppe comme dans le safran, on dit que l'ovaire est *infère* ou *adhérent ;* il est, au contraire, *libre* ou *supère*, lorsque l'enveloppe s'attache au dessous de lui, de manière qu'on l'aperçoit sans effeuiller la fleur, comme dans le lis, l'aloès.

La considération de la cavité de l'ovaire a donné lieu à une autre division de cet organe : ainsi il est *uniloculaire, biloculaire, triloculaire, quadriloculaire, multiloculaire*, selon que sa cavité est simple, ou divisée en deux, trois, quatre ou plusieurs compartiments ou *loges*. D'après le nombre des germes contenus dans chaque cavité, on dit aussi que la loge ou l'ovaire est *monosperme, disperme, tétrasperme* ou *polysperme*, selon qu'il y a une, deux, quatre ou plusieurs graines.

La seconde partie du pistil est le *style*, ou cette aigrette dont nous avons parlé et qui surmonte l'ovaire : c'est un canal de longueur variable, destiné à transmettre le pollen à l'ovaire. Ce canal est quelquefois si court, qu'on a de la peine à le voir ; tandis que dans certaines fleurs, comme le lis, le safran, etc., il a plusieurs centimètres de longueur.

Le style est toujours terminé par un petit évasement, que l'on appelle *stigmate*. Cette troisième partie du pistil, qui n'est point essentiellement distincte de son support, est destinée à recevoir le pollen, et à le faire passer, par le moyen du style, jusqu'au germe de l'ovaire.

Observons que le stigmate, comme le pistil, peut être simple, divisé en plusieurs parties, ou même multiple.

2º **DE L'ANDROCÉE.** Dans l'immense majorité des fleurs, on voit s'élever à côté ou autour du pistil un ou plusieurs filaments déliés, qui forment comme une espèce de couronne autour de lui ; leur ensemble constitue l'*androcée* ou organe mâle de la fleur. Quant aux filets isolés, ce sont les *étamines*. Ces dernières doivent être considérées, de même que les diverses pièces de l'ovaire, comme autant de feuilles pareillement modifiées pour une destination spéciale ; théorie d'autant plus probable que dans les fleurs doubles, c'est aux dépens des étamines que les pétales se multiplient.

Toute *étamine* se compose de deux parties : d'un *filet* ou support, qui est plus ou moins long ; et d'une *anthère*, espèce de poche membraneuse qui renferme le *pollen*, ou poussière fécondante.

Cette composition de l'étamine confirme parfaitement la théorie de la métamorphose des feuilles. En effet, le filet n'est-il pas évidemment l'analogue du pétiole, et l'anthère n'est-elle pas indubitablement le limbe roulé sur lui-même pour former la poche staminale ?

L'étude des étamines est une des parties les plus importantes de la botanique : c'est presque exclusivement sur leur considération que Linné a basé son système de classification végétale ; et tous les phytographes sans exception en tirent un parti immense pour caractériser les groupes divers qu'ils établissent d'après leur méthode naturelle ou artificielle. Nous étudierons donc dans les *étamines* leur *nombre*, leur *grandeur relative*, leurs *rapports* entre elles et avec les parties voisines, et enfin leur *insertion*.

Le nombre des étamines est *défini* toutes les fois qu'il ne passe pas douze dans la même fleur ; *indéfini*, quand il y en a davantage.

Sous le rapport de leur *grandeur*, elles peuvent être *égales* ou *inégales* ; *exsertes*, c'est-à-dire saillant hors du périanthe ; ou *incluses*, c'est-à-dire cachées dans l'intérieur de l'enveloppe florale.

Les étamines sont quelquefois soudées avec le pistil, et la fleur est dite *gynandre* ; plus souvent elles se soudent entre elles soit par leurs anthères (*synantherie*), soit par leurs filets (*synadelphie*) en un ou plusieurs faisceaux.

La manière dont les étamines naissent du réceptacle par rapport au pistil et au périanthe, se nomme leur *insertion*, et cette insertion peut se faire de trois manières différentes : elle est *hypogynique*, quand ces organes naissent au-dessous de l'ovaire, comme dans l'aloès, la moutarde, l'œillet, la mélisse, etc.; on la reconnaît aisément en ce qu'on peut enlever le périanthe sans toucher aux étamines. L'insertion est *périgynique*, lorsque les étamines sont attachées au calice, autour du pistil, comme dans le rosier, le palmier, le colchique d'automne ou safran bâtard, etc.; enfin elle est *épigynique* toutes les fois que les étamines naissent de l'ovaire, qui dès lors est nécessairement infère (la giroflée, le romarin, la pomme de terre, la douce-amère).

La connaissance de l'insertion des étamines est extrêmement importante, en ce qu'elle sert de base à la classification de Jussieu.

### § II. — *Du périanthe.*

Quoique les organes sexuels soient la partie vraiment essentielle de la fleur, ce serait une erreur de croire que le *périanthe* est absolument inutile : cette enveloppe est si nécessaire, ou du moins si utile, qu'il n'est presque pas de plantes qui en soient entièrement dépourvues. Sans doute elle n'a pas dans toutes les fleurs cette légèreté et cet éclat que nous admirons dans la rose, le camélia, la tulipe, la reine-marguerite, etc. ; mais, dans presque toutes, les organes de la fructification sont protégés par un périanthe plus ou moins développé et souvent multiple.

Le *périanthe* est tantôt entier et composé d'une seule pièce ; il est dit *monophylle*, comme dans la campanule, la belle de nuit, etc.; tantôt au contraire il est formé de plusieurs pièces, et par conséquent *polyphylle*, comme nous le voyons dans la renoncule, le pavot, etc.

Cette partie de la fleur varie presque dans chaque plante. Elle est quelquefois simple et unique, comme dans la tulipe, le lis ; elle porte alors le nom de *calice ;* mais le plus souvent elle est double et, dans ce cas, la partie extérieure s'appelle *calice*, et l'intérieure *corolle*. Dans quelques végétaux la nature a même ajouté une troisième partie, que l'on appelle *involucre*, quand elle forme une espèce de collerette autour de la fleur, comme dans la carotte, et *spathe*, lorsqu'elle enveloppe la fleur dans sa totalité, comme dans le narcisse, le dattier, l'arum, le calla, etc.

1° DU CALICE. Quoique le *calice* soit quelquefois orné des plus riches couleurs et du plus brillant éclat, surtout lorsqu'il est en contact immédiat avec les organes sexuels, comme dans la tulipe et le lis, le plus souvent néanmoins, principalement lorsque le périanthe est double, il est privé de ces agréments qui charment nos regards. Aussi est-il ragardé moins comme un ornement que comme une enveloppe protectrice pour les organes de la fructification. Sa structure membraneuse et résistante, la place qu'il occupe à la partie la plus extérieure de la fleur, tout annonce en lui cette destination. Ce qui la confirme, c'est que le *calice* se fane et tombe, dès que ces organes ont été remplacés par le fruit : il n'y a que peu d'exceptions à cette loi.

Pour remplir ce but de la nature, cette enveloppe est ordinairement composée de plusieurs *sépales* ou feuilles qui, se repliant avec facilité les unes sur les autres, forment au pistil et aux étamines un rempart impénétrable aux injures de l'air ; et lorsqu'il est tout d'une pièce, on remarque que sa partie supérieure est découpée en *lobes* ou lambeaux qui se croisent et se recouvrent comme dans le cas précédent, tandis que l'inférieure forme un *tube* serré, également propre à remplir le même objet.

On distingue ordinairement trois parties dans le *calice*, le *tube* ou portion rétrécie, qui s'étend depuis son origine jusqu'à la partie évasée ; le *limbe* ou portion évasée et l'*orifice* ou *gorge* qui sépare le limbe du tube.

Les lobes du calice sont en nombre variable dans la plupart des plantes. Lorsque les découpures ne vont pas jusqu'au répectacle, le calice est dit *monosépale* (la menthe, le jasmin), et quand elles y parviennent, on l'appelle *polysépale* (le pavot, la renoncule). D'après le nombre des feuilles ou des divisions du calice, celui-ci est *disépale, trisépale, tétrasépale. pentasépale*, etc., ou *bifide, trifide, quadrifide, quinquifide*, etc.

Chaque sépale du calice est composée d'une *lame* et d'un *onglet*. L'onglet est cette partie plus ou moins rétrécie, par laquelle la feuille adhère au réceptacle ; il forme le tube du calice par son union avec ceux des sépales adjacents. La *lame* est la portion large et étalée qui le termine supérieurement.

Par rapport à la manière dont le calice s'insère au réceptacle, on dit qu'il est *infère*, quand il s'attache au-dessous de l'ovaire, comme dans le lis, et *supère*, quand il s'insère au-dessus, comme dans le narcisse.

2° DE LA COROLLE. Le nom de *corolle* vient de *corona*, et lui a été donné, parce qu'elle forme autour du pistil et des étamines une couronne qui embellit et protége la fleur. Destinée à être en contact immédiat avec les frêles organes de la fructification, son tissu devait être plus fin et plus délicat que celui du calice. Cependant elle n'est pas dénuée d'un certain degré de force ; aussi la nature semble-t-elle avoir cherché, en la formant, à montrer jusqu'à quel point elle était capable d'allier la délicatesse à la solidité. Et avec quel succès ne l'a-t-elle pas prouvé ? La grâce du port, la légèreté des formes, la richesse et la variété des couleurs, la suavité des parfums, la délicatesse et la force du tissu ; telles sont les qualités qu'elle a réunies dans l'enveloppe coronale.

Comme le calice, la *corolle* peut être composée d'une ou de plusieurs pièces appelées *pétales ;* dans le premier cas, elle est *monopétale*, et dans le second, *polypétale ;* car chacune de ces pièces se nomme *pétale*.

17*

La corolle monopétale est *bifide, trifide, **quadrifide***, ou *quinquifide*, selon que son limbe est partagé en deux, trois, quatre ou cinq parties. La polypétale est dite *dipétale, tripétale, tétrapétale, pentapétale*, d'après le nombre de ses feuilles. Il faut remarquer que l'on peut rendre quelquefois les *pétales* d'une fleur plus nombreux qu'ils ne le sont naturellement ; c'est ce qui a lieu pour les fleurs doubles, dans lesquelles les étamines se trouvent transformées en pétales. Dans ce cas il ne faut pas compter les pétales additionnels, on ne doit avoir égard qu'à ceux que la fleur a naturellement. On distingue les fleurs doubles des fleurs naturelles, en ce que celles-ci ont des étamines, tandis que les autres en sont privées, ou en ont moins qu'elles ne doivent en avoir.

La forme des fleurs et leur disposition sur la tige, ont donné lieu à d'importantes divisions de cet organe.

A. On dit qu'une corolle est *régulière*, lorsque tous ses pétales sont semblables ou que toutes ses divisions sont égales, comme dans le lis, la rose ; dans le cas contraire, elle est *irrégulière*, comme dans la gueule de loup, la sauge, etc. Lorsque la corolle régulière a la forme d'une clochette ou d'un entonnoir, elle est *campanulée* ou *infundibuliforme*. Imite-t-elle les rayons d'une roue ? on l'appelle *rotacée*, si elle est monopétale ; et *rosacée*, si elle est composée de plusieurs pièces. On la nomme encore *cruciforme*, quand elle est formée de quatre pétales opposés en croix, comme dans la giroflée, la moutarde; et *caryophyllée*, lorsqu'elle est pentapétale et munie d'un long tube, comme dans l'œillet. La corolle irrégulière peut être *labiée, personnée* ou *papilio-*

*nacée*. La première est partagée transversalement en deux divisions ou *lèvres*, l'une supérieure et l'autre inférieure, comme dans la mélisse. Dans la corolle *personnée*, la division supérieure forme une espèce de capuchon, comme dans la gueule de loup. Quant à la *papilionacée*, elle se compose de cinq pétales ; l'un supérieur, large et étalé sur les quatre autres, qui s'appelle *étendard* ; deux moyens nommés *ailes*, et deux inférieurs réunis et renfermant les organes reproducteurs ; c'est la *carène* (le genêt, le pois de senteur).

B. On donne le nom d'*inflorescence* à la disposition des fleurs sur la tige ou sur les rameaux qui les supportent ; rien n'est plus variable que cette disposition. La première observation à faire à cet égard consiste à regarder si la fleur naît à l'extrémité d'un rameau ou dans l'aisselle d'une feuille : dans le premier cas l'inflorescence est *terminale* ou *définie*, parce que le rameau ne produit plus d'autres fleurs ; dans le second elle est dite *indéfinie*, parce que le rameau en produit indéfiniment.

On distingue plusieurs sortes d'*inflorescences indéfinies* : les unes ont les fleurs *sessiles* ou sans pédoncule ; tels sont l'*épi*, dont les fleurs sont hermaphrodites ; le *chaton*, qui les a unisexuées ; le *spadice*, où elles sont enveloppées dans une espèce de cornet appelé *spathe ;* le *capitule*, dans lequel elles sont disposées en une tête globuleuse ou hémisphérique ; le *sycone*, où elles sont plus ou moins enveloppées par un réceptacle charnu. Les autres ont les fleurs pédonculées ; tels sont la *grappe*, le *corymbe*, le *sertule*, la *panicule*, le *thyrse* et l'ombelle.

Les inflorescences définies sont moins variées et sont désignées sous le nom générique de *cyme*, distingué en dichotome et en scorpioïde.

### § III. — *Des nectaires.*

Le nom de *nectaires* ne fut d'abord donné qu'aux glandes qui, dans beaucoup de fleurs, distillent une liqueur mielleuse comparée au nectar. Dans la suite, Linné étendit ce nom à tous les organes floraux, autres que ceux que nous venons de décrire ; tels sont la *couronne* du narcisse, l'*éperon* du pied d'alouette et de la capucine, les *cornets* de l'ancolie, les *bractées* ou feuilles florales, et quelques autres parties analogues qui ne peuvent être regardées comme sépales, pétales, étamines ou carpelles. Les naturalistes modernes, cherchant à ramener le mot *nectaire* à sa signification primitive, ne l'appliquent plus qu'aux amas de glandes nectarifères, qui se font remarquer sur le réceptacle de certaines plantes. Ils pensent avec raison que les autres parties auxquelles on donnait le nom de nectaires, ne sont que des appendices de certains organes ou des organes entiers, mais arrêtés dans leur développement.

## CHAPITRE V.

### DE LA REPRODUCTION.

Cette importante fonction se compose de quatre actes principaux : la *déhiscence*, la *fécondation*, la *fructification* et la *germination*.

1° La *déhiscence*. Tant que l'hiver dure encore, le

bouton floral reste engourdi ; mais dès que les premières chaleurs du printemps lui ont fait sentir leur action vivifiante, le suc séveux entre en mouvement et va ranimer la vie dans tous les organes de la plante. Le bouton, partie éminemment tendre et délicate, est le premier à sentir son influence ; il grossit, se développe et découvre à l'œil enchanté ces riches pétales auparavant cachés sous l'enveloppe calicinale. La *déhiscence* ou épanouissement de la fleur n'a pas lieu à la même époque pour toutes les plantes ; quoiqu'on puisse dire en général qu'elle se fait dans le cours du printemps ou au commencement de l'été, elle offre néanmoins assez d'exceptions, pour qu'on ait pu, d'après l'époque de la floraison, composer le *Calendrier de Flore*, c'est-à-dire la distinction des mois de l'année marquée par l'épanouissement des fleurs. Quant à l'heure du jour où la déhiscence a lieu, on peut la placer, pour l'immense majorité des végétaux, vers le lever du soleil ; cependant il existe assez d'exceptions, pour qu'on ait pu faire aussi l'***Horloge de Flore***, ou la distinction des heures du jour marquée par l'épanouissement de certaines fleurs.

Il ne faudrait pourtant pas ajouter trop de foi à ce calendrier ni à cette horloge ; tant de circonstances peuvent hâter ou retarder l'épanouissement des fleurs, qu'on serait très-souvent induit en erreur.

En général, l'épanouissement des fleurs de l'inflorescence terminale se fait d'abord dans les supérieures, tandis que dans l'inflorescence axillaire on observe le contraire ; ce qui a fait dire que dans la première la floraison est *centrifuge*, et dans la seconde, *centripète*.

2° *Fécondation*. Dès que, par la floraison, le pistil et les étamines ont acquis le développement nécessaire, l'anthère s'ouvre et laisse échapper le pollen qui va féconder l'ovaire. Cette fécondation n'a pas besoin, pour avoir lieu, que l'étamine soit placée à côté du pistil ; le pollen peut se transmettre par les courants d'air ou d'eau à des distances de deux cents lieues, et même davantage, au point qu'on serait tenté de révoquer en doute la vérité du fait, s'il n'était attesté par les observations les plus exactes. On peut même opérer artificiellement la fécondation, comme cela se pratique en Arabie pour les dattiers, plantes dioïques dont on féconde les ovaires en suspendant au sommet des plus hauts un bouquet de fleurs chargées de pollen, que le vent disperse sur toutes les fleurs femelles.

Un autre phénomène non moins curieux de la fécondation, c'est la manière dont elle a lieu pour les plantes qui vivent sous l'eau. Comme le pollen, substance huileuse, ne peut se mêler à ce liquide, ni par conséquent se porter de l'anthère à l'ovaire, les végétaux aquatiques s'élèvent, à l'époque de la fécondation, à la surface de l'eau, où ils restent jusqu'à l'accomplissement de cette fonction, pour se plonger ensuite dans leur élément et y mûrir le fruit. Dans la vallisnère, par exemple, plante qui vit au fond de l'eau, le pédoncule des fleurs femelles, qui est ordinairement roulé en spirale, s'allonge jusqu'à ce que les corolles soient hors de l'eau, où elles demeurent jusqu'à ce que la fécondation soit opérée. Immédiatement après, la spirale se reforme et la fleur redescend au fond du liquide, où les fruits parviennent à une parfaite maturité. Cette immissibilité du pollen avec l'eau fait que, lorsqu'il pleut, au moment de la floraison, la fécondation avorte et les fruits *coulent*, et par conséquent ne se développent pas.

3° *Fructification*. Après la fécondation de la fleur, les pétales se fanent et tombent; l'ovaire, au contraire, prend plus de vigueur, se gonfle, se remplit d'une matière liquide d'abord, mais qui acquiert ensuite plus de consistance, jusqu'à ce qu'enfin elle se trouve changée en *fruit*.

### Du fruit.

Tout fruit se compose essentiellement de deux parties : le *péricarpe*, qui n'est autre chose que la paroi de l'ovaire, ou, si l'on aime mieux, l'enveloppe de la graine, et la *graine* elle-même, qui contient le germe de la nouvelle plante.

Mais il faut remarquer, à l'égard du *péricarpe*, qu'il est quelquefois si mince, qu'on ne peut pas le distinguer de la graine; c'est ce qui a lieu dans le blé, la carotte, la lavande, etc. D'autres fois, au contraire, il est extrêmement épais, comme la pêche, la prune, etc. Cependant on peut presque toujours y distinguer trois parties, une membrane ou enveloppe extérieure nommée *épicarpe*, une autre membrane interne, qui est en contact avec la graine et qu'on appelle *endocarpe*, et enfin une partie parenchymateuse placée entre ces deux enveloppes, dite *sarcocarpe* ou *mésocarpe*. Ces parties sont on ne peut plus distinctes dans la pêche, la cerise, etc. Ainsi la peau veloutée qui recouvre la première est son *épi-*

*carpe*, la portion charnue que l'on mange est le *sarco-carpe* ou *mésocarpe*, et enfin la coque ligneuse qui entoure l'amande est l'*endocarpe*.

La cavité du *péricarpe* peut être simple ou multiple ; le fruit peut donc être, comme l'ovaire, uniloculaire ou multiloculaire, et, d'après le nombre de ces cavités, biloculaire, triloculaire, quadriloculaire, quinquiloculaire, etc.

Cette cavité ou *loge*, ou chacune de ces loges, peuvent contenir un nombre de graines fixe ou indéterminé ; elles peuvent donc être *monospermes, dispermes, trispermes, tétraspermes* ou *polyspermes*, selon qu'elles contiennent une, deux, trois, quatre ou plusieurs graines.

On distingue trois sortes de fruits : les *fruits simples*, les *fruits multiples* et les *fruits composés*. On appelle *fruits simples* ceux qui proviennent d'un seul carpelle (la pêche, la cerise, la poire, etc.) ; *fruits multiples* ceux qui proviennent de plusieurs carpelles soudés ensemble (les fruits de la clématite, de la renoncule, etc.); et *fruits composés* ceux qui proviennent de plusieurs carpelles et de plusieurs fleurs distincts ( la mûre, l'ananas, le cône du pin, etc.).

Du reste, à quelque catégorie que se rapportent les fruits, ils peuvent être *secs*, tels que le blé, le gland, la gousse, ou *charnus*, comme la prune, l'amande, le melon, etc. Il y en a aussi de *déhiscents*, qui s'ouvrent naturellement sans déchirure du péricarpe, tels que les fruits du haricot, du pavot, etc., et d'*indéhiscents*, qui ne peuvent s'ouvrir qu'en déchirant leur péricarpe :

enfin, ils peuvent aussi être *monospermes*, *dispermes*, *trispermes*, *tétraspermes*, *pentaspermes* et *polyspermes*, selon qu'ils renferment une, deux, trois, quatre, cinq ou plusieurs graines.

La section des fruits simples est de beaucoup la plus nombreuse, et a dû être divisée en fruits secs et en fruits charnus ; et les fruits secs eux-mêmes ont été subdivisés en fruits capsulaires ou déhiscents, et en fruits indéhiscents. De là la division générale des fruits en cinq catégories : 1º *fruits secs déhiscents* ou *capsulaires*, 2º *fruits indéhiscents*, 3º *fruits charnus*, 4º *fruits multiples*, 5º *fruits composés*.

**FRUITS DÉHISCENTS OU CAPSULES.** — Les principales espèces des fruits secs et déhiscents sont la *silique* qui est composée de deux valves allongées, dont les deux bords sont garnis de graines (le *chou*) ; la *silicule*, qui est une silique à peu près aussi large que longue (le *thlaspi*) ; la *gousse*, qui ne diffère de la silique qu'en ce que ses valves ne portent de graines que d'un seul côté (le *haricot*) ; la *pyxide* ou *boîte à savonnette*, qui est ordinairement globuleuse, et qui s'ouvre par une scissure circulaire en deux valves hémisphériques superposées (l'*amarante*) ; la *capsule*, qui désigne collectivement toutes les autres espèces de fruits secs déhiscents.

**FRUITS INDÉHISCENTS.** — Les principales espèces de fruits indéhiscents sont la *caryopse* dont le péricarpe est intimement uni avec la graine, comme dans le blé ; l'*akène*, dans laquelle la graine est bien distincte du péricarpe, comme dans le soleil ; la *samare*, qui est coriace, très-comprimée, ayant d'une à cinq loges, et offrant des prolongements latéraux, comme dans l'orme, l'érable, etc.; et le *gland*, qui est généralement plus gros que l'akène, et qui de plus est renfermé en totalité ou en partie dans une enveloppe formée par le calice ou le réceptacle de la fleur, comme dans le gland, la noisette, etc.

**FRUITS CHARNUS.** — Parmi les fruits charnus nous distinguerons la *drupe*, qui renferme un seul noyau intérieur (la prune, la pêche); la *noix*, qui ne diffère de la précédente que parce que la portion charnue est moins épaisse et n'est pas bonne à manger (l'amande); la *péponide*, qui est propre aux citrouilles, melons et autres fruits analogues; la *baie*, qui comprend les fruits charnus à plusieurs noyaux appelés pépins, disséminés dans sa substance (le raisin, la groseille, les tomates).

**FRUITS MULTIPLES.** — Sous ce nom on désigne tous les fruits qui résultent de la réunion de plusieurs pistils renfermés dans une même fleur : à cette section se rapportent la *mélonide* ou fruit charnu, renfermant plusieurs graines, et terminé par une petite couronne formée par les sépales, comme la poire, la nèfle. etc.; et le *syncarpe*, qui désigne collectivement tous les fruits multiples.

**FRUITS COMPOSÉS.** — Ce sont ceux qui sont formés par la réunion de pistils appartenant à des fleurs différentes. De ce nombre est le *cône* ou *strobile*, qui résulte de l'agglomération de plusieurs syncarpes secs, disposés en forme de cône, comme dans le pin, le sapin, etc.

Dès que le fruit est parvenu à sa maturité, il s'ouvre

pour laisser sortir les graines qu'il renferme ; quelquefois même les valves élastiques dont il est composé, les lancent avec force à des distances assez considérables. Dans tous les cas, elles sont disséminées par les vents et par les eaux.

C'est ici le lieu de parler de la prodigieuse fécondité de certains végétaux. On aurait peine à croire, si le fait n'était pas prouvé, qu'un seul pied de pavot puisse porter jusqu'à trente-deux mille graines, et un pied de tabac trois cent soixante mille. On conçoit que, si la plupart de ces graines n'étaient détruites, soit par les animaux, soit par le défaut de terre végétale, une seule de ces plantes aurait bientôt envahi toute la surface de la terre.

### *De la graine.*

La *graine* est cette partie de fruit qu'on nomme *ovule* avant la fécondation : elle tient au péricarpe, dont elle reçoit la nourriture, par un point appelé *hile* qui est constamment d'une couleur moins foncée que le reste. L'union de la graine avec le péricarpe a lieu tantôt immédiatement, tantôt par le moyen d'un cordon plus ou moins allongé qu'on appelle *podosperme.*

On distingue constamment deux parties dans la *graine*, une enveloppe extérieure, l'*épisperme* et l'*amande* qui comprend toujours l'*embryon* ou germe, tantôt seul, tantôt uni avec le *périsperme* ou *endosperme*, qui doit être la première nourriture de l'embryon. Ce dernier est, du reste, de nature très-variée : il peut être *farineux* comme dans les graminées, *huileux* comme dans

le ricin, et même *corné* comme dans la datte et le café :
c'est de cette partie de la graine que l'industrie retire la
farine, la fécule, les diverses espèces d'huiles, etc.

Quant à l'*embryon*, c'est la partie essentielle de la
graine : c'est lui qui, par son développement, doit reproduire la plante nouvelle. C'est en réalité une plante
en miniature ; car il nous offre, à l'état rudimentaire
il est vrai, une *radicule*, une *tigelle* et même des appendices latéraux analogues aux feuilles, et qu'on
nomme *cotylédons*. Du reste, il peut, ainsi que nous
l'avons dit, être seul dans l'épisperme, auquel cas on
le dit *épispermique*, tandis qu'on l'appelle *endospermi-
que* lorsqu'il est accompagné d'un endosperme. Relativement à sa position par rapport à l'endosperme, il peut
être caché dans sa substance et être *intraire* ; mais il
peut aussi être *extraire* et placé en dehors de l'endosperme ; il arrive même quelquefois qu'il embrasse ce
dernier comme une espèce d'anneau, ce qui la fait désigner par l'épithète de *périphérique*.

Il est important d'observer la *direction* de l'embryon
par rapport à la graine ; il est *homotrope*, quand il a la
même direction qu'elle ; *antitrope*, quand elle est opposée ; *orthotrope*, quand il est droit ; *amphitrope*,
quand il est recourbé et comme roulé sur lui-même.

La *radicule* de l'embryon est la partie qui doit former
plus tard la racine, elle peut être nue ou enfermée dans
un fourreau : dans le premier cas, la plante est *exorhize*
ou dicotylédonée ; dans le second, elle est *endorhize* ou
monocotylédonée.

La *tigelle* est opposée à la radicule et formera plus

tard la tige ; son extrémité porte le nom de *gemmule* ou bourgeon primordial. Au point de jonction de la radicule et de la tigelle, on observe un renflement plus ou moins considérable, qui constitue le *corps cotylédonaire*, lequel est simple dans les monocolylédons et divisé en deux parties égales dans les dicotylédons.

4° *Germination.* Dès que la graine est tombée en terre, elle est bientôt recouverte, soit par les pluies, soit par les vents ; et si elle se trouve dans des conditions favorables, c'est-à-dire exposée à l'eau, à l'action de l'air et à une chaleur de dix à cinquante degrés, et soustraite à l'influence de la lumière, elle s'imbibe et se gonfle peu à peu. L'eau en pénétrant dans la graine dissout les matériaux qu'elle contient, et ceux-ci devenus liquides sont absorbés par l'embryon, qui se développe et grandit rapidement. Alors le péricarpe se rompt ; la radicule et la tigelle prennent de l'accroissement, et laissent voir à la surface du sol deux petites feuilles appelées *séminales*, ordinairement différentes de celles qui se montreront plus tard. Le terme moyen de cette apparition est de sept ou huit jours ; mais il est certaines plantes qui germent bien plus vite, comme le blé, qui n'a besoin que de trente-six heures, tandis que le rosier, le pêcher, etc., demandent jusqu'à deux ans. Il paraît qu'une dissolution de chlore dans l'eau hâte beaucoup la germination. Des graines arrosées avec ce liquide ont germé dans quelques heures. Quel que soit d'ailleurs le temps qu'elle a mis germer, une fois que la plante a pris des feuilles et des racines, elle commence à respirer et à absorber ; et à partir de ce moment sa vie est devenue semblable à celle de tous les autres végétaux.

L'exposé succinct que nous venons de présenter sur les tissus élémentaires des végétaux et sur les organes composés par la combinaison de ces divers tissus, sera suffisant pour faire comprendre la description que nous allons faire des principales familles végétales et qui constitue la *phytographie.*

---

# SECONDE PARTIE.

## PHYTOGRAPHIE.

Avant d'entrer en matière, il est indispensable que nous fassions connaître les classifications les plus importantes, d'après lesquelles les naturalistes procèdent à cette partie difficile de la botanique.

### CLASSIFICATION DES PLANTES.

La multitude des plantes, dont le nombre s'élève à plus de soixante mille, et la simplicité de leur organisation, rend la classification de ces êtres encore plus difficile que celles des animaux. Pour établir entre elles des différences caractéristiques, il a fallu en analyser toutes les parties, en étudier tous les organes ; et, en combinant les rapports de ces organes et de ces parties, on est parvenu à des résultats beaucoup plus satisfaisants que ceux qu'on avait obtenus, en basant la division des végétaux que sur un seul organe ou une seule partie.

Tournefort, Français qui vivait à la fin du xvii<sup>e</sup> siècle, fut le premier qui chercha à classer méthodiquement les plantes, en prenant pour base de leur division la consistance herbacée ou ligneuse de leur tige, et la forme ou l'absence de leur corolle, ou plutôt du périanthe. D'après cette simple considération, il distribua toutes les plantes connues de son temps en vingt-deux classes.

Cette classification, toute imparfaite qu'elle est, a pourtant servi à former un grand nombre de groupes bien naturels ; les labiées, les crucifères, les liliacées, les ombellifères, les papilionacées, etc., ne renferment que des plantes parfaitement semblables, et que personne ne songera jamais à séparer ; cependant, comme toutes les réunions ne sont pas également heureuses, plusieurs botanistes cherchèrent depuis à trouver une autre division ; mais leurs efforts furent inutiles jusqu'à ce que Linné, naturaliste suédois, qui vivait du temps de Buffon, établit son système sur la présence, l'absence, le nombre et les rapports des étamines et des pistils. Il forma ainsi vingt-quatre classes.

Les plantes sans organes sexuels constituent la vingt-quatrième, qu'il appelle *cryptogamie* ; tels sont les champignons, les mousses.

Toutes les autres ont des pistils et des étamines distincts ; mais les unes sont hermaphrodites, et les autres unisexuées.

Les plantes unisexuées se divisent en trois classes qui sont la vingt et unième, la vingt-deuxième, et la vingt-troisième. La *monoécie* comprend les plantes monoïques (le melon, le noyer); la *dioécie*, les dioïques (le chanvre); et la *polygamie*, celles qui ont des fleurs unisexuées et des fleurs hermaphrodites en même temps (le frêne, la pariétaire).

Les plantes hermaphrodites ont les étamines parfaitement libres, ou soudées soit avec le pistil, soit entre elles; celles qui ont leurs étamines soudées avec le pistil, constituent la vingtième classe, la *gynandrie*, à laquelle appartient l'orchis, le cypripède, etc.

Quand les étamines sont soudées entre elles, elles le sont par leurs anthères, ou par leurs filets; quand elles sont par leurs anthères, les plantes sont dites *syngénèses* et forment la dix-neuvième classe, la *syngénésie* (la violette); si elles ont les étamines soudées par leurs filets, elles forment trois classes, la seizième, la dix-septième et la dix-huitième, appelées *monadelphie, diadelphie, polyadelphie*. Dans la *monadelphie*, les filets sont unis en un seul faisceau, comme dans la mauve, la guimauve, etc.; dans la *diadelphie*, ils en forment deux, comme dans l'acacia et la plupart des légumineuses; dans la *polyadelphie*, ils en forment trois et même davantage, comme dans l'oranger.

Les plantes hermaphrodites à étamines libres ont été subdivisées d'après la grandeur relative des étamines, qui peuvent être égales ou inégales. Quand les étamines sont inégales et qu'il y en a six, quatre plus grandes et deux plus petites, les plantes sont *tétradynames*, telles sont la moutarde, la giroflée, et tous les crucifères qui composent la quinzième classe ou *tétradynamie*; quand, au contraire, il ne s'en trouve que quatre, deux grandes et deux petites, les plantes sont *didynames* ; telles sont la mélisse, la digitale, et toutes les labiées qui forment la quatorzième classe ou *didynamie.*

Les plantes hermaphrodites à étamines égales ont plus ou moins de douze étamines. Quand il y en a de vingt à cent avec insertion hypogynique, c'est la treizième classe ou *polyandrie ;* tels sont la renoncule, l'anémone, le pavot, etc. S'il y en a plus de vingt à insertion périgynique ou épigynique, c'est la douzième classe ou *icosandrie*, comme dans le prunier, le pêcher, le myrte, etc. Quand il s'en trouve de onze à vingt, comme dans le réséda, la joubarbe, c'est la onzième classe ou la *dodécandrie*, etc.

Quant aux dix premières classes, elles sont caractérisées par le nombre de leurs étamines; il y en a une dans la première, deux dans la seconde, trois dans la troisième, etc. On les appelle la première : *monandrie* (balisier, gingembre); la deuxième, *diandrie* (le jasmin, la sauge); la troisième, *triandrie* (l'iris, le blé); la quatrième, *tétrandrie* (la garance, la scabieuse); la cinquième, *pentandrie* (la pomme de terre, la ciguë); la sixième, *hexandrie* (le lis, la tulipe); la septième, *heptandrie* (le marronnier d'Inde); la huitième, *octandrie* (la patience, le blé sarrasin); la neuvième, *ennéandrie* (le laurier, la rhubarbe); et la dixième, *décandrie* (l'œillet, la rue).

Cette classification, extrêmement simple et facile à retenir, a été pendant longtemps la seule suivie; elle est même encore en vogue dans beaucoup de pays, surtout en Allemagne, en Angleterre, et en général dans tout le nord de l'Europe ; mais on lui reproche avec raison de réunir souvent, dans un même groupe, des plantes disparates, et de placer dans des groupes différents des espèces très-ressemblantes. De plus, il arrive souvent que l'avortement ou la perte de quelques étamines rend la place de certains végétaux incertaine. Ces considérations engagèrent un naturaliste français du dernier siècle, *Laurent de Jussieu*, à chercher une nouvelle méthode. Pour la rendre aussi parfaite que possible, il ne se contenta pas de comparer un seul organe de la plante ; il les examina tous, la racine, la tige, le fruit, la corolle, le calice, l'étamine, le pistil ; il n'oublia rien ; et, à force de travaux et d'essais, il jeta les fondements de la meilleure classification que l'on connaisse, en ce qu'elle rapproche les plantes semblables et sépare celles qui n'ont point de rapports. Comme c'est la méthode que nous suivons ici, à quelques légères modifications près, il n'est pas nécessaire que nous la développions davantage ; elle s'expliquera naturellement par les détails dans lesquels nous allons entrer.

On divise d'abord les plantes en trois embranchements : les *dicotylédones*, les *monocotylédones* et les *acotylédones*.

1º Les *dicotylédones* se reconnaissent en ce qu'elles ont constamment des organes sexuels et la graine divisible en deux parties ou cotylédons ; tels sont le haricot, l'oranger, la citrouille, etc.;

2º Les *monocotylédones* ont également des organes sexuels ; mais leur graine forme un tout homogène et indivisible en deux parties : tels sont le blé, le maïs, etc.;

3° Les *acotylédones* se distinguent en ce qu'elles n'ont
ni fleurs, ni fruits; tels sont les champignons, les mousses, les fougères, etc.

## Iᵉʳ embranchement. — DICOTYLÉDONES

Quoique la graine des *dicotylédones* ait généralement
deux cotylédons, il arrive assez souvent qu'on y en
trouve un plus grand nombre, deux, trois, quatre et
jusqu'à dix. Mais ce n'est pas seulement par la structure
composée de cette partie et par la présence constante
d'organes sexuels, que les *dicotylédones* se distinguent
des autres végétaux; toute leur organisation est différente : leurs fleurs, leurs feuilles, leurs racines et surtout leur tige offrent des particularités qui n'appartiennent qu'aux plantes de cet embranchement. Leur périanthe est ordinairement à cinq divisions, leurs étamines
au nombre de cinq, dix, quinze, etc. Leurs feuilles ont
pour base une côte centrale, à nervures latérales entre-
croisées dans tous les sens en forme de réseau. Leurs
racines ont presque toujours un corps distinct garni d'un
chevelu généralement abondant. Mais c'est surtout dans
leur tige que résident les caractères les plus différen-
iels. C'est toujours un *tronc* de forme conique, le
plus souvent ramifié à une certaine hauteur et pré-
sentant une structure particulière. Il est constamment
formé de plusieurs couches concentriques, semblables à des cônes ou cornets emboîtés les uns dans les
autres et plus ou moins intimement soudés ensemble,
et l'on y distingue trois parties parfaitement distinctes :

le *canal médullaire*, les *couches ligneuses* et l'*écorce*.

Le mode d'accroissement des *dicotylédones* présente aussi des particularités qui ne se rencontrent pas dans les végétaux des deux embranchements suivants, et qui expliquent très-bien leur structure. C'est la séve descendante ou cambium qui opère ce développement. Ce fluide, en circulant dans les diverses parties de la plante, de la même manière que le sang circule dans l'intérieur des animaux, arrive dans l'intervalle qui sépare les couches ligneuses de l'écorce, c'est-à-dire entre l'*aubier* et le *liber*, et s'y dépose, selon quelques auteurs, en couches minces dont le principe fluide s'évapore, pour ne laisser que le principe solide, qui ne tarde pas à devenir partie aubier, partie liber. Selon d'autres botanistes plus modernes, ce sont l'aubier et le liber qui, s'emparant des matériaux contenus dans le cambium, en forment chacun une couche particulière qui se joint aux couches ligneuses et corticales déjà existantes. Quelle que soit celle de ces deux explications que l'on adopte, l'une et l'autre rendent parfaitement raison de l'accroissement du végétal en grosseur, mais n'expliquent pas l'accroissement en hauteur. Ce dernier s'opère par le développement du bourgeon terminal, qui grossit et s'allonge par suite de l'afflux de la séve dans les vaisseaux qui le composent.

L'embranchement des *dicotylédones* est le plus nombreux de la phytologie ; il comprend lui seul les cinq sixièmes des plantes connues, et se divise en trois grandes sections : les *polypétales*, les *monopétales* et les *apétales*.

1° Les *polypétales* ont le périanthe double et la corolle formée de plusieurs pièces ou pétales distincts.

2° Les *monopétales* ont aussi le périanthe double, mais leur corolle est monopétale.

3° Les *apétales* ont le périanthe simple.

B. de Jussieu subdivisait chacune de ces sections en trois classes d'après le mode d'insertion des étamines, qui s'attachent sous l'ovaire, sur l'ovaire ou autour de l'ovaire. Ce qui lui donnait neuf classes, la *péripétalie* ou polypétales à étamines périgynes, l'*hypopétalie* ou polypétales à étamines hypogynes, l'*épipétalie* ou polypétales à étamines épigynes; l'*épicorollie* ou monopétales à étamines épigynes, la *péricorollie* ou monopétales à étamines périgynes, l'*hypocorollie* ou monopétales à étamines hypogynes; l'*hypostaminie* ou apétales à étamines hypogynes; le *péristaminie* ou apétales à étamines périgynes, et l'*épistaminie* ou apétales à étamines épigynes. A ces neuf classes de Jussieu on ajoutait d'abord la *diclinie* qui comprenait toutes les polypétales unisexuées; et ensuite il divisait l'épicorollie en deux classes : la *corysanthérie*, dont les anthères étaient libres, et la *synanthérie*, dont les anthères sont soudées entre elles. Ces onze classes étaient suivies de trois autres formés aux dépens des monocotylédones, d'après le principe de l'insertion staminale, savoir : la *monoépigynie* ou monocotylédones à étamines épigynes, la *monopérigynie* ou monocotylédones à étamines périgynes et la *monohypogynie* ou monocotylédones à étamines hypogynes. Enfin, les acotylédones formaient une dernière classe sous le nom d'*acotylédonie*. La méthode de Jussieu comprend donc quinze classes.

Mais comme ces divisions sont loin d'être égales; qu'au contraire il y en a de très-étendues et de très-peu nombreuses, nous n'admettrons, avec le programme prescrit par le Conseil supérieur de l'instruction publique que les cinq sections suivantes : pour les dicotylédones, trois sections : les polypétales, les monopétales et les apétales; pour les monocotylédones, une quatrième section, et une cinquième et dernière pour les acotylédones.

### *Première section.* — POLYPÉTALES.

Cette section est une des plus intéressantes de la botanique, d'abord parce qu'elle est une des plus nombreuses, et ensuite parce qu'elle renferme les plantes les plus remarquables par la beauté de leurs fleurs; c'est à elle que le fleuriste et l'horticulteur empruntent celles qui font le plus bel ornement de leurs parterres. Nous y trouvons ces magnifiques magnoliers dont les corolles rivalisent, pour la grandeur, avec celles de nos soleils qu'elles surpassent en éclat et en variété; nous lui devons ces élégants orangers dont les fleurs, moins riches en couleurs que les précédentes, l'emportent de beaucoup sur elles par la suavité de leur parfum et par la bonté de leurs fruits. C'est aussi à elle qu'appartiennent ces hôtes des lacs et des étangs, les superbes nénuphars, qui étalent avec tant de grâce, à la surface de l'eau, leurs larges feuilles glacées et leurs pétales d'or, de lait ou d'azur. Les géraniums, les œillets, les anémones, les violettes, les roses-trémières avec leurs innombrables variétés, sont encore des ornements que lui ont empruntés nos jardins.

Mais si la nature s'est plu à orner ces végétaux d'une parure éclatante, elle ne leur a pas refusé les propriétés utiles. Le lin, le coton, le raisin, le cacao, etc., qu'elles fournissent à l'économie domestique ; le pavot, la guimauve et un grand nombre d'autres plantes que la médecine leur doit ; le colza, le choux, le cresson et un nombre considérable d'autres espèces fournissent des produits aussi variés par leur nature qu'importants pour l'industrie et pour l'économie domestique. D'un autre côté, un grand nombre d'entre elles produisent de violents poisons ; l'aconit, la ruë, le pavot et la plupart des renoncules sont aussi dangereuses pour la santé, que les plantes les plus redoutables, par les principes délétères qu'elles contiennent.

Cette section comprend environ cinquante familles dont quelques-unes sont très-peu considérables, et parmi lesquelles nous citerons les suivantes : les *renonculacées*, les *papavéracées*, les *crucifères*, les *malvacées*, les *ampelidées*, les *légumineuses*, les *rosacées* et les *ombellifères*,

### Iʳᵉ *Famille. — Renonculacées.*

Cette grande famille se compose de plantes herbacées ou d'arbrisseaux grimpants, dont les feuilles, le plus souvent découpées sur leurs bords, sont constamment alternes, excepté dans le genre clématite. Leur périanthe toujours régulier et polyphylle, entoure des étamines libres et indéfinies (en nombre indéterminé), et des ovaires nombreux auxquels succède un fruit sec et composé, tantôt monosperme, tantôt polysperme.

Les fleurs des *renonculacées* sont généralement régulières, et recherchées des jardiniers par la beauté de leur coloris ; souvent même elles offrent des appendices singuliers, qui masquent la forme de la fleur et la font paraître irrégulière , sans cependant lui rien ôter de sa beauté ; tels sont les cornets de l'ancolie et l'éperon de la dauphinelle ou pied d'alouette.

Toutes ces plantes contiennent un principe âcre qui réside dans toutes leurs parties, mais principalement dans la racine ; elles sont par conséquent dangereuses ; aussi, malgré la beauté de leurs corolles, la nature a répandu sur leurs feuilles une teinte noirâtre et une odeur nauséabonde, qui nous engagent à nous en défier. Cependant on peut leur ôter leur poison, en les faisant cuire dans l'eau ; le principe vénéneux qu'elles renferment étant soluble dans ce liquide, leur est enlevé par la cuisson.

Parmi les genres nombreux qui forment la famille des *renonculacées*, nous citerons, comme plantes d'agrément, les *anémones*, les *pivoines*, les *adonides*, les *dauphinelles* ou *pieds-d'alouette*, les *ancolies*, les *renoncules*, dont le *bouton d'or* des champs est une espèce, les *clématites*, dont les tiges grimpantes couvrent de si jolis berceaux, etc.

Parmi les *renonculacées* que leurs poisons rendent dangereuses , nous pouvons nommer la *clématite brûlante*, qui a été surnommée l'*herbe aux gueux*, parce que les mendiants s'en servent pour faire venir des

plaies aux jambes, ou pour donner un aspect plus re-
poussant à celles qu'ils y ont déjà. La *renoncule scélé-
rate* n'est pas moins caustique, puisqu'on s'en sert
quelquefois pour établir des vésicatoires. L'*aconit* est si
vénéneux, qu'on en a surnommé une espèce *tue-loup*,
à cause de l'activité de son poison ; enfin, l'*hellébore*,
si célèbre autrefois par la propriété qu'on lui attribuait
de guérir la folie, appartient encore à cette famille.

### II<sup>e</sup> *Famille. — Papavéracées.*

Les *papavéracées* ont les étamines généralement nombreuses ; mais elles n'ont qu'un seul ovaire. Leurs pétales sont toujours en nombre pair et peu considérable,
tandis qu'ils sont ordinairement impairs chez les renonculacées et très-nombreux chez les nymphéacées ; leur
calice n'est composé que de deux sépales, qui tombent
dès que la fleur s'épanouit, tandis qu'il est persistant
dans la famille précédente.

Ce sont des plantes herbacées ou de petits arbrisseaux
à feuilles alternes et découpées, dont toutes les parties
contiennent un suc laiteux, jaune ou rouge, susceptible
de se condenser par son exposition à l'air, et jouissant
de propriétés plus ou moins narcotiques. Leur fruit est
une capsule ou boîte sèche, de forme ovale ou allongée, comme celui du pois ou du haricot, et renfermant
une très-grande quantité de graines.

Le genre le plus intéressant de la famille des *papavéracées* est le PAVOT (*papaver*), qui lui a donné son
nom, et dont une espèce (le *pavot somnifère*) est fort
cultivée dans le Levant, où l'on fait un usage immo-

déré du suc qu'elle produit et qu'on appelle *opium*. Comme la loi de Mahomet interdit aux Turcs l'usage des liqueurs spiritueuses, ils y suppléent par des décoctions de cette substance, qui leur procure une douce ivresse et une aimable gaieté, tandis qu'elle est pour nous un poison violent, dont quelques grains suffisent pour nous donner la mort.

Malgré cela, l'*opium* est un des médicaments les plus précieux ; donné à propos et à une dose convenable, il calme les douleurs et procure aux malades un sommeil réparateur. Le meilleur *opium* est celui qu'on recueille en Orient par l'incision des capsules du pavot ; celui qu'on obtient, en pressant les diverses parties de la plante, est bien inférieur en qualité.

On cultive également en France le *pavot somnifère* ; mais, quoiqu'on l'emploie comme calmant, il est beaucoup moins usité pour cet usage que celui du Levant. Son principal produit est sa graine, qui, bien loin de partager les qualités narcotiques des autres parties de la plante, peut être employée comme aliment, ainsi que le prouvent les épithètes de *cereale* (consacré à Cérès) et de *vescum* (nourrissant) que Virgile donne au pavot. Mais ce n'est pas pour ses propriétés nutritives que l'on sème le pavot en France ; c'est pour retirer de ses graines une huile très-connue dans le commerce, sous le nom d'*huile d'œillet* ou *d'œillette*, et fort usitée pour l'éclairage. Outre cette espèce, le genre *pavot* renferme le *coquelicot*, cette belle fleur rouge, si commune dans nos blés.

La *sanguinaire* et la *chélidoine* ou l'*éclaire*, appartiennent aussi à la famille des *papavéracées*.

### *III<sup>e</sup> Famille. — Crucifères.*

La famille des *crucifères* est une de celles que la nature a distinguées par des caractères tellement saillants, qu'il est impossible de la confondre avec aucune autre; un périanthe double, à quatre divisions opposées en croix, six étamines tétradynames (quatre plus grandes, deux plus petites), un ovaire supérieur et un fruit siliqueux, forment des caractères botaniques parfaitement tranchés, et que l'on ne trouve dans aucune autre famille végétale. Si on ajoute à cela une grande ressemblance dans les propriétés des plantes qui les composent, on verra que ce groupe est un des plus naturels, en même temps que c'est un des plus nombreux et des plus importants de la section des polypétales.

Ce sont des végétaux herbacés, ou très-rarement de petits arbrisseaux à feuilles alternes et à fleurs petites, disposées en grappes, qui pour la plupart habitent les régions tempérées ou froides de l'ancien continent, surtout son côté occidental. Ils jouissent tous d'une saveur amère, astringente et excitante : propriétés qui les font employer fréquemment en médecine, à laquelle ils fournissent, entre autres médicaments, le vin et le sirop antiscorbutiques.

Quoique ces plantes aient les fleurs en général très-petites et peu agréables à l'œil, quand elles sont isolées, elles ne laissent pas de former quelquefois par leur réunion des bouquets assez jolis, et même des touffes d'un très-bel effet dans les plates-bandes ; telles sont la GIROFLÉE (*cheiranthus*), avec ses nombreuses espèces et variétés ; la JULIENNE (*hesperis*), avec ses belles panicules blanches ou lilas ; la CORBEILLE D'OR (*alyssum*), ainsi nommée à cause de ses grosses touffes jaunes. Le *thlaspi* ou *taraspic*, la *lunaire* ou *monnaie du pape*, la *tourelle*, etc., sont aussi des plantes d'agrément qui font l'ornement de nos jardins et de nos parterres.

Parmi les *crucifères* utiles à l'économie domestique, nous citerons la MOUTARDE (*sinapis*), dont la graine fournit une farine si employée, soit comme assaisonnement, soit comme médicament ; les RAVES (*raphanus*), dont les *radis* ne sont que des variétés ; le CRESSON (*sysimbrium*), dont les feuilles et les tiges tendres sont si fréquemment mangées en salade ; le PASTEL (*isatis*), qui fournit à la peinture le *guède* ou le *pastel*, couleur bleue d'un usage journalier.

Mais de tous ces végétaux, il n'en est aucun que l'on puisse comparer au CHOU (*brassica*), sous le rapport de l'utilité ; ce genre nombreux fournit cinq espèces à l'économie domestique : 1° le *chou cultivé*, dont les principales variétés sont le *chou pommé* et le *chou rouge ;* 2° le *chou-fleur*, dont le *brocoli* ou *chou de Bruxelles* est une variété ; 3° le *chou navet*, dont la racine charnue est si employée dans les cuisines ; 4° la *roquette* qu'on mange en salade ; 5° le *colza*, auquel nous devons l'huile de ce nom.

### IV<sup>e</sup> Famille. — Malvacées.

Deux particularités principales caractérisent la famille des *malvacées*, qui tire son nom du genre le plus anciennement connu qu'elle renferme : ce sont : 1° des

étamines nombreuses, à filets réunis en un seul faisceau
et à anthères uniloculaires, et 2° des ovaires également
nombreux, auxquels succèdent des fruits toujours ver-
ticillés ou disposés en couronne autour d'un axe central.
Quant au périanthe, il est généralement pentaphylle, et
rarement triphylle, et présente le plus souvent des couleurs agréables et des formes toujours régulières.

Les *malvacées* sont des végétaux tantôt herbacés, tantôt ligneux, à feuilles alternes et munies de deux stipules
à leur base. Aucune d'elles ne jouit de propriétés énergiques ; les sucs qu'elles renferment sont généralement
aqueux et mucilagineux, ce qui les fait fréquemment
employer en médecine comme adoucissants. Plusieurs
espèces sont employées comme plantes d'ornement.

Les principaux genres de cette famille sont la *mauve*
et le *cotonnier*.

Le genre MAUVE (*malva*) se compose de plantes herbacées, qui ont un double calice dont l'extérieur est à
trois divisions, ce qui les sépare des guimauves, qui ont
cet organe à six ou à neuf découpures. C'est, au reste,
la seule différence qui distingue ces deux genres, dont
les propriétés émollientes sont absolument semblables,
et qu'on emploie assez indistinctement en médecine dans
toutes les maladies inflammatoires.

Une espèce de ce genre, dont certains auteurs font un
genre particulier, est souvent employée comme plante
d'ornement et produit un très-bel effet dans les parterres, d'où elle élève à une très-grande hauteur sa tige
couronnée de belles fleurs rouges, jaunes, blanches ou
panachées, dont la forme rappelle celle de la rose ; ce

qui a fait appeler ces plantes *roses-trémières* ou **passe-
roses**.

Les **COTONNIERS** (*gossypium*) sont des herbes ou des
arbrisseaux très-analogues aux mauves par tous les caractères botaniques, et qui n'en diffèrent qu'en ce que leurs
graines sont enveloppées d'un duvet laineux fort épais,
auquel on donne le nom de *coton*. Les espèces qui fournissent cette substance, qui fait l'objet d'un commerce
important, sont extrêmement nombreuses et répandues
dans toutes les contrées méridionales de l'Asie et de
l'Amérique. On en cultive aussi beaucoup en Grèce et
dans l'Asie Mineure. On a même essayé de les acclimater en France; mais, soit défaut de précautions, soit
délicatesse de la plante, les efforts qu'on a faits sont
demeurés sans succès jusqu'ici, quoiqu'on n'ait pas entièrement renoncé à cette tentative.

### Vᵉ *Famille.* — *Ampélidées.*

Les *ampélidées* ou *vignes* sont des arbrisseaux sar-
menteux et flexibles qui grimpent le long des troncs so_
lides, en les embrassant au moyen de longues *vrilles*
dont ils sont armés. Ces vrilles sont placées vis-à-vis des
feuilles qui sont alternes et profondément échancrées.
Les fleurs de ces végétaux sont toujours très-petites et
sans éclat; leur calice, comme leur corolle, est toujours
à cinq divisions et protége cinq étamines libres et opposées aux pétales. Le fruit est tellement connu qu'il est
inutile d'en parler; chacun sait que c'est une baie globuleuse, très-pulpeuse, qui renferme, une, deux, trois
ou quatre graines, jamais davantage.

Cette famille se compose de deux genres principaux :
les **cissus** (*cissus*, dont une espèce, la *vigne vierge*, est
fréquemment employée pour couvrir les murs, sur lesquels elle forme une abondante et belle verdure, et les
**vignes** (*vitis*), dont l'espèce la plus intéressante est celle
qui produit le vin.

C'est un arbrisseau ayant ordinairement deux ou trois
pieds de haut, mais qui, en se soutenant sur quelque arbre élevé, peut atteindre à une hauteur de vingt-cinq et
même trente pieds. Dans ce cas, son tronc devient très-souvent plus gros que la cuisse et aussi gros que le corps.
Un seul peut produire plus de trois cents livres de raisins.

Ce fruit, mangé frais, est un des meilleurs qui viennent naturellement en France ; écrasé, il fournit un jus
abondant qui se transforme, par la fermentation, en *vin* ;
et celui-ci, distillé, forme les diverses espèces d'*eaux-de-vie* et l'*alcool* ou *esprit-de-vin*, dont les usages sont
si répandus ; le dépôt qu'il laisse, soit dans les tonneaux
où on le conserve, soit dans les alambics où on le distille,
constitue le *tartre*, qu'on emploie fréquemment en médecine.

### VI<sup>e</sup> Famille. — *Légumineuses*.

La famille des *légumineuses* est une des plus naturelles de la classe des polypétales ; une corolle généralement papilionacée, des étamines presque toujours au
nombre de dix et réunies en faisceau par leurs filets,
enfin une gousse pour fruit, tels sont les caractères qui
distinguent ces végétaux, et auxquels on peut ajouter

des feuilles alternes, le plus souvent composées, et garnies de stipules à leur base.

La forme de la fleur est tellement caractéristique qu'elle suffirait pour séparer cette famille de toutes les autres ; elle se compose toujours de cinq pétales, dont le supérieur, appelé *étendard*, est étalé au-dessus des quatre autres qu'il est destiné à protéger ; au-dessous et sur les côtés se trouvent les *ailes* qui garantissent les deux pétales inférieurs ; ceux-ci sont soudés en une espèce de tube, la *carène*, contenant les organes reproducteurs de la plante, qui sont ainsi défendus par un triple rempart.

A cette fleur succède une *gousse*, c'est-à-dire un fruit sec à deux valves, dans lequel les graines sont disposées longitudinalement sur la suture des valves. Les feuilles de tous ces végétaux présentent en général ces mouvements que l'on désigne sous le nom de *sommeil des plantes*, c'est-à-dire qu'elles changent de position, selon qu'elles sont exposées à la lumière solaire ou soustraites à son influence ; la *sensitive* est surtout célèbre sous ce rapport.

Cette famille est, après celles des graminées et des rosacées, une des plus importantes et des plus utiles ; elle renferme une immense quantité de plantes que leurs produits mettent au premier rang, parmi les espèces végétales nécessaires à l'homme. Elle en contient aussi un grand nombre, que les jardiniers fleuristes et paysagers recherchent pour la beauté de leurs fleurs, pour l'élégance de leur port ou pour la douceur de leur parfum.

On divise les légumineuses en deux tribus : les *papilionacées* et les *mimosées*.

### I<sup>re</sup> *Tribu*. — PAPILIONACÉES.

Dans cette tribu, la fleur est réellement *papilionacée*, c'est-à-dire que son aspect général rappelle la forme de l'insecte ailé de ce nom. Elle se compose de plantes presque toujours herbacées et annuelles, dont le fruit farineux sert de nourriture à l'homme et aux animaux domestiques. Quelques espèces vivaces ont cependant le fruit sec et ne contiennent rien de nutritif. Cette seule tribu comprend plus de soixante-dix genres : le GENÊT (*genista*), dont certaines espèces ont été transplantées des plaines arides et incultes où elles croissent naturellement jusque dans nos parcs et nos jardins, où leurs fleurs jaunes nous plaisent autant par leur beauté que par leur parfum ; le CYTISE (*cytisus*), dont Virgile nous parle comme d'une plante recherchée par les chèvres ;

*Florentem cytisum et salices carpetis amaras ;*

le LUPIN (*lupinus*), dont les anciens faisaient usage comme aliment, mais dont on ne se sert aujourd'hui que comme médicament ; la BUGRANE (*ononis*), dont les racines sont assez fortes pour empêcher les bœufs de tracer leurs sillons dans les champs, ce qui leur a fait donner le nom d'*arrête-bœufs ;* le MÉLILOT (*melilotus*), dont les fleurs adoucissantes sont fréquemment employées contre les inflammations des yeux ; le TRÈFLE (*trifolium*), si connu comme fourrage ; la LUZERNE (*medicago*), qui n'est pas moins célèbre sous le même rapport; le **HARICOT** (*phaseolus*), dont les espèces et les variétés fraîches ou sèches fournissent à l'homme un aliment très-usité ; les **ROBINIERS** (*robinia*), arbrisseaux qui, sous le nom de *faux-acacias*, font l'ornement de nos bosquets; l'**ASTRAGALE** (*astragalus*), auquel nous devons la *gomme adragant;* la **RÉGLISSE** (*glycirrhiza*), qui fournit cette racine douce et sucrée qui porte son nom; le **POIS** (*pisum*), dont certaines espèces servent de nourriture, et les autres sont des plantes d'agrément; la **VESCE** (*vicia*), qu'on mêle quelquefois au blé pour augmenter la quantité de pain, mais qui sert plus souvent de fourrage; la **FÈVE** (*faba*) et la **LENTILLE** (*errum*), qui sont d'un usage journalier; l'**INDIGOTIER** (*indigotifera*), sur lequel nous allons donner quelques détails. C'est une plante, tantôt ligneuse, tantôt herbacée, qui croît naturellement dans les Indes-Orientales, et que l'on a transplantée en Amérique et surtout aux Antilles, à cause de l'*indigo*, qu'elle produit. Cette substance, d'un beau bleu, s'obtient par la macération et la fermentation des feuilles de la plante dans l'eau. On en distingue de deux sortes : l'une plus belle, c'est l'*indigo*, et l'autre, plus commune, se nomme *inde*.

## *II<sup>e</sup> Tribu.* — MIMOSÉES.

Les *mimosées* tirent leur nom de *mimosa*, sensitive, qui est le genre le plus célèbre de cette tribu; son caractère distinctif consiste dans la disposition de la fleur qui n'est jamais papilionacée, et affecte ordinairement une forme régulière. Ce groupe est beaucoup moins nombreux que le précédent.

Les principaux genres qu'il comprend sont d'abord la **sensitive** (*mimosa*). C'est un des végétaux les plus curieux que l'on connaisse. Originaire des contrées intertropicales, on a cherché à l'acclimater en Europe, moins à cause de ses fleurs, qui, sans être désagréables, sont cependant loin d'être belles, que pour les mouvements qu'elle exécute sous l'influence des moindres causes. Un brin de paille que le vent agite, l'électricité de l'atmosphère, un nuage ou une ombre qui passe, suffisent pour lui faire fermer ses feuilles étalées, et elles restent ainsi closes jusqu'à ce que la cause qui a déterminé leur fermeture vienne à se dissiper. Le *cachou*, substance médicamenteuse assez usitée, est un produit d'une espèce de mimosa, le *mimosa catechu*. Le second genre que nous citerons de la tribu des mimosées, c'est l'**acacia** (*acacia*). C'est un des plus beaux arbres de la famille; son port élégant, ses fleurs parfumées, ses feuilles composées, l'ont fait admettre dans nos bosquets et dans nos allées. Dans les pays chauds où il croît naturellement, il atteint assez souvent une élévation qui permet de l'employer dans les constructions. Outre ce service, l'*acacia* en rend encore un autre par la grande quantité de gomme qu'il fournit; elle est très-usitée en médecine sous le nom de *gomme arabique*; mais les Arabes en font un bien plus fréquent usage que nous, puisqu'elle leur sert de nourriture. Nous citerons encore de cette tribu la **casse** (*cassia*), qui fournit à la médecine la substance de ce nom, ainsi que le séné; le **tamarinier** (*tamarindus*), dont les gousses fournissent une pulpe légèrement laxative que l'on appelle *tamarin* ; le **ben** (*moringa*), plante indienne dont les graines contiennent une huile qui ne rancit pas en vieillissant ; le **campêche** (*hematoxylum*), grand arbre d'Amérique dont le bois sert à teindre en violet, en rouge, etc.

### VII<sup>e</sup> Famille. — Rosacées.

C'est encore une de ces familles qui méritent l'attention du naturaliste autant par leur étendue et par la grande ressemblance des plantes qu'elles comprennent, que par la quantité des produits qu'elles nous fournissent. Les *rosacées* sont l'ornement de nos jardins et les délices de nos tables. C'est à cette famille que nous devons la reine des fleurs et les plus beaux fruits de nos vergers. Leurs caractères distinctifs sont les suivants : un calice monosépale à cinq divisions, et quelquefois accompagné d'un involucre ; une corolle étalée, pentapétale et rarement tétrapétale ou nulle ; des étamines nombreuses, et plusieurs ovaires soudés entre eux ou avec le calice.

Ce sont des plantes herbacées ou ligneuses, dont les feuilles simples ou composées sont constamment alternes et garnies de stipules à leur base. On les divise en quatre tribus principales : les *amygdalées*, les *fragariées*, les *rosées*, et les *pomacées*.

### I<sup>re</sup> Tribu. — AMYGDALÉES.

Honneur de nos jardins et de nos tables, les *amygdalées* fournissent le plus bel ornement de nos desserts : la pêche, la cerise, la prune, l'abricot, l'amande, en un mot tous les fruits à noyau.

Elles tirent leur nom d'*amygdalus*, amandier, qui en est le genre principal. On les reconnaît en ce qu'elles n'ont qu'un seul ovaire, auquel succède un fruit charnu à un seul noyau dur et ligneux. Les genres qu'elle comprend sont l'*amandier*, le *prunier* et le *cerisier*.

Le genre AMANDIER (*amygdalus*) se distingue en ce qu'il a le noyau profondément sillonné ou criblé de pores. Il renferme deux espèces principales, l'*amandier* et le *pêcher*. Le premier est un des plus beaux arbres de la tribu ; il joint à une taille élevée un port élégant et un excellent fruit ; il nous fournit les *amandes douces*, dont l'huile est si usitée dans la parfumerie et dans la pharmacie, et qui font la base des loochs, du sirop d'orgeat, de plusieurs pâtisseries, tandis que les *amandes amères* contiennent de l'acide prussique, le poison le plus violent que l'on connaisse, et dont quelques gouttes suffisent pour donner instantanément la mort. Quant au *pêcher*, il est assez joli, quoiqu'il ne soit jamais aussi grand que le précédent. Ce qui le fait rechercher, ce sont la beauté et la bonté de son fruit, qui est un des plus recherchés pour la table. On prétend qu'il est originaire de Perse, d'où il a été transporté dans nos pays depuis un temps immémorial.

Le genre PRUNIER (*prunus*) se reconnaît en ce qu'il a le noyau aplati et à peu près lisse ; tels sont le *prunier* et l'*abricotier*. Le premier est extrêmement répandu dans toute l'Europe, où l'on en cultive plusieurs variétés, dont les plus estimées sont la *prune de monsieur*, la *reine-claude*, le *damas violet*. On les mange fraîches ou sèches, sous le nom de *pruneaux*. Quant à l'*abricotier* il est plus sensible au froid et ne produit pas d'aussi beaux fruits au nord qu'au midi.

Les **cerisiers** (*cerasus*) ont pour caractère distinctif un noyau globuleux à surface unie, comme dans les pruniers. C'est le genre le plus nombreux de la tribu ; il comprend près de trente espèces, dont les principales sont le *cerisier commun* et le *cerisier des oiseaux*. Le premier n'est pas seulement utile par son fruit, mais encore par son bois, qui, sous le nom de *merisier*, sert à faire de jolis meubles. Ses principales variétés sont l'*anglaise*, la *griotte* ou *courte-queue*, la *guigne*, le *bigarreau* et la *merise*. Cette dernière n'est pas bonne à manger; mais elle sert à faire deux liqueurs très-célèbres, le *kirschwasser* et le *marasquin*. Le *cerisier des oiseaux* ne produit pas de fruits comestibles; mais il s'emploie pour orner les jardins ; ses belles grappes rouges font l'effet le plus agréable parmi ses feuilles vertes et serrées.

### II<sup>e</sup> *Tribu*. — FRAGARIÉES.

Cette tribu, qui a pour type le *fraisier*, diffère de la précédente en ce qu'elle a plusieurs ovaires qui se réunissent en mûrissant, pour former un seul tout ; tels sont la *ronce* et le *fraisier*.

Les **ronces** (*rubus*) sont des plantes à tiges flexibles, qui croissent partout dans nos contrées et qui deviennent souvent importunes, par la facilité et la rapidité avec lesquelles elles se multiplient dans les champs cultivés ; dommage qu'elles ne compensent pas par leurs fruits, qui sont peu recherchés, excepté cependant ceux du *framboisier*, qui, par la suavité de leur parfum, s'emploient fréquemment pour aromatiser les sirops, les confitures, les glaces, etc.

Le **FRAISIER** (*fragaria*) croît aussi partout, et surtout dans les bois, où son fruit se décèle au loin par l'odeur pénétrante et suave qu'il répand autour de lui. Nous en avons en France plusieurs variétés, entre autres la *fraise des jardins*, la *fraise des bois*, la *fraise ananas*.

### IIIe *Tribu*. — LES ROSÉES.

Cette tribu ne se compose que du genre **ROSIER** (*rosa*, dont le fruit n'a aucune propriété, mais dont on cultive presque toutes les espèces à cause de la beauté de leurs fleurs. Mais il ne faut pas croire que toutes les roses soient également remarquables par la richesse de leur corolle et par la suavité de leur parfum ; il y en a peu qui, à l'état sauvage, se fassent remarquer par leur éclat ou par leur élégance. Ce n'est que par la culture qu'on parvient à leur procurer cette beauté, qui leur a mérité à si juste titre le nom de *reine des fleurs*. Les principales variétés sont : la *rose à cent feuilles*, la *rose de Hollande*, la *rose mousseuse*, la *rose pompon*, la *rose musquée*, etc.; la *rose de chien*, l'*églantier*, la *rose de Provins*, la *rose des champs*, etc., sont quatre espèces de ce genre qui croissent spontanément en France. En distillant la feuille de ces différentes espèces de *roses*, on obtient une eau odorante fort usitée en parfumerie.

### IVe *Tribu*. — POMACÉES.

Dans cette tribu, la fleur n'a qu'un seul ovaire, comme

dans celle des amygdalées; mais le fruit, qui est toujours charnu, contient plusieurs graines et présente à son sommet un *ombilic*, espèce de couronne formée par le calice. Toutes ces plantes produisent des fruits qui, sans avoir le même degré de bonté que ceux de la première tribu, sont cependant très-estimés, et sont même plus utiles, parce que leur abondance permet de les employer à la fabrication d'une boisson agréable et très-précieuse, dans le pays où le raisin ne peut pas mûrir.

Les principaux genres de ce groupe sont le *pommier* et le *poirier*. Le **POMMIER** (*malus*) est un des arbres fruitiers les plus utiles ; outre que son fruit est très-bon à manger, et qu'il peut se conserver très-longtemps, puisque l'on en garde pendant toute l'année, il sert à faire une liqueur fermentée, appelée *cidre*, qui remplace le vin dans plusieurs contrées de la France, et surtout dans la Normandie. On en fait aussi des marmelades, des gelées, et autres confitures qui se conservent très-longtemps. Les principales variétés du *pommier commun* sont : la *reinette*, la *calville*, la *P. de Canada*, la *P. d'api*, etc.

Le **POIRIER** (*pyrus*) nous présente dans son fruit la même qualité que le pommier. Si ce dernier nous offre dans le cidre une boisson plus utile que le *poiré*, qu'on retire de la poire, celle-ci a une saveur généralement plus agréable que celle de la pomme : la *cresane*, le *beurré*, le *saint-germain*, etc., sont surtout recherchés pour le dessert. Celles qui sont moins bonnes crues, se font cuire avec du vin doux pour faire du *résiné*, ou se font sécher pour pouvoir être conservées plus long-temps ; on les appelle alors *poires tapées*. Elles servent à faire une boisson douce et sucrée, et se mangent cuites comme les pruneaux, avec lesquels on les mêle ordinairement.

La même tribu renferme encore le COIGNASSIER (*cy-donia*), dont les fruits ne se mangent pas crus, mais servent à faire de très-bonnes confitures ; le SORBIER (*sorbus*), qui a les fruits médiocres, mais qui forme d'assez beaux arbres pour orner les jardins : l'ALISIER (*cratægus*), qui fournit au jardinier paysager l'*aubépine blanche*, l'*aubépine rose*, l'*aloudier*, l'*azerolier* et le *buisson ardent* ; le NÉFLIER (*mespilus*), dont le fruit, quoique un peu acerbe, est assez bon quand il est bien mûr.

## VIIIe Famille. — Ombellifères.

Cette famille est une des plus naturelles et des plus nombreuses du règne végétal ; elle comprend des plantes herbacées ou très-rarement ligneuses, dont la tige est d'ordinaire creuse intérieurement, et garnie à sa surface de feuilles alternes, engaînantes et généralement décomposées en un grand nombre de folioles. Leurs fleurs, toujours petites et de couleur blanche ou jaune, sont disposées en ombelles, c'est-à-dire qu'elles partent du même point de la tige et forment par leur rapprochement une tête dont la forme rappelle une ombrelle. Chaque fleur se compose d'un calice adhérent avec l'ovaire, d'une corolle formée de cinq pétales étalés ; de cinq étamines épigynes et d'un seul ovaire à deux loges, auquel succède un fruit capsulaire.

Cette famille est une des plus importantes par les produits nombreux qu'elle fournit aux arts et à l'économie domestique ; c'est à des plantes de ce groupe que sont dues la plupart des substances aromatiques qu'emploient la pharmacie et la parfumerie : telles sont l'*anis*, la *coriandre*, le *fenouil*, le *chervi*, l'*angélique*, etc.

On y trouve aussi des plantes économiques, telles que la *carotte*, le *panais*, le *céleri*, le *persil*. Mais à côté de ces plantes utiles se trouvent des espèces vénéneuses, telles que la *ciguë*, le *phellandre* et l'*œthuse* ou *petite ciguë*. Les *férules*, qui produisent la résine appelée *galbanum* et l'*assa-fétida*, appartiennent aussi à cette famille.

Aux sept familles que nous venons de faire connaître, nous ajouterons les *myrtacées*, auxquelles se rapportent les *myrtes* et les *grenadiers* ; les *crassulées* ou *plantes grasses*, dont les *joubarbes* et les *crassula* font partie ; les *cactées*, dont les *cactus* si connus font le principal genre ; les *ribésiées* auxquelles appartient le *groseiller* ; les *caryophyllées* qui comprennent l'*œillet*, le *lychnis*, la *coquelourde* et autres genres analogues ; les *violacées*, dont les genres principaux sont la *violette* si connue de tout le monde et l'*ionidium*, qui fournit l'ipécacuanha ; les *nymphéacées*, dont le genre type est le *nénuphar* ; les *magnolias*, dont les fleurs sont si admirables par leurs larges et riches corolles ; les *tiliacées*, dont le *tilleul* est le genre le plus connu ; les *linacées*, qui fournissent le *lin* ; les *hespéridées*, qui produisent les *orangers*, les *citrons*, etc.

*Seconde section.* — **DICOTYLÉDONES MONOPÉTALES.**

La section des dicotylédones monopétales est beaucoup moins considérable que la précédente; mais elle n'est guère moins remarquable par la beauté des fleurs qu'elle fournit à l'horticulture, par la valeur des produits qu'elle procure à l'industrie, et enfin par les services que la plupart d'entre elles rendent à l'art médical par les propriétés dont elles sont douées. Du reste leurs caractères distinctifs sont faciles à établir : outre la structure de leur corolle, dont les pétales sont constamment unis entre eux par une plus ou moins grande étendue de leurs bords correspondants, on remarque que les étamines, quel qu'en soit d'ailleurs le nombre, au lieu de s'insérer sur le réceptacle ou sur l'ovaire, se soudent à la face interne de la corolle avec laquelle elles adhèrent d'une manière si intime, qu'il est quelquefois impossible d'en suivre la trace jusqu'au réceptacle ou à l'ovaire. Il est évident d'après cette particularité que l'insertion des étamines est déterminée par celle de la corolle, en sorte qu'il suffit de s'assurer du point d'attache de cette dernière, pour que celui des étamines soit pareillement connu.

Ce groupe, quoique peu considérable, comprend un assez grand nombre de familles parmi lesquelles nous citerons : les *rubiacées*, les *composées*, les *solanées*, les *apocynées*, les *personées*, les *labiées*, les *jasminées* et les *éricinées*.

## I*re* *Famille.* — *Rubiacées.*

On trouve dans cette famille des herbes, des arbrisseaux et des arbres très-élevés, à feuilles verticillées, entières, dont le calice monosépale adhère par sa base avec l'ovaire, et dont la corolle, également monopétale à quatre ou cinq lobes, enveloppe le même nombre d'étamines et un ovaire central surmonté d'un style à plusieurs stigmates.

La plupart des plantes de cette famille sont originaires des pays chauds, et nous offrent par leurs fruits, leur racine ou leur écorce, des produits précieux qui font l'objet d'un commerce considérable. Mais aucune d'elles ne se fait remarquer par la beauté de ses fleurs, et n'est admise dans les parterres comme plante d'ornement.

Nous trouvons dans ce groupe, entre autres genres utiles, la *garance*, le *cafeyer* et le *quinquina*.

La GARANCE (*rubia*) tire son nom d'un mot latin qui veut dire *rouge*, et qui lui a été donné parce que ses racines présentent cette teinte. Cette couleur est tellement foncée qu'elle se communique aux urines, au lait, à la bile et même aux os des animaux qui en font usage. Les teinturiers n'ont pas manqué de tirer parti de cette propriété de la *garance ;* en la fixant au moyen d'un mordant, ils l'emploient à teindre les laines, et depuis quelques années on en fait en France une grande consommation, pour la teinture des pantalons de nos soldats.

Aussi, la culture de cette plante a-t-elle pris une extension considérable, et avec d'autant plus de raison qu'elle fournit, outre la matière colorante de sa racine, un fourrage très-bon pour les bestiaux et surtout pour les vaches, parce que la couleur rouge qu'il communique au lait de ces dernières ne lui ôte rien de ses qualités nutritives et bienfaisantes.

Les **cafeyers** (*coffea*) sont des arbres ou arbrisseaux originaires des contrées méridionales de l'ancien continent, remarquables par leur fruit qui ressemble à une cerise pour la grosseur et pour la couleur, et qui renferme deux graines aplaties et collées l'une contre l'autre. La principale espèce de ce genre est le *cafeyer ordinaire*, qui croît naturellement en Arabie, d'où il a été transplanté aux Indes, en Amérique et aux Antilles, où il s'est parfaitement acclimaté. C'est un arbrisseau d'environ vingt pieds de haut, dont les graines torréfiées et moulues donnent, par infusion, cette liqueur connue sous le nom de *café*. On a dit que le *café* était nuisible : il est vrai que certaines personnes irritables n'en font pas impunément usage; mais je crois qu'il y en a un plus grand nombre qui s'en trouvent bien. Le meilleur *café* est celui d'Arabie, aussi dit de *Moka*, parce que nous le recevons par la voie de cette dernière ville. Viennent ensuite ceux de Bourbon et de la Martinique, qui lui sont peu inférieurs en qualité ; le plus médiocre est celui de Saint-Domingue.

Les **quinquinas** (*cinchona*) sont de beaux arbres d'Amérique, plus connus par l'écorce fébrifuge qu'ils produisent que par leurs fleurs et leur bois. Cette substance, si usitée en médecine pour la guérison des fièvres intermittentes, est douée d'une amertume insupportable, qui faisait que les malades ne le prenaient autrefois qu'avec répugnance. Mais depuis qu'un chimiste français est parvenu à extraire de cette écorce le principe actif et fébrifuge qu'elle contient (la *quinine*, il suffit, pour guérir une fièvre, d'une petite quantité que l'on peut avaler sans presque s'en apercevoir. On connaît plusieurs espèces de ce genre, qui jouissent toutes de propriétés fébrifuges plus ou moins énergiques ; les plus estimées sont le *quinquina rouge* et le *quinquina jaune*.

Outre ces genres importants, la famille des *rubiacées* renferme le genre *psycotria*, qui fournit l'*ipécacuanha*, substance purgative très-usitée en médecine ; le *génipayer*, dont les fruits sont comestibles ; le *siderodendrum* ou *bois de fer*, que sa dureté fait employer par les sauvages d'Amérique pour la fabrication de leurs flèches.

### II<sup>e</sup> *Famille. — Composées.*

On a donné à ces plantes le nom de *composées* ou de *synanthérées*, parce que leurs fleurs toujours terminales, se trouvent tellement rapprochées, qu'elles sont enveloppées en assez grand nombre dans le même calice, et semblent n'en former qu'une seule ; c'est ce qu'on peut voir dans le *bleuet*, la *laitue*, le *soleil*, dont chaque pétale est une fleur entière. Si en effet on arrache à une de ces fleurs ou à toute autre semblable une de leurs feuilles, on voit que ce n'est pas une simple pétale, mais un petit tube plus ou moins long, dans lequel on trouve un pistil et quatre ou cinq étamines. La forme de ces fleurs partielles varie selon les genres ; tantôt c'est un tube complet à cinq divisions régulières ; on l'appelle alors *fleuron* ; tantôt, au contraire, c'est un tube dont un des côtés aurait été enlevé et qu'on nomme *languette* ou *demi-fleuron*. Mais dans toutes la corolle est insérée au sommet de l'ovaire et soudée avec les étamines par sa base. Dans la plupart des *composées*, on trouve les fleurons et les demi-fleurons réunis, et formant ensemble une espèce de tête *(calathide* ou *capitule)* semblable à une belle fleur. Aussi la plupart des espèces de cette famille ont-elles été transplantées des lieux où elles croissent naturellement, dans nos jardins et nos parterres, dont elles font un des plus beaux ornements. Mais là ne se bornent par les services des *synanthérées* : nous mangeons les feuilles des laitues et des chicorées, crues ou cuites ; le réceptacle de l'artichaut n'est pas moins estimé ; les racines de la scorsonère et des salsifis sont dans le même cas. Un grand nombre sont utiles à la médecine par leurs propriétés amères et stomachiques ; d'autres sont vermifuges, etc.

Toutes ces plantes se multiplient avec beaucoup de rapidité ; comme leurs graines sont nombreuses et le plus souvent garnies d'un duvet fin sur lequel le vent a beaucoup de prise, elles sont transportées par les courants d'air à des distances incroyables. Il est peu de personnes qui n'aient eu occasion de voir quelques-unes de ces graines voyageant dans l'atmosphère. De cette manière elles sont disséminées dans toutes les parties du globe; et c'est pour cela qu'il est peu de pays où l'on n'en trouve un grand nombre d'espèces ; différentes en cela des autres plantes, dont la plupart sont bornées à certaines régions particulières.

Cette famille est la plus nombreuse de toute la botanique : elle ne comprend pas moins de six mille espèces, que l'on a rapportées à trois tribus : les *cynarocépales* ou *flosculeuses*, les *chicoracées* ou *semi-flosculeuses* et les *corymbifères* ou *radiées*.

### *I^re Tribu*. — CYNAROCÉPHALES.

Dans cette tribu, les capitules ou fleurs composées sont formées exclusivement de fleurons, et ne renferment pas de demi-fleurons ; leur réceptacle est garni de poils nombreux, et leur style est pareillement muni de poils au-dessous du stigmate. En général ces fleurs ne sont pas aussi élégantes que celles des deux autres tribus ; leurs pétales ne s'étalent point avec grâce, et sont privés de ces vives couleurs qu'on aime à trouver dans les plantes d'agrément ; plusieurs sont même hérissées de piquants qui empêchent de les toucher sans se blesser, et répandent une odeur forte et nauséabonde, qui incommode beaucoup de personnes. En compensation, c'est dans cette tribu que nous trouvons le plus d'espèces utiles.

Parmi les genres nombreux que nous offre ce groupe, nous citerons le CHARDON (*carduus*) dont les espèces sont répandues partout, le long des chemins, dans les champs, dans les prairies ; l'ARTICHAUT (*cynara*), dont on mange le réceptacle, et les pétioles des feuilles sous le nom de *cardons ;* le CARTHAME (*carthamus*), dont une espèce a dans ses fleurs des principes colorants jaune et rouge employés pour teindre les bonbons, et dont l'autre a été longtemps célèbre sous le nom de *chardon bénit*, par ses propriétés contre la fièvre et contre les vers ; la CENTAURÉE (*centaurea*), dont nous avons en France plus de quarante espèces, parmi lesquels nous distinguerons la *grande centaurée*, le *bleuet*, la *chausse-trape* ou *chardon étoilé* ; l'ARMOISE (*artemisia*), à laquelle se rapportent comme espèces, l'*estragon*, l'*absinthe*, l'*armoise commune*, et l'*aurone* ou *citronelle*, toutes usuelles ; les GNAPHALES (*gnafalium*), dont les feuilles écailleuses sont si connues sous le nom d'*immortelles* ; la BARDANE (*arctium*), à laquelle on attribue des vertus médicinales, qui sont très-problématiques, etc.

### *IIe Tribu.* — CHICORACÉES.

Cette tribu, qui est la moins considérable de la famille, se compose de toutes les synanthérées dont les *capitules* ne renferment que des languettes ou demi-fleurons, ce qui les a fait aussi appeler *semi-flosculeuses*. Ce sont encore des plantes peu remarquables par la beauté de leurs corolles, et que les fleuristes écartent de leurs parterres, moins pour le défaut d'élégance et d'éclat, que pour l'odeur désagréable qu'elles répandent ; mais presque toutes sont utiles à l'économie domestique. Nous citerons, entre autres genres, les SALSIFIS (*tragopogon*), dont une espèce commune dans les prairies est bonne crue, à cause de son goût sucré, et dont une autre espèce fournit la racine qui porte ce nom ; la SCORSONÈRE (*scorsonera*), dont on mange les racines comme celles des salsifis ; le **PISSENLIT** (*taraxacum*), dont les feuilles tendres et amères se mangent en salade ; le **LAITRON** (*sonchus*), qui ressemble beaucoup au précédent pour la forme et les propriétés ; la **LAITUE** (*lactuca*), qui nous fournit la *romaine*, la *laitue commune*, et la *laitue crépue* ; la **CHICORÉE** (*chicorium*), à laquelle nous devons, outre la *chicorée sauvage*, l'*endive*, l'*escarolle*, la *barbe de capucin*.

### *III[e] Tribu.* — CORYMBIFÈRES.

Cette troisième tribu, qui est la plus riche en espèces, comprend toutes les composées, dont les *capitules* réunissent des fleurons et des demi-fleurons en même temps ; les premiers sont placés au centre et les seconds à la circonférence.

C'est de ce groupe nombreux que le fleuriste tire la plupart de ces plantes magnifiques, dont les fleurs en étoiles s'élèvent majestueusement au-dessus des autres ; tels sont ces brillants asters ou reines marguerites et ces superbes soleils que nous ne pourrions nous lasser d'admirer, si, au lieu de venir sans aucun soin dans nos jardins, ils ne pouvaient se développer que dans une serre chaude, et surtout s'il fallait aller au Pérou, leur patrie, pour les contempler dans toute leur beauté. D'autres espèces pour être plus modestes, n'en sont pas moins charmantes ; telle est cette humble paquerette, qui se cache parmi l'herbe des prairies, où la blancheur purpurine de sa corolle peut seule la faire apercevoir. Mais celles que nous devons le plus aimer, sont sans contredit celles qui, joignant l'utile à l'agréable, font l'ornement de nos jardins, en même temps qu'elles ont des propriétés économiques ou médicinales ; tels sont le *chyrsanthème*, l'*anthemis* ou *camomille*, la *matricaire*, etc.

Nous ne citerons pas toutes les plantes utiles ou agréables de cette tribu : nous ne nommerons que les plus communes en France : les *soucis*, les *œillets-d'Inde*, les *dhalia*, les *coréopsis*, les *verges d'or*, les *séneçons*, les *aunées*, les *doronic*, les *arnica*, les *topinambours*, etc., etc.

### III<sup>e</sup> Famille. — Solanées.

Les *solanées* se distinguent des autres plantes monopétales par leurs feuilles simples et alternes, par leur corolle régulière à cinq divisions, par le nombre ou la disposition de leurs étamines et par leur fruit capsulaire ou bacciforme. De plus ce dernier renferme toujours un grand nombre de graines et s'emploie fréquemment soit comme aliment, soit comme médicament.

Cette famille est une des plus importantes de la classe des monopétales, d'abord parce qu'elle est répandue dans toutes les latitudes, excepté dans les climats glacés des régions polaires, ou sur la cime des montagnes couvertes de glace ou de neiges éternelles; ensuite parce qu'elle présente un grand nombre de plantes utiles, soit comme aliment, soit comme médicament. Toutes les *solanées* ont en elles un principe narcotique qui deviendrait facilement un poison, mais qui donné par une main prudente, sert à calmer la douleur et à soulager la souffrance; c'est même à cette propriété que ces plantes doivent leur nom de *solanées*, tiré du latin *solari*, consoler.

Nous citerons de cette famille les genres *tabac*, *morelle* et *jusquiame*.

Le **TABAC** (*nicotiana*) est une plante d'Amérique, qu'on cultive maintenant en Europe pour ses feuilles, dont il se fait une consommation immense, soit pour priser, soit pour fumer. Quoique le tabac ne soit pas un violent poison, quand on le prend à petite dose, on doit cependant dire que l'usage en est plutôt dangereux que bienfaisant ; on peut s'en convaincre en observant la santé de ceux qui le préparent ; ils sont maigres, pâles, sujets aux maux de tête, aux vertiges et aux tremblements. On sait aussi que, pris en infusion, il peut causer la mort, et une espèce d'huile qu'on retire de ses feuilles par la distillation est si virulente, qu'une seule goutte placée sur la langue d'un chien suffit pour le faire périr en quelques minutes. On cite deux jeunes gens qui, s'étant défiés à qui fumerait le plus, périrent, l'un à la dix-septième, l'autre à la dix-huitième pipe. Outre ces dangers, le *tabac* a l'inconvénient d'affaiblir la finesse de l'odorat, d'émousser le goût, et même, à ce qu'on assure, de nuire au développement de l'intelligence, surtout quand on en prend avec excès.

Le genre **MORELLE** (*solanum*) est le plus nombreux de la famille ; il comprend plus de deux cents espèces, qui toutes sont plus ou moins suspectes, mais dont quelques-unes perdent leurs propriétés malfaisantes par la cuisson ou le séchage. Les principales espèces sont la *morelle noire*, dont les feuilles sont fréquemment employées en médecine pour faire des décoctions calmantes; la *douce-amère*, qui tire son nom de sa saveur douce et ensuite amère, et qui est moins dangereuse que la plupart des autres solanées; l'*aubergine*, dont les baies violettes, jaunes ou blanches, ressemblent à un œuf pour la forme et pour la grosseur, et se mangent en certains pays; la *pomme de terre*, dont les racines charnues sont si utiles. Il est incroyable combien l'usage de cette dernière espèce a eu de la peine à s'introduire, tandis que celui du tabac s'est propagé presque comme un éclair. Ce n'est que depuis le commencement de ce siècle qu'on en mange sans crainte. Jusqu'à cette époque, un préjugé bien naturel contre toutes les solanées en avait empêché l'introduction. Maintenant, avec cette racine précieuse, dont la multiplication est très-facile, la disette n'est plus à craindre.

Le nom de **jusquiame** (*hyociamus*) se tire de deux mots grecs, qui signifient *fève de porc*, parce qu'il paraît que ce mammifère recherche les fruits de cette plante; d'autres disent, au contraire, que c'est parce qu'il est pris de tremblements quand il en a mangé. Quoi qu'il en soit, c'est un végétal herbacé, dont toutes les parties sont dangereuses par le principe narcotique qu'elles contiennent, et dont la violence est telle qu'il suffit de s'arrêter longtemps dans son voisinage, pour éprouver de la stupeur, des vertiges, du délire, etc. Mais c'est surtout quand on l'avale que les accidents sont terribles: la pupille se dilate, la face se tuméfie, le pouls devient dur, le sommeil profond, la déglutition difficile ou même impossible. Toutefois, malgré l'énergie de son poison, la médecine fait assez souvent usage de ce végétal dans les maladies nerveuses, sur lesquelles il produit un bon effet. On en use surtout dans les affections des yeux. Nous avons vu que les cochons en mangent impunément, et les maquignons en mêlent la graine à l'avoine qu'ils donnent à leurs chevaux, parce qu'on prétend qu'elle excite leur appétit, les fait dormir plus longtemps, les engraisse et leur donne un beau poil. Mais elle est mortelle pour les poissons, les rats, les oiseaux et surtout pour les poules, et c'est pour cela qu'en certains pays on appelle la jusquiame *hanebane*, nom anglais qui veut dire tue poule. On compte trois espèces principales de ce genre : la *jusquiame blanche*, la *jusquiame noire* et la *jusquiame dorée*.

Outre ces genres, la famille des solanées contient encore la STRAMOINE (*datura*), dont les fleurs magnifiques seraient un des plus beaux ornements de nos jardins, si leur odeur et leur principe narcotique ne les en excluaient ; l'ATROPA (*atropa*), dont une espèce (la *belladone*) sert à composer du fard très-usité en Italie, et la *mandragore*, célèbre dans le moyen âge par les fourberies des charlatans ; les MOLÈNES (*verbascum*) ; les TOMATES (*lycopersicum*), dont les fruits, d'un rouge vif, sont d'un usage si fréquent dans les cuisines ; le PIMENT (*capsicum*), dont les baies se confisent comme les cornichons ; le COQUERET (*physalis*), dont une espèce (l'*alkékenge*) produit des baies globuleuses d'un rouge très-vif, renfermées dans une vessie membraneuse, qui n'est autre chose que le calice desséché.

### *IV<sup>e</sup> Famille. — Apocynés.*

La famille des *apocynées* a la corolle monopétale régulière des jasminées ; mais, outre que les divisions de la fleur sont obliques et au nombre de cinq, tandis que dans la famille précédente elles sont droites et au nombre de quatre seulement, on trouve dans les *apocynées* cinq étamines alternes avec les divisions du périanthe, et leur fruit est tantôt une capsule folliculeuse ou foliacée, et tantôt une baie ne renfermant que deux graines.

Ce sont des plantes herbacées ou ligneuses, à surface glabre, et pour la plupart exotiques, dont les feuilles sont alternes et entières, et dont les fleurs naissent, soit dans l'aisselle des feuilles, soit à l'extrémité des rameaux. Presque toutes contiennent un suc laiteux d'une nature vireuse, qui chez quelques espèces devient un des plus violents poisons.

Les genres les plus intéressants de cette famille sont le *laurier-rose*, *l'asclépiade* et le *strychnos*.

Les **LAURIERS-ROSES** (*nerium*) sont des arbres étrangers, de grande taille, qui, transportés dans nos contrées, et renfermés dans des serres étroites, deviennent de petits arbrisseaux. Mais tout petits qu'ils sont, nous aimons à contempler leur feuillage toujours vert et leurs belles corolles blanches ou roses, qui font un si agréable contraste sur leur verdure foncée.

**L'ASCLÉPIADE** (*asclepias*) était jadis si célèbre comme contre-poison, qu'on l'appelait *dompte-venin*. Cette croyance était d'autant moins fondée que la plante est au contraire un poison assez violent ; aussi quoique *l'asclépiade* ne soit pas dépourvue d'agrément, on ne s'est pas donné la peine de la transporter dans nos jardins ; elle reste toujours reléguée au milieu des bois, où elle se multiplie d'autant plus à son aise, qu'aucun animal ne la touche. Les grains de cette plante sont hérissés d'un duvet cotonneux, dont on a cherché à tirer partie pour la fabrication de tissus analogues à ceux du coton ; mais il ne paraît pas que les tentatives qu'on a faites à cet égard aient été heureuses, bien que cependant on n'y ait pas entièrement renoncé.

Les **STRYCHNOS** sont des arbrisseaux des régions intertropicales, tous redoutables par la violence de leur poison. Trois espèces se font surtout remarquer sous ce rapport ; ce sont le *ticuté*, la *noix vomique*, et la *fève Saint-Ignace*. Le premier est une des substances les plus délétères que l'on connaisse ; la plus petite quantité suffit pour donner la mort ; c'est pour cela que les sauvages s'en servent pour empoisonner leurs flèches, bien sûrs de faire périr l'ennemi qu'ils en frapperont. La *noix vomique*, quoiqu'un peu moins active, n'est guère moins à craindre : elle fait mourir très-rapidement tous les mammifères de la race canine ; aussi l'emploie-t-on fréquemment pour empoisonner les chiens, les loups et les renards. Il suffit de mettre quelques pincées de poudre de cette substance dans les entailles que l'on fait à une charogne, pour que ces animaux s'empoisonnent. Malgré son énergie, quelques médecins ont tenté de l'ordonner à leurs malades, mais il faut s'en servir avec une extrême circonspection. Quant à la *fève Saint-Ignace*, elle a à peu près les mêmes propriétés que l'espèce précédente, s'emploie aux mêmes usages, et exige la même prudence.

### V° Famille. — *Labiées.*

Toutes les monopétales dont nous venons de parler ont le périanthe regulier ou à peu près ; celles dont il nous reste à nous occuper l'ont au contraire très-régulier ; chez les *labiées*, par exemple, il est divisé en deux lèvres ou lobes inégaux, disposition qui a fait donner à la famille le nom qu'elle porte ; de plus. chaque lèvre est ordinairement découpée en deux ou trois lobes secondaires de forme variable, à l'aide desquels on est parvenu à caractériser certains genres de cette famille nombreuse et difficile à étudier. Leurs étamines sont généralement au nombre de quatre, deux grandes et deux petites ; mais il arrive souvent que deux de ces organes avortent, et alors la plante a le même nombre d'étamines que les jasminées. Mais dans ce cas on a pour distinguer les *labiées*, outre l'irrégularité de la corolle, la forme de l'ovaire qui est constamment divisé en quatre loges distinctes et monospermes.

Toutes les *labiées* sont des herbes ou de petits arbrisseaux à tige carrée et à feuilles opposées, qui croissent dans les lieux secs et arides des régions chaudes ou tempérées de toutes les parties du monde. Elles contiennent toutes une huile essentielle et un principe amer. auxquels elles doivent un parfum pénétrant et des propriétés toniques, qui les font rechercher en médecine et en parfumerie ; on s'en sert aussi dans l'économie domestique, pour aromatiser les viandes et les substances fades, dont nous faisons usage pour notre nourriture.

Cette famille comprend environ cinquante genres, dont les uns n'ont que deux étamines et les autres quatre. Parmi les genres à deux étamines, nous ne citerons que le LYCOPE (*lycopus*), dont deux espèces se trouvent en France, et qu'on distingue à leur corolle à quatre divisions presque égales; le ROMARIN (*rosmarinus*), dont une espèce, qui se trouve en France, est employée en médecine et dans l'art culinaire; la SAUGE (*salvia*), genre nombreux qui comprend une dizaine d'espèces européennes, reconnaissables à leur lèvre supérieure courbée en faucille.

Parmi les genres à quatre étamines didynames, nous trouvons d'abord la GERMANDRÉE (*teucrium*) et la BUGLE (*ajuga*), dont la corolle est à cinq divisions presque égales. Viennent ensuite les véritables labiées c'est-à-dire celles qui ont réellement deux lèvres inégales et quatre étamines : ce sont la *sariette*, l'*hyssope*, la *cataire* ou *herbe aux chats*, la *lavande*, la *menthe*, le *lierre terrestre*, la *bétoine*, le *thym*, la *mélisse*, le *basilic*, etc., etc.

### VI<sup>e</sup> Famille — *Personnées.*

Les *personnées*, qui tirent ce nom de la forme de leur fleur qu'on compare à la gueule d'un animal, sont aussi appelées *scrophulaires*, du nom du genre le plus nombreux en espèces européennes que comprend cette famille. On les reconnaît à leur corolle divisée en deux lèvres inégales, dont la supérieure forme une espèce de capuchon au-dessus de l'inférieure, à leurs étamines au nombre de deux ou de quatre didynames ; deux caractères qui les rapprochent des labiées ; mais elles s'en distinguent par leur ovaire, qui n'est qu'à deux loges polyspermes.

Du reste ce sont, comme les précédentes, des herbes ou des arbustes à feuilles généralement opposées, et dont les propriétés les plus remarquables sont l'âcreté et l'amertume. Elles n'ont jamais cette odeur agréable qui fait rechercher les labiées dans un grand nombre de circonstances, ce qui tient probablement à ce qu'elles ne se trouvent que dans les terres grasses et dans les endroits humides ou ombragés. Peu de *scrophulaires* sont utiles, excepté la *digitale*, que l'on emploie assez souvent en médecine comme un sédatif dans les palpitations de cœur. Quelques-unes servent d'ornement à nos parterres.

Les principaux genres de cette famille sont la *scrophulaire*, la *digitale*, le *muflier* et la *véronique*.

### VII<sup>e</sup> Famille. — Jasminées.

Les *jasminées* sont faciles à reconnaître à leur périanthe à quatre divisions régulières, et à leurs étamines au nombre de deux seulement. Leur ovaire est unique et ne produit qu'un fruit renfermant quatre graines au plus.

Cette famille ne comprend que des arbres ou des arbrisseaux à feuilles entières et opposées, presque tous exotiques, mais cultivés depuis longtemps en Europe, les uns à cause de leur utilité, les autres comme plantes d'agrément ; et presque tous les genres nous offrent des espèces remarquables sous l'un ou l'autre de ces rapports.

Le **LILAS** (*syringa*), qui, par son odeur, embaume nos jardins et nos bosquets, dont il est l'ornement par l'élégance de son port, est un arbrisseau originaire de la Perse et du Japon, qu'on est parvenu à acclimater dans la plupart des états de l'Europe ; ses fleurs blanches et légèrement rosées forment de belles grappes aussi élégantes que parfumées.

On distingue deux espèces de lilas : le *lilas commun* et le *lilas perse*.

Les **JASMINS** (*jasminum*) sont de petits arbrisseaux à tige ordinairement grêle et flexible, très-propres à former des berceaux au milieu de nos jardins ; mais on peut aussi, en les taillant à propos, les transformer en arbustes, qui font un très-bel effet le long des allées et au milieu des plates-bandes des parterres. Leurs fleurs, réunies en petits bouquets, d'une odeur des plus suaves, ont cela de particulier qu'elles commencent à s'épanouir de bonne heure et ne cessent que fort tard. Pendant toute la belle saison elles se succèdent mutuellement, de manière à nous embaumer continuellement de leurs parfums. Nous avons plusieurs espèces de ce genre, entre autres le *jasmin commun*, le *jasmin d'Espagne*, le *jasmin cytise* et le *jasmin jonquille*. On extrait des fleurs de tous ces *jasmins* des huiles essentielles qui, unies à des huiles fixes, surtout à celle de ben, sont d'un grand usage dans la parfumerie.

**L'OLIVIER** (*olea*) est un des arbres les plus utiles. Originaire des pays chauds de l'Asie, il a été introduit en Europe depuis un temps si reculé, qu'on en attribue la découverte à Minerve. C'est pour cela qu'il fut consacré à cette déesse, et qu'il devint l'emblème de la paix chez presque tous les peuples de l'antiquité. La Grèce est le premier pays de l'Europe où on le cultiva, et ce fut de là que les Phocéens l'apportèrent en France, en venant fonder Marseille. Quoi qu'il en soit de cette origine un peu fabuleuse, l'*olivier* est si ancien dans nos pays qu'il porte le nom spécifique d'*olivier d'Europe*. Il y croît en effet avec facilité et y porte des fruits en abondance. Ces fruits, qui sont généralement connus sous le nom d'*olives*, se mangent confits; mais leur principal mérite est de fournir l'huile qui porte leur nom. La meilleure est celle qu'on obtient sans pression du brou qu'on a préalablement fendu. Celle qu'on en retire en le soumettant au pressoir est encore excellente; c'est l'*huile vierge*. Les qualités inférieures s'obtiennent en mêlant le brou déjà pressé avec une certaine quantité d'eau bouillante, avant de le soumettre de nouveau au pressoir.

C'est au mois de novembre que se fait la récolte des *olives*, tantôt en les abattant avec de longues gaules, tantôt en les ramassant une à une à la main. Ce dernier procédé est bien supérieur au premier, mais il est peu usité à cause du temps qu'il exige.

Les **FRÊNES** (*fraxinus*, sans être aussi utiles que les oliviers, ne laissent pas de rendre d'importants services aux arts; leur bois, qui jouit d'une grande dureté et qui est susceptible d'un beau poli, est très-employé dans le charronnage et dans l'ébénisterie ; ses feuilles fournissent une couleur bleue usitée en teinture, et il découle naturellement de ses feuilles ou de son écorce une liqueur sucrée qui, en se desséchant à l'air, devient solide et porte le nom de *manne*, substance journellement employée en médecine. C'est particulièrement en Italie et en Sicile qu'on récolte cette matière purgative, en pratiquant des incisions sur l'écorce des arbres, et en recevant le suc qui en découle dans des vases placés convenablement.

En France, le *frêne* produit si peu de *manne* que l'on ne la recueille même pas ; peut-être cette circonstance tient-elle à ce que les feuilles de cet arbre sont dévorées chez nous par des essaims de cantharides.

Cette famille comprend encore le genre TROENE (*ligustrum*), plante qui croît naturellement en France, et qu'on y cultive parce que ses baies servent à colorer le vin, son bois à faire du charbon pour la fabrication de la poudre, etc.

### *VIII<sup>e</sup> Famille. — Ericinées.*

Cette famille tire son nom du latin *erica* (bruyère) et a pour type ces jolis arbrisseaux dont le port est si élégant, les feuilles si légères, les fleurs si mignonnes et si douces à l'odorat. Jadis reléguées dans les bois, dans des terrains sablonneux et arides, on les voit maintenant briller dans nos jardins et dans nos serres, où l'on en compte jusqu'à quinze cents espèces ou variétés, soit de nos contrées, soit des climats étrangers, et notamment

des plages brûlantes de l'Afrique, surtout du cap de
Bonne-Espérance. Du reste, toutes ces plantes sont faciles
à reconnaître à leur corolle régulière, portant en général un nombre d'étamines double de celui des divisions
de la corolle. Au moment de la fécondation, leurs anthères, au lieu de se fendre pour livrer passage au pollen, laissent échapper ce dernier par des pores nombreux dont leur surface est criblée. Après la fécondation,
l'ovaire se transforme en fruit quelquefois bacciforme
(charnu), plus souvent capsulaire.

Les principaux genres de cette famille sont les **BRUYÈ-
RES** (*erica*), les **RHODODENDRONS**, qui sont, les unes et les
autres, des plantes d'ornement; l'**ARBOUSIER** (*arbutus*),
le **VACIET** (*vaccinium*), dont les fruits sont bons à manger. Néanmoins, il ne faudrait pas en faire un usage im-
modéré. Il paraît qu'ils contiennent les uns et les autres
un principe narcotique qui le rendrait dangereux. Il
semble prouvé à M. A. de Jussieu que le miel qui eni-
vra un grand nombre de soldats pendant la retraite des
Dix Mille à travers l'Asie Mineure, avait été extrait par
les abeilles des nectaires de quelque plante de ce genre,
peut-être de l'*azalea pontica*. Il est certain que la bière,
dans la préparation de laquelle on fait entrer des feuilles
de *ledum palustre*, autre genre de la même famille,
est extrêmement capiteuse et pourrait occasionner des
accidents si l'on en buvait une trop grande quantité.

Outre les huit familles principales que nous venons de
décrire sommairement, la section des dicotylédones monopétales comprend encore les *valérianées*, dont les
*valérianes* et les *fedia* (*la mâche*, font partie; les *dip-*

*sacées*, dont les principaux genres sont les *scabieuses*, si communes dans nos champs, et les *chardons à foulon*, qui servent à raser les draps ; les *campanulacées*, auxquelles se rapportent les diverses espèces de *campanules ;* les *primulacées*, qui tirent leur nom de la primevère, appelée en latin *primula*, et qui comprend en outre l'*anagallis* ou *mouron*, et le *cyclamen* ou *gazon d'Olympe ;* les *polémoniacées*, dont les principaux genres sont la *polémoine*, le *phlox* et le *cobéa ;* les *gentianées*, qui ne renferment que des plantes amères, très-usitées en médecine ; les *boraginées*, famille nombreuse dont nous citerons les genres *héliotrope, pulmonaire, bourache, consoude, cynoglosse*, etc.

### *Troisième section.* — APÉTALES.

Cette section se compose de toutes les plantes dicotylédones dont le périanthe est simple, et qui, par conséquent, n'ont les organes sexuels protégés que par un calice et manquent de corolle ; telle est l'idée qu'exprime le mot grec *monochlamydées*, qui veut dire *un seul manteau* ou enveloppe.

Ce sont les plantes que l'on appelle encore *apétales*, parce que, n'ayant que le calice, elles sont réellement privées de pétales, qui sont les feuilles de la corolle.

Il ne faudrait pourtant pas croire, d'après le nom de *calice* que l'on a imposé à l'enveloppe florale de ces végétaux, que cette partie soit toujours de couleur verte ou sombre, comme cela a lieu ordinairement pour ceux à périanthe double ; il arrive assez souvent qu'elle présente des teintes assez vives pour que certains natura-

listes aient cru devoir lui donner le nom de *corolle*. C'est
ainsi que les amaranthes l'ont d'une belle couleur rouge,
que les belles-de-nuit l'ont agréablement panachée de
blanc pur et de pourpre.

Malgré cela, on peut dire en général que les plantes
*monochlamydées* ont les fleurs moins belles que les autres dicotylédones, et que peu d'entre elles sont admises
à figurer dans nos jardins ou dans nos bosquets, à moins
qu'elles ne méritent cet honneur par l'élégance de leur
port ou par la beauté de leur feuillage.

Mais si les *monochlamydées* ne se font pas remarquer
comme plantes d'agrément, elles se font rechercher
comme plantes utiles, non qu'elles nous fournissent
beaucoup d'aliments agréables ou sains, mais parce
qu'elles nous offrent dans leurs troncs le meilleur bois
dont nous puissions faire usage pour le chauffage et
pour la construction de nos édifices et de nos vaisseaux.

Cette classe, moins nombreuse que les trois précédentes, renferme environ vingt-cinq familles, dont les
principales sont les *polygonées*, les *chépopodiées*, les
*laurinées*, les *euphorbiacées*, les *urticées*, les *juglandées*, les *amentacées* et les *conifères*.

### I<sup>re</sup> *Famille. — Polygonées.*

Cette première famille se compose uniquement de
plantes herbacées, dont les feuilles alternes embrassent
la tige par leur base, et dont les fleurs, petites et sans
couleurs vives, nous offrent un ovaire unique surmonté
de plusieurs styles, et auquel succède une graine à péricarpe dur et généralement triangulaire. Quant à leurs

étamines, elles varient pour le nombre, depuis quatre jusqu'à neuf et sont insérées au fond du périanthe.

L'aspect des *polygonées* est en général peu agréable; mais si la beauté leur manque, ce désavantage est bien compensé par les services qu'elles nous rendent; leurs graines farineuses servent d'aliment à la plupart des animaux domestiques, et même à l'homme. C'est ainsi que le blé sarrasin fait la base de la nourriture de certains peuples dont le pays aride ne peut pas produire du blé, du riz ou du maïs; leurs feuilles tendres et succulentes, convenablement apprêtées, nous offrent un aliment, sinon bien nourrissant, du moins sain et agréable; enfin, la plupart de leurs racines, douées de propriétés toniques ou purgatives, sont d'un usage assez fréquent en médecine. Les principaux genres de cette famille sont les *renouées*, les *patiences* et les *rhubarbes*.

Les **renouées** (*polygonum*) forment le genre le plus intéressant de cette famille par leurs qualités alimentaires et par le nombre de leurs espèces. Nous en cultivons plusieurs dans nos jardins potagers; nous semons les autres dans nos champs; quelques-unes ont été admises dans nos parterres. Il leur faut à toutes des terrains ombragés et humides, parce qu'elles craignent la sécheresse et la chaleur; aussi n'en existe-t-il pas dans les contrées méridionales. Les principales espèces de ce genre sont : la *bistorte*, qui vient dans les prairies humides et fournit un bon fourrage ; le *poivre d'eau*, qui croît dans les marécages et qui se distingue par une saveur très-piquante; la grande *persicaire*, qu'on cultive quelquefois dans les jardins, et surtout le *blé sarrasin* ou *blé noir*, plante originaire de la Perse, d'où elle a été transportée en Égypte, puis en Espagne et dans le reste de l'Europe par les Sarrasins ou Maures d'Espagne. Cette renouée a le double avantage de nous fournir dans sa graine une farine dont on peut faire du pain, et dans ses fleurs une nourriture abondante pour les abeilles.

Les **PATIENCES** (*rumex*) ou *oseilles* ont encore moins d'éclat que les renouées, quoiqu'elles s'en rapprochent beaucoup, non-seulement par leur extérieur, mais encore par leurs propriétés intrinsèques. Ce sont en général des touffes de feuilles qui partent directement du collet de la racine, et du centre desquelles s'élève ensuite une tige branchue avec des fleurs vertes ou rougeâtres, et peu de feuilles. Ce genre comprend, entre autres espèces, la *patience*, dont la racine était jadis très-préconisée dans les affections de la peau, sur lesquelles elle agissait cependant avec beaucoup de lenteur, puisqu'on lui donna le nom de *patience*, comme pour annoncer aux malades qu'ils devaient en faire longtemps usage sans se décourager. Une seconde espèce beaucoup plus utile est l'*oseille*, dont les feuilles aigrelettes sont d'un usage si général comme aliment, ou plutôt comme assaisonnement.

Le genre **RHUBARBE** (*rheum*) ne renferme aucune espèce européenne bien authentique, quoique certains naturalistes voyageurs prétendent en avoir trouvé une sur les Alpes. Toutes paraissent appartenir exclusivement aux contrées orientales et septentrionales de l'Asie, à la Chine, à la Tartarie, à la Sibérie, etc. Ce sont du reste des plantes tout à fait semblables à nos patiences

par leur port et par leurs vertus ; la seule différence
qu'il y ait entre les *rhubarbes* et les *patiences*, c'est que
les premières sont plus grandes et ont des vertus plus
énergiques, ce qui les fait employer de préférence par
les médecins. Deux espèces sont surtout célèbres par
leur propriété purgative ; ce sont la *rhubarbe palmée* et
la *rhubarbe rapontique*, qui nous viennent de la Chine
par la Russie ; ce qui fait qu'on les désigne souvent dans
le commerce sous le nom de *rhubarbes de Moscovie*.

### II<sup>e</sup> *Famille*. — *Chénopodiées*.

Cette famille ressemble à la précédente par le port
modeste des plantes qu'elle comprend et par les couleurs
sombres et tristes de ses fleurs, ainsi que par les services qu'elle rend à l'économie domestique. Mais elle
s'en distingue par ses feuilles pétiolées et non engaînantes et surtout par ses graines, dont l'embryon est
homotrope et embrasse l'endosperme tandis que chez
les polygonées il est antitrope et latéral.

Cette famille comprend entre autres genres les *sali-
cornes* et les *salsola* qui fournissent de la soude ; les
*épinards*, dont l'espèce commune forme un mets si généralement servi sur nos tables ; les *bettes*, dont la poi-
rée est une espèce très-répandue, etc.

### III<sup>e</sup> *Famille*. — *Laurinées*.

En quittant l'humble famille des polygonées, plantes
herbacées, inodores et propres aux pays froids ou tempérés, on doit être surpris de trouver à la suite celle des
*laurinées*, qui ne se compose que d'arbres ou de grands

arbrisseaux élégants, à feuilles glabres, entières et alternes, qui croissent principalement dans les contrées méridionales, et qui répandent tous une odeur assez forte. Aussi, toutes les *laurinées* nous fournissent-elles de précieux aromates, qui font l'objet d'un commerce très-étendu entre les nations voisines de l'Equateur et les peuples de l'Europe.

Quel est donc le motif qui a engagé les botanistes à placer cette famille à côté de la précédente ? C'est que les *laurinées* ont, comme cette dernière, un périgone simple à trois ou six divisions, et des étamines insérées au calice autour de l'ovaire. Le seul caractère de la fleur qui les distingue, c'est que leur fruit est une baie charnue, tandis que celui des polygonées est une akène ou fruit sec.

Quoique toutes les parties de ces végétaux jouissent à un certain degré de propriétés stimulantes, c'est surtout dans l'écorce que l'on trouve ces qualités à un degré plus éminent, et c'est aussi cette partie que l'on recherche le plus comme aromate.

Deux genres importants composent cette famille ; ce sont les *lauriers* et les *muscadiers*.

Le genre LAURIER (*laurus*) est le plus nombreux et le plus intéressant de la famille ; il comprend près de quarante espèces, toutes exotiques, à l'exception du *laurier d'Apollon*, arbre remarquable par la beauté de son port et par son feuillage toujours vert. C'était celui qui ornait autrefois le front des poëtes et des généraux victorieux ; du reste, ses usages sont peu importants. Il n'en est pas de même du *camphrier*, autre espèce du même genre. Cet arbre, originaire du Japon et des Indes-Orientales où il croît abondamment, fournit le *camphre*, substance fortement aromatique qui fait l'objet d'un commerce très-étendu. On l'emploie surtout en médecine pour calmer les irritations et les affections nerveuses. On le retire des branches et des tiges du *camphrier*, que l'on fait bouillir dans des vases à moitié remplis d'eau, et qui laissent échapper une matière volatile et blanche qui s'attache à leurs parois supérieures. La troisième espèce de laurier est le *cannelier*, arbre de quinze à vingt pieds de hauteur, qui croît dans l'île de Ceylan. Outre son écorce (la *cannelle*), dont l'usage est très-répandu comme aromate, il fournit encore une huile stomachique et fortifiante très-usitée dans les Indes, du camphre de beaucoup préférable à celui du camphrier, et la cire de cannelle, qu'on retire de ses fruits, et qui sert à fabriquer des bougies qui embaument l'appartement qu'elles éclairent. La quatrième et dernière espèce de ce genre est le *sassafras*, laurier d'Amérique, qu'on cultive en France à cause de son écorce, qui fournit une couleur jaune orangée et a des propriétés excitantes et toniques.

Après le laurier vient le MUSCADIER (*myristica*), genre bien moins nombreux en espèces, mais non moins intéressant que le précédent. La principale est un arbre élégant d'environ trente pieds de hauteur, qui vient naturellement dans les îles Moluques. On le cultive aussi dans presque toutes les colonies européennes. Le fruit en est la partie la plus importante; c'est une espèce de noix de la grosseur du poing, enveloppée par une écorce blanchâtre et charnue qu'on appelle *brou ;* au-dessous se trouve le *macis,* membrane épaisse, d'un rouge écarlate qui jaunit en vieillissant ; vient ensuite une troisième enveloppe noire et dure qui recouvre l'amande appelée *muscade.* On peut manger cette dernière confite au sucre ; mais le plus ordinairement elle sert à aromatiser les aliments.

### IVe Famille. — *Euphorbiacées.*

Il en est des *euphorbiacées* comme des solanées ; elles sont d'autant plus importantes à connaître, qu'elles nous présentent des aliments et plusieurs produits utiles, à côé des poisons dangereux. Mais on doit en général se défier de toutes les espèces ; elles sont plus ou moins suspectes, à cause du suc blanc et laiteux qu'elles recèlent dans toutes leurs parties, et qui agit très-énergiquement sur l'organisation des animaux et sur celle de l'homme ; seulement, il en est quelques-unes qui perdent leurs propriétés vénéneuses par la dessiccation ou par la chaleur ; et alors elles peuvent nous rendre quelques petits services.

Ce sont des herbes, des arbustes ou de grands arbres, à feuilles alternes ou rarement opposées, qui croissent en général dans toutes les régions du globe, mais qui semblent se multiplier de préférence dans les régions intertropicales des deux continents.

Quoique leur périanthe soit toujours simple, il arrive quelquefois que les pièces qui le composent forment deux ou même plusieurs rangs, mais on n'y distingue jamais une corolle et un calice. Leurs fleurs sont cons-

tamment unisexuées ; les mâles contiennent généralement un assez grand nombre d'étamines, qui peuvent
cependant être quelquefois définies ; les femelles renferment un ovaire unique surmonté de trois stigmates ordinairement sessiles ; leur fruit est sec ou légèrement
charnu et à trois loges monospermes ou dispermes, qui
s'ouvrent souvent comme par ressort.

On trouve parmi les *euphorbiacées* plusieurs genres
intéressants : la MERCURIALE (*mercurialis*), dont une
espèce qui croît en France s'emploie quelquefois comme
purgatif ; le BUIS, remarquable par la dureté et la finesse
de son bois ; l'HÉVÉA (*hevea*), dont une espèce de la
Guiane donne par incision la *gomme élastique*, qui a
des usages si variés ; l'EUPHORBE (*euphorbia*), dont
nous avons plus de quarante espèces en France, toutes
imprégnées d'un poison plus ou moins violent, et que
l'on emploie cependant quelquefois en médecine ; le
*croton*, le *ricin* et le *jatropa*, sur lesquels nous allons
donner quelques détails.

Les CROTONS (*croton*) forment un genre nombreux,
comprenant plus de quatre-vingt-dix espèces toutes
exotiques, à l'exception du *tournesol*, qu'on cultive en
certaines provinces de la France, et surtout dans le Languedoc. C'est une plante cotonneuse, à tiges grêles et
rameuses, dont les fleurs n'ont aucun éclat, et dont le
fruit est pendant et couvert de petites aspérités. C'est ce
dernier qui produit cette liqueur, d'abord verte et qui
devient ensuite bleue, à laquelle on donne le nom de
*tournesol*, substance très-employée en chimie pour dé-
masquer les acides, qui changent sa couleur bleue en

rouge. Parmi les espèces étrangères, on remarque l'*arbre à suif*, dont les fruits contiennent une matière grasse qui, mêlée à la cire, sert à faire des bougies très-blanches et très-utiles; le *croton laccifère*, qui produit la gomme *laque*, substance transparente d'un rouge foncé, qu'on emploie fréquemment pour composer les vernis et la cire à cacheter; la *cascarille*, dont l'écorce, analogue à celle du quinquina, supplée cette dernière dans le traitement des fièvres intermittentes peu violentes.

Le genre RICIN *(ricinus)* a pour espèce principale le *ricin* ou *palma-christi*, arbrisseau à tige creuse qui croît dans la Barbarie et en Amérique, dont il est originaire, et qui y parvient à sept ou huit mètres d'élévation, tandis que dans nos climats ce n'est qu'une plante annuelle, qui n'a jamais plus de cinq à six pieds de hauteur. On le cultive en France à cause de ses graines qui, pour la forme, ressemblent un peu au haricot; mais leur peau est beaucoup plus dure et d'une consistance analogue à celle de la corne. Ce sont elles qui fournissent cette huile purgative, douce tant qu'elle est fraîche, mais qui devient âcre en vieillissant, et qui est si usitée en médecine.

Le genre MANIOC *(jatropa)* comprend plus de vingt espèces, toutes exotiques, et dont une est surtout intéressante; c'est le *manioc* proprement dit, arbrisseau de six à sept pieds de haut, dont le port n'a rien de remarquable, mais dont la racine, grosse et très-charnue, renferme une grande quantité de substance farineuse. Fraîchement cueillie, elle contient un poison très subtil; mais quand on l'en a débarrassée par la dessiccation, elle fournit une fécule abondante , avec laquelle on fait un pain très-nourrissant et très-utile en Amérique , où cette plante croît naturellement.

### *V<sup>e</sup> Famille. — Urticées.*

Les quatre familles que nous venons d'étudier nous ont toutes présenté quelques plantes utiles ; mais aucune ne nous a offert de ces produits qui sont faits pour enrichir un pays ; nous allons trouver dans les *urticées* quelques plantes de cette espèce. Le *chanvre*, le *mûrier*, etc., sont, pour les contrées qui s'adonnent à leur culture, une source inépuisable de richesses, par la toile et la soie qu'ils produisent ou font produire.

Toutes les plantes de cette famille , herbes , arbustes ou arbres, sont ordinairement velues et garnies de feuilles alternes, le plus souvent stipulées à leur base ; leurs fleurs , unisexuées ou très-rarement hermaphrodites , sont dépourvues de tout éclat , lors même qu'elles sont réunies en grappes ou en chatons. Dans les mâles, on trouve quatre ou cinq étamines, nombre égal aux divisions du périanthe ; dans les femelles, il n'y a qu'un seul ovaire, surmonté d'un ou de deux stigmates seulement. Quant au fruit, il est quelquefois charnu, mais le plus souvent capsulaire.

La famille des *urticées* est extrêmement étendue ; mais elle n'est pas très-naturelle , et se divise aisément en quatre tribus , qui pourraient former quatre familles.

### Iʳᵉ *Tribu.* — PIPÉRITÉES.

La tribu des *pipéritées* ne se compose que du genre **POIVRE** (*piper*), dont les caractères botaniques consistent à avoir les fleurs hermaphrodites, réunies en chaton et enveloppées d'une spathe, et le fruit charnu et toujours simple.

Les espèces de *poivres* sont extrêmement nombreuses; les contrées orientales de l'Asie et le midi de l'Amérique en produisent près de cent cinquante, qui se font toutes remarquer par leurs tiges minces et flexibles, et par la saveur âcre et piquante de leurs fruits, qui font la base de notre épicerie, et qui sont employés comme astringents dans le traitement de certaines affections. Les principales espèces de ce genre sont le *poivre noir*, dont le *poivre blanc* ne diffère qu'en ce qu'il est dépouillé de son écorce ; le *poivre cubèbe*, dont on fait un assez grand usage en médecine, et le *poivre bétel*, que les peuples d'origine malaise mâchent continuellement. pour rendre leur haleine plus douce.

### IIᵉ *Tribu.* — URTICÉES PROPRES.

Ce groupe est le plus étendu de la famille; il comprend un grand nombre de plantes herbacées sans beauté dans leurs fleurs, sans élégance dans leur port, et qui répandent de toutes leurs parties une odeur vireuse et nauséabonde quand elles sont en vie, mais qu'elles perdent par la dessiccation ou par la cuisson. Leur caractère distinctif se tire de leurs fleurs. qui sont toujours unisexuées, et de leurs fruits, qui ne se soudent jamais ensemble.

Les principaux genres de cette tribu sont l'*ortie* , le *houblon* et le *chanvre*.

L'ORTIE (*urtica*) est connue de tout le monde par les piqûres brûlantes qu'elle fait à ceux qui la touchent, et qui lui ont fait donner son nom, dérivé du latin *uro tactu*, je brûle par le contact ; mais ce qu'on ne sait pas ordinairement , c'est que plusieurs peuples du Nord la cultivent en grand , à cause de son écorce filamenteuse, qui sert à fabriquer des cordes, des filets et des tissus grossiers. Les Suédois la cultivent de même , parce que fanée elle offre aux bestiaux, et surtout aux vaches, une nourriture saine et agréable. En certains pays même, on la mange comme les épinards et l'oseille ; et tout le monde sait que c'était une plante alimentaire chez les anciens.

Nous en avons cinq espèces en France, qui se ressemblent beaucoup par leur port et par leurs propriétés.

Le HOUBLON *humulus* est une plante sarmenteuse, à tige longue et grimpante, dont la culture est très-répandue en Angleterre, en Belgique, et en général dans tous les pays où le vin ne vient pas. On en forme de vastes plants, qui exigent des soins analogues à ceux de la vigne. Ses cônes ou fleurs femelles sont extrêmement précieux pour la fabrication de la bière, qui lui doit ce goût franc et cette amertume , qui rendent cette boisson si agréable et si salutaire en même temps. Leur récolte a lieu vers la fin de l'été ; on les fait sécher et on les conserve pour l'usage. Les jeunes pousses du *houblon* se mangent au printemps comme nos asperges, et s'emploient en médecine à cause de leurs propriétés toniques. Presque tous les animaux recherchent les feuilles de cette plante, qui est unique dans son genre.

On ne connaît également qu'une seule espèce de **CHANVRE** (*cannabis*), plante d'une utilité générale par sa tige et par son fruit ; aussi, malgré l'odeur vireuse et narcotique qu'elle exhale, et les accidents qu'éprouvent les ouvriers qui la manient, cette plante est une de celles dont la culture est la plus étendue. Ses graines (le *chenevis*) servent à nourrir les volailles, et fournissent une huile très-bonne à brûler ; mais sa principale qualité réside dans son écorce filamenteuse (la *filasse*), qui sert à former des tissus dont la finesse dépend du terrain où le chanvre a été cultivé, et des soins qu'on a donnés à sa préparation. Elle est d'un usage si général, qu'il serait inutile de détailler les emplois qu'en en fait. Pour séparer les fils de la partie ligneuse, on fait d'abord *rouir* la plante par un long séjour dans l'eau (six mois ; ensuite on la fait sécher et on la brise avec un instrument destiné à cet usage.

Outre ces trois genres, la tribu des urticées comprend la **PARIÉTAIRE** (*parietaria*), dont une espèce, commune en France, le long des murs, s'emploie en médecine comme sudorifique.

### III<sup>e</sup> *Tribu.* — ARTOCARPÉES.

Cette tribu ne renferme que des arbres, souvent très-élevés, dont les graines, toujours réunies en grande quantité par une substance tendre et succulente, donnent naissance à un fruit composé, doué d'une saveur agréable, souvent délicieuse, et de propriétés éminemment nutritives, ce qui a fait donner à ce groupe le nom d'*artocarpées*, qui veut dire *fruit-pain, fruit nourrissant*. On trouve en effet, dans cette tribu, une plante dont le fruit fait le principal et presque l'unique aliment de certains peuples des îles de la mer du Sud.

Le caractère distinctif des végétaux de ce groupe se tire de la nature de leurs fruits, qui sont charnus et réunis en très-grand nombre. Les principaux genres de cette tribu sont le *figuier*, le *mûrier* et l'*artocarpe*.

Les **figuiers** (*ficus*) sont des plantes exotiques, originaires du Levant, d'où ils ont été transportés en Europe depuis plus de deux mille ans; ils se sont très-bien acclimatés dans le Midi, et y produisent des fruits en abondance; mais leur taille y est moins élevée que dans leur pays natal. Leurs fruits, qui sont charnus et sucrés, forment à l'état frais une nourriture agréable et salubre; on en mange beaucoup dans les pays méridionaux où l'on en retire encore du vin par la fermentation et de l'eau-de-vie par la distillation; desséchés, ils sont l'objet d'un commerce étendu dans le Nord, à cause de leurs propriétés adoucissantes. Dans les endroits où l'on cultive ces arbres en grand, on hâte la maturation du fruit par la *caprification*, c'est-à-dire en la faisant piquer par un petit insecte analogue au puceron.

On connaît plus de cent espèces de ce genre, pour la plupart asiatiques. On en trouve cependant quelques-unes en Afrique, en Amérique et à la Nouvelle-Hollande.

Les **mûriers** (*morus*) sont des arbres de la Chine et

autres pays de l'Orient, dont la culture fut introduite en France sous le règne Charles VII. On en distingue plusieurs espèces : le *mûrier noir*, dont le fruit sucré et acidule sert à faire un sirop utile contre les maux.de gorge ; il s'est très-bien acclimaté en France ; le *mûrier blanc*, moins estimé à cause de ses fruits, analogues à ceux du précédent, que pour ses feuilles, qui font la nourriture des vers à soie. Cette espèce est très-répandue dans la Provence, où elle donne deux récoltes de feuilles, l'une au commencement du printemps et la seconde dans le courant de l'été. Sa culture n'exige presque pas de soins; on peut même la cultiver dans toutes les parties de la France ; elle vient très-bien aux environs de Paris, où on élève déjà des vers à soie. Une troisième espèce de ce genre fournit au Japon une écorce filandreuse, dont on fait des étoffes de différentes sortes, et qui, moyennant certaines préparations, sert de papier dans plusieurs îles de la mer du Sud.

Les **ARTOCARPES** *(artocarpus)*, appelés plus communément *arbres à pains*, sont originaires des îles Moluques et de la Sonde. Leurs fruits, gros comme nos melons, servent d'aliment, en même temps que leur écorce fournit une espèce de fil propre à confectionner divers tissus, quelquefois très-fins.

On en compte cinq espèces, dont les principales sont le *jaquier* et le *rima ;* leur pulpe sert à faire une pâte très-agréable et très-nourrissante, qui remplace, pour les habitants des îles où croissent es arbres, le pain de froment des Européens ou les pouillies de riz des Chinois et des Japonais.

### IV<sup>e</sup> Tribu. — ULMACÉES.

Cette tribu, que ses caractères botaniques rapprochent de la famille des amentacées, dans laquelle la placent beaucoup de naturalistes, ne se compose que de deux genres peu nombreux, l'ORME et le MICOCOULIER, arbres élevés dont le tronc est employé dans la charpente et surtout dans le charronnage. On reconnaît les *ulmacées* à leurs fleurs hermaphrodites disposées en chatons, et à leur fruit sec et capsulaire. Nous avons en France deux espèces du premier genre, l'*orme commun* et l'*orme étalé*. Pour le *micocoulier*, on n'en trouve qu'une seule espèce dans nos provinces méridionales.

### VI<sup>e</sup> Famille. — Juglandées.

Cette famille ne comprend qu'un seul genre, le NOYER (*juglans*), dont le nom scientifique est formé, par corruption, du latin *Jovis glans*, gland de Jupiter, parce que les anciens donnaient le nom de gland à tous les fruits à amande dont l'enveloppe était dure.

On reconnaît aisément les *juglandées* à leurs fleurs monoïques, dont le périanthe écailleux protége une vingtaine d'étamines très-courtes ou un ovaire surmonté de deux stigmates. Le fruit, que tout le monde a vu, est une drupe uniloculaire.

Les *noyers* sont des arbres d'une taille élevée et d'un port majestueux, qui étalent au loin leurs rameaux et leurs feuilles nombreuses et d'un vert foncé. Ils sont tous originaires des pays chauds et surtout de l'Amérique méridionale; sur douze espèces, dix appartiennent au nouveau continent. Aucune ne croît spontanément en Europe; mais l'espèce que l'on y cultive y a été transplantée depuis si longtemps, que l'époque de son introduction se perd dans l'obscurité des siècles. Les plus anciens auteurs parlent des *noix*, soit comme de joujoux de l'enfance, soit comme de fruits propres à donner de l'huile. Cette huile, quoique bien inférieure à celle de l'olivier, est cependant employée en certains pays, en place de beurre ou de graisse, pour assaisonner les aliments trop maigres par eux-mêmes. On fait aussi avec le *brou* de noix, c'est-à-dire avec la première écorce, une espèce de liqueur qui passe pour tonique et fortifiante.

### VIIe *Famille. — Amentacées.*

Cette famille est de beaucoup la plus importante de la classe par le nombre des espèces utiles qu'elle contient; on peut même dire que toutes celles qui s'y trouvent comprises rendent des services plus ou moins considérables à l'homme. C'est à elle qu'appartiennent tous les grands arbres de nos forêts et les petits arbustes de nos taillis; nous lui devons par conséquent presque tout notre bois de chauffage et de construction.

Les caractères botaniques des *amentacées* sont assez faciles à saisir; leurs fleurs, toujours unisexuées, sont constamment dépourvues de périanthe, et ne consistent, du moins les mâles, qu'en un nombre très-variable d'étamines disposées en chaton, comme dans le noyer; les fleurs femelles ont seules une enveloppe écailleuse pour protéger l'ovaire, qui reste toujours libre. Leurs feuilles alternes sont tantôt entières, tantôt dentées.

Ces végétaux semblent craindre les trop grandes chaleurs; on n'en trouve qu'un très-petit nombre dans les régions voisines des tropiques, tandis qu'ils forment d'immenses forêts dans toutes les contrées septentrionales ou tempérées des deux continents. C'est là que leurs troncs parviennent à des hauteurs où l'œil peut à peine distinguer leur cime, et acquièrent cette grosseur et cette force qui les rendent si utiles dans la construction de nos édifices. Leur âge n'a pas de durée fixe; il est des individus, dont la naissance se perd dans la nuit des temps, et qui peut-être sont aussi anciens que la dernière catastrophe qui a bouleversé notre planète.

Vu son étendue et son importance, et surtout la différence des caractères botaniques qu'elle nous présente, la famille des *amentacées* a été divisée en trois tribus principales : les *salicinées*, les *bétulinées* et les *cupulifères* ou *quercinées*.

### I<sup>re</sup> *Tribu*. — SALICINÉES.

Cette tribu ne se compose que des deux genres *saule* et *peuplier*. Ce sont des arbres à feuilles simples et entières, munies à leur base de stipules caduques; leurs fleurs ne présentent rien de remarquable, si ce n'est qu'elles sont dioïques, les mâles sur un individu et les femelles sur un autre; mais leur fruit, qui renferme plusieurs graines enveloppées de longs poils soyeux, leur forme un caractère distinctif parfaitement tranché. Tous ces arbres recherchent les endroits humides et surtout les bords des ruisseaux ou des rivières, où ils poussent avec rapidité. Leur bois, généralement blanc et tendre, est peu propre à la construction des édifices; mais comme il est facile à tailler, on s'en sert pour fabriquer de petits ouvrages délicats, des chapeaux, des paniers, etc.

### II<sup>e</sup> *Tribu*. — BÉTULINÉES.

Cette tribu tire son nom de *betula*, bouleau, qui en forme le principal genre. Elle ne comprend que des arbres ou arbustes à fleurs monoïques, à chatons allongés et cylindriques, à fruit conique et écailleux. Elle ne se compose que des genres *aune* et *bouleau*.

Les AUNES (*alnus*) sont des arbres élevés, dont le bois est recherché, à cause de son inaltérabilité à l'eau, pour faire les pilotis, ainsi que pour la fabrication des aqueducs. Les tourneurs et les ébénistes en font aussi usage, parce qu'il est susceptible d'un assez beau poli, et qu'il prend assez bien le noir pour imiter l'ébène. Son écorce est employée dans la teinture en noir. On ne connaît que six espèces de ce genre, dont deux sont assez connues en France; ce sont *l'aune commun*, et *l'aune blanchâtre*.

Les BOULEAUX (*betula*) sont plus nombreux que les aunes; on en compte environ seize espèces, dont trois seulement croissent en France. Leur taille varie beaucoup selon les températures; dans le Nord, qui paraît être sa patrie primitive, il parvient à la hauteur de nos chênes et y forme d'immenses forêts; dans les climats chauds, c'est un petit arbuste qui n'atteint qu'un, deux trois pieds d'élévation. Son bois est excellent pour faire le charbon de forge et la poudre à canon. Son écorce, presque inaltérable, sert dans le Nord à couvrir les maisons, et son tronc creusé devient canot ou pirogue. Au moyen d'incisions, on retire de ces arbres une liqueur agréable qui, mêlée au houblon, imite assez bien la bière, et qui se convertit par la fermentation en une liqueur vineuse, qui mousse comme le vin de Champagne.

### *IIIe Tribu*. — CUPULIFÈRES OU QUERCINÉES.

Cette tribu, beaucoup plus nombreuse en genres que les précédentes réunies, se reconnaît à la nature de son fruit, qui est un *gland*, toujours accompagné d'une *cupule* qui l'enveloppe quelquefois complétement comme dans la châtaigne. Quant aux fleurs, elles sont constamment unisexuées, presque toujours monoïques et réunies en chaton ou en petites grappes.

Les genres de ce groupe sont : le *charme*, le *coudrier*, le *chêne*, le *châtaignier* et le *hêtre*.

Le CHARME (*carpinus*) est assez commun : sa dureté le fait employer pour faire des poulies, des dents de roues et autres objets qui demandent de la solidité. On en fait aussi un grand usage pour les charrues ; c'est encore un des meilleurs bois de chauffage. On en distingue cinq espèces dont une seule croît en France.

Le NOISETIER OU COUDRIER (*corylus*) est un arbrisseau tout à fait champêtre ; ses tiges sont trop minces pour servir à fabriquer de grands ouvrages ; mais les tonneliers en font de bons cerceaux, et les vanniers en tirent la charpente de leurs corbeilles ; son fruit est d'un goût très-agréable, surtout dans le Midi.

Le **CHÊNE** (*quercus*) est le roi des arbres de nos forêts. Son port est noble, son feuillage majestueux, sa taille quelquefois gigantesque. Son tronc est le plus solide que l'on puisse employer pour les charpentes ; c'est, après le noyer, le meilleur de nos arbres pour fabriquer des meubles qui, s'ils n'ont pas l'élégance de ceux d'acajou, ont une solidité qui compense bien cette qualité. Son écorce, amère et astringente, est très-employée dans le tannage des cuirs. Celle du *chêne-liége* est plus légère ; elle sert à faire des bouchons et le noir d'Espagne. Le fruit du *chêne*, qui fait les délices du cochon, fut, nous disent les poëtes, la première nourriture de l'homme sur la terre. Cela pourrait être vrai pour le chêne-hêtre, dont le fruit, analogue à la châtaigne, se mange encore en Espagne ; mais cet arbre, originaire d'Amérique, ne pouvait être connu des anciens. Le chêne fournit encore la *noix de galle*, excroissance que ses feuilles produisent par la piqûre d'un puceron. Cette noix sert à faire la meilleure encre à écrire et de belles couleurs noires.

Le **HÊTRE** (*fagus*) est un grand arbre dont le bois ne sert guère qu'à brûler et à faire du charbon. Il est excellent sous ces deux rapports ; mais on ne peut en faire ni charpentes ni meubles, parce qu'il est sujet à travailler et à être dévoré par les vers. Ses fruits, connus sous le nom de *faînes*, sont recherchés par les cochons, les dindons et autres animaux. Ils fournissent aussi une huile qui, bien différente des autres, que le temps détériore, acquiert en vieillissant un goût de noisette très-agréable, et ne perd aucune de ses bonnes qualités. On en connaît trois espèces, une d'Europe et deux d'Amérique.

Le **CHATAIGNIER** (*castanea*) a beaucoup d'analogie avec le hêtre, sans cependant avoir la beauté de son port ; mais, en revanche, il le surpasse en utilité. Son bois est, après celui du chêne, le meilleur pour les constructions ; il dure plusieurs siècles sans éprouver d'altération. Il est aussi excellent pour le chauffage ; mais il pétille beaucoup, et lance des étincelles qui peuvent incendier les édifices où on le brûle. Son fruit est assez connu pour nous dispenser d'en parler ; nous ferons seulement observer que le *marron* n'est qu'une variété de la *châtaigne commune*.

Le genre **PLATANE** (*platanus*), qui appartient à la famille des *amentacées*, mais qui ne se rapporte bien à aucune des tribus précédentes, est un arbre originaire d'Orient, que nous avons naturalisé en Europe à cause de la beauté de son port, de la verdure de son feuillage et de la rapidité avec laquelle il parvient à son développement. Il sert à former de belles allées et à orner le bord des routes ; mais son bois est peu employé dans nos pays ; il peut néanmoins servir à différents ouvrages de charronnage, de menuiserie et même d'ébénisterie.

*VIII<sup>e</sup> famille. — Conifères.*

Nous voici parvenus à la dernière famille du premier embranchement de la phytologie ; elle n'est pas la moins intéressante. Analogue à la précédente par la grandeur

des arbres qui la composent, et par les bois qu'elle fournit à l'art du charpentier, du menuisier, etc., elle l'emporte de beaucoup sur elle par l'étendue de ses services. La forme pyramidale de leur tronc qui est presque
toujours droit et sans branches, la hauteur à laquelle
ils s'élancent, et la nature résineuse de leur bois, permettent d'employer les *conifères* pour les constructions
navales, et surtout pour la fabrication de ces immenses
quilles qui sont la base d'un vaisseau, dont elles occupent toute la partie inférieure, et de ces énormes mâts
dont la cime se perd dans les airs. La *résine* dont toutes
leurs parties sont fortement imprégnées, fournit une
quantité considérable de produits utiles aux arts et à
l'industrie. Leur feuillage, qui est toujours vert et ne
tombe jamais complétement, les fait rechercher pour
l'ornement des bosquets; quoique leur verdure soit un
peu sombre, on aime à les voir, pendant les froids de
l'hiver, étaler leur parure telle qu'ils l'ont eue durant
les beaux jours.

Les caractères botaniques de cette famille se tirent
d'abord de la nature de ses feuilles linéaires, persistantes et réunies en faisceaux de deux à six, de la forme de
ses fleurs qui sont coniques ou en chaton, et de la nature
de son fruit, qui se compose d'un grand nombre d'écailles ligneuses, à la base desquelles on remarque une
graine divisible en deux, trois, quatre et même dix cotylédons. Quelquefois cependant les écailles du fruit, au
lieu d'être ligneuses, sont charnues et se soudent ensemble de manière à former une véritable baie, comme dans
le genévrier.

Quoiqu'on trouve des *conifères* dans toutes les parties du globe, et que la Californie nourrisse, dit-on, une espèce de pin qui atteint jusqu'à deux cent trente pieds de haut, il n'est pas moins vrai que ces dicolytédones préfèrent les contrées du Nord et les pays des montagnes ; et l'on dirait que la nature les a véritablement créés pour peupler ces régions glaciales et orageuses. La résine qu'ils contiennent les rend insensibles au froid et à l'humidité, et leur feuillage court, fin et linéaire, laisse passer facilement, sans en être ébran'é, ces courants d'air impétueux qui renverseraient les chênes, les noyers et autres arbres à larges feuilles, qui croissent dans les pays de p'aine.

Cette famille comprend environ dix genres dont les plus importants sont l'*if*, le *genévrier*, le *pin*, le *sapin* et le *mélèze*.

A la suite de ces familles nous citerons les *nyctaginées*, dont les *belles de nuit* forment le type ; les *amaranthes*, si remarquables par leurs fleurs éclatantes et en forme de crête ou de pompon ; les *daphnacées*, auxquelles appartiennent le *garou*, la *passerine*, etc.; les *aristoloches*, dont une espèce est bien connue par ses larges feuilles, etc., comme plante grimpante.


## II^e embranchement. — MONOCOTYLÉDONES.

Nous voici arrivés au second embranchement des végétaux, qui va nous offrir un type nouveau et des formes toutes différentes. Nous y trouverons encore des organes sexuels bien développés, quelquefois même de

riches et éclatantes corolles ; mais nous n'y rencontrerons presque plus d'arbres, et ceux que nous y obser-
verons se feront remarquer par la forme de leur tige. Ce
sera un *stipe* élancé, simple, cylindrique, et terminé à
son extrémité supérieure par un magnifique bouquet
de feuilles étalées ou pendantes en forme de dôme majestueux. Cette tige ne sera plus composée, comme celle
des dicotylédons, par l'emboîtement de cônes concentriques ; elle sera formée d'une multitude innombrable
de fibres qui se portent de la base au sommet, en s'entre-croisant de diverses manières. Nous n'y distinguerons pas ces différentes parties, que nous avons remarquées dans les dicotylédons, la moelle centrale, le bois,
l'aubier, l'écorce, etc.; elle nous présentera une masse
à peu près homogène, dans laquelle la moelle se trouve
uniformément répandue. Enfin ce ne sera plus au centre,
mais à la circonférence, que nous trouverons la partie
la plus solide de la tige ; leurs fleurs auront toujours
un périanthe simple, assez souvent enveloppé d'une
spathe, mais dans lequel cependant nous admirerons
quelquefois l'élégance de la forme et la richesse des
couleurs. Ce périanthe ne sera presque jamais divisé en
cinq parties ou en un nombre multiple de celui-là ; ce
sera le nombre trois ou ses composés qui prédomine-
ront, et comme les étamines sont en général en même
nombre que les divisions périanthaires, il s'ensuit que
nous en trouverons ordinairement trois, six, neuf, etc.
De plus, leurs feuilles seront généralement alternes, engaînantes, linéaires, et ne présenteront que des nervures parallèles qui les traverseront dans toute leur

longueur ; presque jamais nous n'y rencontrerons cet entre-croisement de nervures et de veines qui forment le réseau, base des feuilles des dicotylédones. Enfin leurs racines ne nous offriront pas de véritables corps ; elles ne se composeront que d'un chevelu délié qui partira du collet et se répandra dans la terre environnante.

Si la plante, au lieu d'être en arbre, est herbacée, nous y trouverons à peu près les mêmes caractères, sauf la dureté ; et de plus, elle nous offrira dans son port et dans son aspect général quelque chose de particulier, qni ne permettra jamais de les confondre avec les végétaux de l'embranchement précédent. Le lis et le froment nous donneront une idée assez exacte de ses caractères extérieurs.

Le mode d'accroissement propre aux *monocotylédones* est aussi bien différent de celui des dicotylédons, et explique en grande partie les différences de structure que nous remarquons dans les deux embranchements. Quand on sème la graine d'une monocotylédone, on en voit sortir un faisceau de feuilles qui persistent durant toute l'année ; le printemps suivant, il part du centre du faisceau un nouveau bouquet qui repousse les feuilles du précédent pour s'élever au-dessus d'elles. Alors le limbe des premières se fane et tombe, tandis que leurs bases, se soudant ensemble, forment un cylindre solide qui fera la base du stipe. L'année suivante, il se formera un nouveau cylindre qui se superposera au premier, et ainsi de suite tant que le végétal vivra.

On voit d'après cela que les *monocotylédones* se développent par leur centre, tandis que c'est par la circonférence que les dicolytédones prennent leur accroissement. Ce fait explique pourquoi le stipe cylindrique est également gros dans toute son étendue, et offre plus de dureté à la circonférence qu'au centre. En effet, les parties extérieures de cette tige, ne devant pas livrer passage aux sucs nutritifs, et se trouvant comprimées par ces derniers au moment de leur passage, se rapprochent de plus en plus, et prennent une solidité d'autant plus grande qu'elles sont plus extérieures , tandis que les parties centrales, devant laisser passer la séve, doivent conserver des vides intérieurs plus ou moins considérables, et restent par conséquent toujours tendres. Il est aussi bien évident que dès que le bois de la circonférence aura pris toute sa dureté, il ne pourra plus céder, malgré les efforts expansifs de la séve, et que la tige ne prendra plus de développement en grosseur, ce qui explique l'uniformité de cette dimension sur toute l'étendue du stipe.

Le second embranchement de la botanique est beaucoup moins considérable que le précédent; il forme tout au plus le quart de la végétation. Mais il paraît que la proportion des *monocotylédones* varie dans les différentes régions; il est tel pays où l'on ne trouve que deux fois plus de dicotylédones ; tandis que d'autres en produisent cinq et même six fois plus. Il paraît que cette différence dépend beaucoup du climat, et l'on a observé que le nombre des dicotylédones, comparé à celui des *monocotylédones*, augmente à mesure que l'on se rapproche de l'Équateur. Mais malgré le petit nombre de plantes du second embranchement, on a dû.

d'après les différences de structure qu'ils présentent, les diviser en trois petites classes, caractérisées par le mode d'insertion des étamines relativement au pistil et au périgone.

Les principales familles de ce groupe sont les *orchidées*, les *iridées*, les *liliacées*. les *palmiers* et les *graminées*.

### Iʳᵉ *Famille*. — *Orchidées*.

Cette famille se distingue à l'irrégularité de son périgone, qui se compose de six sépales, dont l'inférieur, tout différent des autres, porte le nom particulier de *labelle* ou *tablier*, et présente ordinairement à sa base un prolongement en forme d'éperon ; au nombre de ses étamines, qui n'est que de deux, par suite de l'avortement d'une troisième ; à leur racine, qui part ordinairement d'un ou de deux tubercules bulbiformes.

Cette famille, toute composée de plantes herbacées, est l'une des plus naturelles et des plus utiles de la classe ; elle fournit à nos jardins plusieurs espèces agréables, entre autres l'élégant *cypripède*. que la beauté et la forme de sa fleur a fait surnommer le *sabot de Vénus*. Mais ce qui la recommande surtout à notre attention, ce sont les produits que nous trouvons dans certains genres. et en particulier dans l'*orchis* et dans la *vanille*.

Les premiers qui ont donné leur nom à la famille, sont des plantes ordinairement agréables à la vue, dont le labelle est garni d'un éperon à sa base, et dont la racine présente, outre le chevelu dont elle est formée, deux tubercules charnus qui contiennent une provision de nourriture pour la plante. C'est cette substance éminemment alimentaire qui, convenablement préparée, fournit cette fécule aromatique nommée *salep*, dont on fait une grande consommation en Orient, et dont l'usage s'est propagé jusqu'en Europe. Une once de cette substance, avec une quantité égale de gelée animale, suffit, dit-on, pour la nourriture journalière d'un homme ; par conséquent, il ne faudrait que soixante - douze ou soixante-quinze livres de ces deux aliments, pour le nourrir pendant un an. Quoique plusieurs espèces d'*orchis* puissent donner du salep, c'est de l'espèce *mâle* qu'on le retire spécialement.

La **VANILLE** (*vanilla*) est une plante sarmenteuse qui croît en Amérique et au Japon, et qui fournit au commerce l'aromate qui porte son nom. C'est le fruit de l'espèce que l'on appelle *aromatique*, parce qu'elle se fait remarquer par la force de son parfum ; il est de forme allongée, cylindrique, et assez semblable à la gousse d'une légumineuse. On en fait un grand usage dans la parfumerie et dans l'art culinaire.

### II<sup>e</sup> *Famille. — Iridées.*

La famille des *iridées* se compose de plantes presque toutes remarquables par la beauté de leurs fleurs et faciles à distinguer des précédentes à leur périgone, tantôt régulier et tantôt irrégulier, mais toujours hexaphylle, à leurs trois étamines, à leurs trois stigmates simples ou dentés, ainsi qu'à leurs racines charnues.

Plusieurs de ces végétaux sont employés pour l'orne-

ment des parterres; ils font surtout un bel effet le long
des allées et sur les bords des eaux. Quelquefois ils forment des groupes de verdure au milieu de laquelle se
font apercevoir, par leurs couleurs tranchantes, leurs
corolles bleues, blanches, violettes, ou même panachées
de différentes teintes.

Les IRIS (*iris*) surtout, dont le nom rappelle les riantes
couleurs de l'arc-en-ciel, se font remarquer sous ce rapport; mais ce qui les rend plus remarquables encore, c'est
la forme de l'enveloppe florale. C'est un tube de longueur
variable, dont le limbe est divisé en six pièces inégales,
dont trois sont dressées et trois rabattues. Par cette conformation, les étamines se trouvent exposées à toutes les
intempéries de l'air; mais le stigmate, qui est divisé en
trois lobes larges, s'étend au-dessus de ces organes et
leur forme une enveloppe protectrice, qui les garantit
de toute influence dangereuse. Nous avons en France
une douzaine d'espèces de ce genre, dont l'une, l'*iris
de Florence*, a, dans sa racine, une odeur de violette
qui la fait rechercher pour faire des *pois à cautère*.

Un second genre de cette famille est le SAFRAN (*cro-
cus*), qui se distingue facilement des iris par sa corolle
régulière; c'est le groupe le plus important de la famille. Il unit à une fleur agréable un produit très-employé en médecine, en peinture, et dans l'économie domestique; ce produit qui porte le nom de la plante elle-
même, n'est autre chose que les longs stigmates de la
fleur, que l'on fait sécher et que l'on conserve pour
l'usage. On compte un assez grand nombre d'espèces
de ce genre, dont la plus commune est le *safran cultivé*.

Après les iridées, nous devons citer les *narcissées*, plantes à racine bulbeuse et à tige herbacée, qui diffèrent de la famille précédente, par leurs étamines qui sont toujours au nombre de six. Les principaux genres de cette famille sont les *amaryllis*, les *narcisses* et les *galanthines,* dont la fleur précoce se montre quelquefois lorsque la neige couvre encore nos campagnes.

### IIIe Famille. — Lilliacées.

Cette petite famille, qui tire son nom de *lilium*, lis, a pour caractères botaniques un calice régulier à six divisions ordinairement pétaloïdes, six étamines soudées par la base avec les divisions calicinales, un ovaire libre à trois loges polyspermes et surmonté de trois stigmates ou d'un seul triangulaire.

Ce sont des plantes bulbeuses, dont les feuilles, rassemblées en faisceau au collet de la racine, laissent échapper de leur centre une hampe plus ou moins longue, sur laquelle les fleurs sont ordinairement réunies en capitules et quelquefois éparses sans ordre.

Les *liliacées* habitent principalement les régions tempérées, et semblent craindre les chaleurs et les froids excessifs. Malgré cela, presque toutes se font remarquer par leur parfum délicieux et par l'éclat de leur périanthe, qui rivalise avec celui des plus belles dicotylédones. Aussi est il peu de ces plantes que les jardiniers n'aient introduites dans leurs parterres, dont elles sont un des plus beaux ornements.

Mais ce n'est pas seulement sous ce rapport que cette famille mérite notre intérêt ; les avantages que nous procurent plusieurs des espèces qu'elle comprend, ne sont pas moins dignes de notre attention. Nous lui devons un assez grand nombre de plantes potagères, telles que l'oignon, l'ail, l'échalotte, le poireau ; des plantes médicinales, comme l'aloès, la scille ; des plantes économiques, comme l'ananas aux fruits délicieux, le phormium ou lin de la Nouvelle-Zélande, l'yucca qui fournit une espèce de fil grossier.

Parmi les genres nombreux qu'on pourrait citer dans cette famille, nous choisirons la *fritillaire*, l'*aloès*, le *phormium* et l'*ananas*.

Les **FRITILLAIRES** (*fritillaria*) se font admirer parm les liliacées même par la beauté de leurs fleurs campanulées, et ordinairement panachées de diverses couleurs. Tantôt réunies en couronne autour de la hampe, tantôt isolées et pendantes à son extrémité, elles attirent toujours nos regards par leur grandeur, leur éclat et la variété de leurs couleurs. De plus, elles nous présentent un exemple frappant de cet *instinct végétal*, que nous avons vu se manifester dans les feuilles privées de lumière, et dans les racines placées dans une terre ingrate. Le pistil étant beaucoup plus long que les étamines, et le pollen se trouvant agglutiné en petites masses épaisses que le vent ne pourrait transporter à travers l'atmosphère, la fleur demeure pendante jusqu'à ce que la fécondation des graines soit opérée. Cet acte accompli, le pédoncule se redresse et reste dans cette position jusqu'à ce que la graine soit mûre. Le genre *fritillaire* se compose de six espèces dont deux croissent en France ; ce sont la *couronne impériale*, qui a les fleurs verticillées, et la *fritillaire peintade*, qui les a solitaires à l'extrémité de la tige.

Autant les liliacées de nos pays sont élégantes légères, autant les ALOÈS (*aloe*) se font remarquer par la lourdeur de leur port et par la grosseur de leurs feuilles ; et, malgré le rapport qui unit leurs fleurs à celles des autres genres de la même famille, on serait tenté de les en séparer, si on ne s'expliquait cette différence d'organisation par celle de leur habitation. Les *aloès* croissent presque tous au cap de Bonne-Espérance, pays continuellement ravagé par les tempêtes ou brûlé par la chaleur. Si, par conséquent, ces plantes étaient organisées comme celles des régions tempérées, les vents les auraient détruites en peu de temps ou la chaleur les aurait desséchées, tandis qu'avec leur structure particulière, elles résistent à l'impétuosité des ouragans, et trouvent dans leurs feuilles grasses des provisions d'eau pour les temps où elles n'en reçoivent pas du ciel. C'est de ces végétaux que le commerce retire l'*aloès*, substance employée en médecine comme purgatif, et surtout dans la marine, comme préservatif ; on en fait un enduit avec lequel on frotte les vaisseaux et les bois qui doivent séjourner dans l'eau, pour les garantir des ravages du taret naval.

Le nom de *lin de la Nouvelle-Zélande*, que les voyageurs ont donné au PHORMIUM (*phormium*), indique en même temps le lieu de sa naissance et le produit qu'on en retire. Les fibres qui entrent dans la structure de ses feuilles sont d'une ténacité supérieure à celle du chanvre et du lin, et peuvent être employées à la fabrication de câbles, de cordes et même de tissus aussi fins que nos toiles. La forme et la structure de cette plante, unique dans son genre, sont analogues à celles des aloès. Habitant comme ces derniers une contrée exposée aux orages, elle a comme eux une tige robuste et des feuilles résistantes ; mais comme elle recherche les endroits marécageux où l'eau ne lui manque jamais, ses feuilles n'ont pas besoin d'avoir l'épaisseur de celles des aloès. Depuis quelque temps on a essayé de naturaliser le *phormium* en France, et il paraît que les essais ont été assez heureux ; espérons qu'on finira par l'y acclimater.

L'ANANAS (*bromelia*) est une plante aussi remarquable par la grâce de son port que par l'excellence de son fruit. Comme la plupart des liliacées, il présente à sa base un bouquet de feuilles longues, au milieu desquelles s'élève la tige chargée de fleurs violettes, serrées les unes contre les autres. Lorsqu'après la fécondation les ovaires grossissent, ils se rapprochent tellement les uns des autres, qu'ils finissent par se souder et par former un fruit composé, semblable à une grosse pomme de pin et relevé d'une odeur exquise. C'est ce fruit que l'on mange seul ou avec du sucre, comme la pêche, et qui sert aussi à faire des confitures. L'*ananas* est originaire de l'Amérique méridionale ; mais depuis environ un siècle, on en élève en serre dans la plupart des contrées de l'Europe.

Outre ces quatres genres, la famille des liliacées nous offre encore la TULIPE (*tulipa*), qui fit faire tant de folies lors de son introduction en Europe ; le LIS (*lilium*) au port majestueux ; l'ASPHODÈLE (*asphodelus*), que les anciens plaçaient autour des tombeaux, parce qu'ils croyaient que les mânes se nourrissaient de ces racines tubéreuses ; l'**HÉMÉROCALLE** (*hemerocallis*), que ses belles fleurs ont fait longtemps regarder comme un lis ; la **SCILLE** (*scilla*), que ses propriétés sudorifiques font souvent employer en médecine ; l'**AIL** (*allium*), si détesté de certains peuples et tant aimé des autres, et dont l'*oignon*, le *poireau*, l'*échalotte*, etc., sont des espèces ; la **JACINTHE** (*hyacinthus*), aux fleurs campanulées et réunies en grappes ; la **TUBÉREUSE** (*polyanthes*), si recherchée pour son odeur suave, etc.

### IVᵉ Famille. — Palmiers.

Les *palmiers* sont pour les monocotylédones ce que les amentacées et les conifères sont pour les dicotylédones ; leur taille s'élève autant parmi les végétaux de leur embranchement que celle des sapins et des chênes au milieu des herbes et des arbrisseaux de l'embranchement qui précède ; leur stipe cylindrique s'élance comme une flèche dans les airs jusqu'à une hauteur de cent, cent cinquante, et même deux cents pieds, portant à son extrémité un vaste faisceau de feuilles étalées, du milieu desquelles s'échappe d'abord un superbe bouquet de fleurs disposées en panicule et enveloppées d'un spathe, et plus tard un *régime* de fruits nombreux, aussi agréables à la vue qu'au palais.

Ces arbres, si remarquables par leur taille et surtout par leur forme, quand on les compare à celles des arbres de nos forêts, sont tous exotiques, à l'exception d'un seul qui croît dans les contrées méridionales de l'Europe. Ils sont surtout extrêmement nombreux dans les régions intertropicales, où ils forment de vastes forêts peuplées par les quadrumanes, qui trouvent dans leurs fruits la nourriture la plus convenable pour eux. Mais ce ne sont pas les animaux seuls qui profitent de leurs produits; l'homme mange les cocos, les dattes, le bourgeon terminal du chou palmiste; il emploie à différents usages leurs tiges et leurs feuilles; il retire de plusieurs espèces des fécules, des liqueurs spiritueuses, de l'huile, etc.

Parmi les genres de cette famille, nous citerons le *dattier* et le *cocotier*.

Au milieu des déserts sablonneux de l'Afrique, c'est un spectacle bien doux pour le voyageur que la vue d'une belle forêt de **DATTIERS** (*phœnix*) dont les fruits ne sont pas moins agréables aux palais altérés que leur ombrage aux membres épuisés de fatigue. C'est là qu'au milieu de vastes plaines arides on voit ces palmiers étaler dans les airs leurs dômes majestueux et les énormes grappes de fleurs et de fruits dont ils sont chargés. Un seul arbre porte jusqu'à deux et même trois cents livres de *dattes* par an. Ce sont des drupes analogues aux olives, mais un peu plus longs, d'une saveur sucrée et d'un arome délicieux, qu'on mange sans aucune préparation et qui servent aussi à fabriquer un sirop fort employé pour assaisonner le riz. On les fait aussi sécher pour les réduire en une farine que les Arabes emportent pour se nourrir à travers les déserts stériles dans lesquels ils voyagent avec leurs chameaux.

Le *dattier* se cultive principalement en Arabie. On en

fait d'immenses forêts, dans lesquelles on a soin de ne planter que des arbres femelles, les mâles ne portant pas de fruit. On n'élève de ces derniers qu'autant qu'il en faut pour féconder les premiers et pour se procurer des boissons. Pour féconder les *dattiers* femelles, on suspend sur la cime de l'arbre le plus haut de la forêt un bouquet de fleurs mâles dont le vent disperse le pollen sur tous les autres individus. Pour se procurer des boissons, on incise les *palmiers* mâles, et de cette incision il coule une liqueur laiteuse qui produit le *vin de palmier* par la fermentation, et l'*eau-de-vie de palmier* par la distillation. Quoique tous les palmiers, les femelles comme les mâles, produisent de cette liqueur, on n'en retire que de ces derniers, parce que sa soustraction épuise l'arbre et entraîne sa perte.

Le COCOTIER (*cocos*) ressemble beaucoup au dattier par sa forme et par son utilité ; il est pour les Indes et pour l'Amérique méridionale ce que ce dernier est pour les Africains. Tous les voyageurs en font un éloge pompeux. Son fruit (le *coco*) est beaucoup plus considérable que la datte ; il a souvent la grosseur d'un melon de moyenne grandeur. C'est une coque remplie d'une chair blanche, ayant la consistance d'une crême épaisse et le goût le plus suave. A son centre se trouve placée, lorsque le fruit n'est pas encore mûr, une cavité pleine d'une liqueur laiteuse, rafraîchissante et très-agréable à boire, mais qui s'épaissit et finit par disparaître à mesure que le coco vieillit. Mais lorsque ce dernier n'est plus bon à manger, on en retire par la pression une huile précieuse qui est d'un usage général dans les Indes-Orientales.

A ces deux genres, il faut ajouter l'**AREC** (*areca*), dont l'amande, combinée avec de la chaux et du poivre, fournit le *bétel*, si estimé des Malais, et dont le bourgeon terminal, appelé *chou-palmiste*, se mange comme notre artichaut ; le **SAGOU** (*sagus*), qui fournit la fécule de ce nom ; le **CHAMEROPS** (*chamœrops*), dont l'Europe produit une espèce, la seule de la famille qui y croisse spontanément, etc.

### V<sup>e</sup> *Famille. — Graminées.*

La famille des *graminées* se compose de plantes herbacées, rarement frutescentes, d'un port particulier et caractéristique, dont on peut se faire aisément une idée quand on a vu un pied de blé ou de maïs. Leur tige est un chaume généralement percé d'un canal qui règne sur toute sa longueur, entrecoupé de distance en distance par des cloisons horizontales, et marqué au dehors par des *nœuds* ou saillies plus ou moins considérables, de chacun desquels part une feuille longue, étroite, engaînante à sa base, et placée alternativement de chaque côté de la tige. Leurs fleurs, disposées tantôt en épis, tantôt en panicules rameuses, sont ordinairement réunies en petits groupes appelés *épillets*. Chacune de ces fleurs se compose de deux écailles formant une *glume*, et le plus souvent de trois étamines à filets déliés, à anthères grosses. Leur fruit est toujours sec et rempli d'une substance farineuse.

Cette famille, l'une des plus naturelles et des plus nombreuses de la phytologie, est en même temps une de celles qui rendent le plus de services à l'homme :

elle fournit le blé à l'Européen, le riz à l'Asiatique, la
canne à sucre à l'Indien, le maïs à l'Américain, sans
parler des services innombrables qu'elle leur rend à
tous, en leur fournissant la nourriture nécessaire à leurs
animaux domestiques. C'est surtout dans cette famille
que nous trouverons la preuve de cette vérité, que le
Créateur a d'autant plus prodigué les objets sur la terre,
qu'ils étaient plus nécessaires à l'homme, tandis qu'il a
borné à certains pays ceux qui lui sont inutiles ou d'une
utilité secondaire. Comme il n'est point de lieux où les
*graminées* ne soient indispensables, il n'en est point
aussi où elles n'aient pénétré. Les régions glacées du
pôle, comme les brûlantes contrées de la zône torride,
le sommet aride des montagnes comme la terre féconde
des vallées, tout est embelli et enrichi par leur présence ; et c'est probablement cette propriété qu'elles ont
de se propager partout, en se transportant d'un lieu à
un autre, qui leur a fait donner le nom de *graminées*,
formé du latin *gradi*, marcher, s'avancer.

Cette famille comprend à elle seule plus de trois mille
espèces que l'on a divisées en trois tribus, selon qu'elles
sont monoïques, ou qu'étant hermaphrodites elles ont
les fleurs en épi ou en panicules.

### I<sup>re</sup> *Tribu*. — GRAMINÉES MONOÏQUES.

Cette première tribu, la moins nombreuse des trois,
ne comprend que quelques genres dont le plus intéressant est le **maïs** (*zea*). C'est une des plus belles graminées que nous ayons en France ; elle s'élève ordinairement jusqu'à huit ou neuf pieds de haut, et cela dans

un espace de temps très-peu considérable. Au sommet de sa tige flotte une belle panicule d'épis mâles, dont le pollen se répand sur les fleurs femelles, qui sont placées plus bas dans l'aisselle d'une feuille. La fécondation opérée, l'épi femelle se développe et grossit, au point de former, à l'époque de la maturité, un cône de trois à quatre pouces de circonférence, et de six ou sept de long. Cette plante est, après le blé et le riz, une des plus utiles et des plus nécessaires à l'homme. Ses tiges et ses feuilles, tendres et sucrées, forment un fourrage dont toutes les bêtes à cornes et les chevaux sont très-friands. Leurs graines, qu'on appelle ordinairement *blé de Turquie*, et *mil* dans le midi de la France, nous fournissent un aliment sain et agréable, en même temps qu'elles servent à engraisser nos volailles, nos cochons, etc., dont la viande est alors plus ferme et plus délicate. Le *maïs* est originaire d'Amérique, où il formait autrefois la base de la nourriture des indigènes. Il s'introduisit en Europe lors de la découverte du nouveau monde, et il s'y acclimata si bien, qu'il est peu de pays où on ne le cultive pas maintenant.

Outre ce genre, nous trouvons dans cette tribu la **HOUQUE** (*holcus*), plante orientale depuis longtemps cultivée dans le midi de l'Europe, et dont les graines, appelées *sorgho*, servent aux mêmes usages que celles du maïs.

### *II^e Tribu.* — GRAMINÉES EN ÉPI.

Cette vaste tribu comprend, entre autres genres, le

**BLÉ** (*triticum*), dont l'utilité est si générale; l'**IVRAIE** (*lolium*), qui nuit beaucoup à la culture du précédent ; le **SEIGLE** (*secale*), qui remplace le blé dans certains pays, où ce dernier ne vient pas facilement; l'**ORGE** (*hordeum*), dont la graine sert à faire le gruau et la bière ; le **VULPIN** (*alopecurus*), la **PHLÉOLE** (*phleum*), la **FLOUVE** (*anthoxanthum*), toutes communes dans nos prairies et servant à former le *foin*. Mais de tous ces genres aucun n'a l'importance de la **CANAMELLE** (*saccarum*).

C'est une jolie plante, à laquelle sa haute taille et ses fleurs blanches et satinées assureraient un rang distingué parmi les graminées, indépendamment de la substance précieuse qu'elle produit.

Sa tige a ordinairement de huit à dix pieds de long et renferme une liqueur sucrée que l'homme, à force d'essais, est parvenu à cristalliser sans lui faire perdre aucune de ses propriétés. C'est dans les Indes-Orientales et surtout dans les colonies qu'on élève ce précieux végétal, dont la culture occupe une immense quantité d'ouvriers, et surtout de nègres.

Quand la *canne* est parvenue à sa maturité, c'est-à-dire à l'âge d'environ six mois, on la coupe et on la dépouille de ses feuilles avant de la soumettre au pressoir. Le miel qu'on exprime par la pression est reçu dans de grandes chaudières où on le fait bouillir, tant pour l'écumer que pour lui donner plus de consistance. Lorsque celle-ci est devenue sirupeuse, on verse la liqueur dans des moules de terre, où on la laisse pendant vingt-quatre heures pour lui donner le temps de se figer. Ce temps passé, on retire la mélasse ou la partie qui ne s'est point solidifiée ; le reste est ce qu'on appelle du *sucre brut*.

Pour purifier celui-ci, on le couvre d'abord d'une couche d'argile ou de terre glaise fortement détrempée d'eau, qui, en s'écoulant, entraîne une partie des matières étrangères qui le souillent ; ensuite on le traite par le blanc d'œuf ou par le sang de bœuf, et l'on obtient le *sucre raffiné*.

Mais le sucre n'est pas le seul produit de la *canamelle* ; son miel fournit, par la fermentation, une liqueur spiritueuse analogue à l'hydromel, et, par la distillation, une espèce d'eau-de-vie fort connue sous le nom de *rhum*.

### *III<sup>e</sup> Tribu.* — GRAMINÉES A PANICULES.

Cette tribu, à peu près aussi considérable que la précédente, nous présente deux genres très-intéressants : le *riz* et le *roseau*.

Le RIZ *(oryza)* est pour les Indiens et les Chinois ce que le froment est pour les Européens. Il fait la nourriture ordinaire des habitants de ces vastes contrées, où il est cultivé de temps immémorial, et c'est peut-être à lui que la Chine doit la civilisation à laquelle elle est parvenue depuis si longtemps. Cette plante, de trois à quatre pieds de haut, recherche les lieux bas et inondés ; aussi le voisinage des *rizières* est-il en général dangereux par les exhalaisons malfaisantes qui en émanent, ce qui les a fait prohiber dans la plupart des contrées de l'Europe. Le Piémont et l'Espagne sont les seuls pays de cette partie du monde où on les ait conservées ; mais elles y sont la cause de fréquentes fièvres intermittentes et d'autres maladies sérieuses. Il faut observer qu'à la Chine et aux Indes, patrie des rizières, ces inconvénients n'existent pas, ce qu'il faut probablement attribuer à l'écoulement facile des eaux qui les entretiennent. Outre ses usages domestiques, qui sont généralement connus, le *riz* peut, ainsi que toutes les céréales, fournir par la distillation une espèce d'eau-de-vie aussi forte que celle du raisin.

Le **ROSEAU** (*arundo*) rivalise avec la canne à sucre par l'élégance de son port et par la beauté de son bouquet floral, et il la surpasse de beaucoup par l'élévation de sa taille, puisque, dans les pays chauds, il atteint la hauteur des plus grands arbres de nos forêts. Trois espèces de ce genre méritent une mention particulière ; ce sont le *roseau à quenouille*, le *roseau à balai* et le *bambou*. Les deux premiers, qui croissent en France, ont beaucoup de rapports entre eux ; mais ils diffèrent par leur taille, qui est plus élevée dans le *roseau à quenouille* que dans la seconde espèce. Ces graminées ont, dans l'économie domestique, des usages peu brillants, il est vrai, mais si nombreux et si journaliers qu'elles sont réellement très-précieuses. On fait avec leur tige des échalas, des treillages, de petits instruments de musique, des anches de hautbois, des balais, etc.; leurs feuilles servent de litière et de nourriture aux bestiaux. Dans l'économie de la nature elles sont encore plus importantes ; croissant dans des terrains marécageux ou arénacés, elles contribuent au desséchement de la terre trop humide et à la fixation des sables, et, par leur multiplication rapide, servent, ainsi que les autres plantes analogues, à produire les tourbières auxquelles beaucoup de pays doivent leur combustible habituel. Quant au *bambou*, la majesté de son port et l'élévation de sa taille sembleraient devoir l'exclure de la modeste famille des graminées, si le caractère de ses fleurs, la forme de sa tige et toute son organisation n'y avaient évidemment fixé sa place. Il atteint souvent dans l'Inde, sa patrie, la hauteur des plus beaux palmiers. Ses usages sont très-nombreux ; jeune, il renferme dans son chaume une moelle sucrée dont les Indiens sont avides. Parvenu à sa maturité, sa tige sert de charpente dans la construction des maisons, et ses feuilles s'emploient pour les couvrir. Son bois joint à la souplesse, à l'élasticité et à la force, la propriété de n'être pas endommagé par l'action de l'air, ni pénétré par l'humidité. Aussi l'emploie-t-on de préférence dans la construction des barques et des coffres qu'on remplit de terre végétale pour y semer du riz. Enfin la pellicule qui tient lieu d'écorce sert de papier à la Chine, et c'est sur elle que sont imprimés la plupart des livres qui nous arrivent de ce pays.

Outre ces genres, la tribu des *graminées à panicules* comprend l'AVOINE (*avena*) dont la paille et le grain sont si recherchés des bestiaux ; la FESTUQUE (*festuca*) ; le PATURIN (*poa*), etc., qui forment un très-bon foin.

Après ces familles, qui sont les plus nombreuses et les plus remarquables, nous nommerons les *amomées*, plantes étrangères, dont le *gingembre* et le *curcuma* font partie ; les *musacées*, auxquelles appartiennent le *strelitzia* dont les fleurs sont si curieuses et le *bananier* non moins célèbre par la beauté de son port que par la grandeur de ses feuilles et surtout par l'excellence de son fruit ; les *amaryllidées*, qui nous fournissent une multitude innombrable de plantes d'ornement, telles que *l'amaryllis*, la *perce-neige*, le *narcisse*, etc.; les *asparaginées*, auxquelles nous devons *l'asperge* comestible, le *sang-dragon*, le *houx*, la *parisette*, le *muguet*, la *salsepareille*, etc.; les *colchicacées*, dont le *colchique d'automne* et la *vératrine*, font partie ; les *cypéracées*, qui ne diffèrent des graminées que parce que leurs feuilles forment une gaîne entière autour de la tige, etc.

## IIIᵉ embranchement. — ACOTYLÉDONES

Si, dans les deux embranchements qui précèdent, nous avons trouvé, parmi des plantes remarquables par la richesse et la magnificence de leur périanthe, des fleurs dépourvues de tout charme extérieur, du moins nous avons trouvé dans toutes les organes essentiels à la fructification, le pistil et les étamines. Dans les *acotylédones* nous ne verrons plus aucune des parties constituantes de la fleur ; plus de calice, de corolle, d'étamine ni de pistil ; quelquefois nous ne trouverons pas même de feuilles. Bien plus, leur structure intime sera toute différente ; leur substance, au lieu d'être formée par la réunion de vaisseaux, de trachées, de glandes, etc., ne nous offrira souvent qu'un tissu cellulaire presque homogène, sans aucun organe particulier pour la nutrition et la reproduction. On peut donc regarder les végétaux de ce troisième embranchement comme analogues aux animaux du quatrième embranchement de la Zoologie, chez lesquels l'organisation ne consiste qu'en une masse de tissu cellulaire, dans laquelle on ne trouve ni nerfs, ni muscles, ni vaisseaux.

Ce n'est pas cependant que les *acotylédones* ne puissent pas accomplir leurs fonctions nutritives et reproductives ; elles vivent et se propagent comme les végétaux les plus parfaits ; seulement la manière dont elles remplissent ces deux fonctions est totalement différente de celle de ces derniers, et ne peut s'expliquer par ce que nous en avons dit précédemment.

Toutefois nous pouvons ordinairement reconnaître dans toutes les plantes *acotylédones* deux parties bien distinctes : une racine cachée par laquelle elles adhèrent au corps sur lequel elles sont nées, et une tige, partie généralement extérieure qui les constitue véritablement. C'est sur cette dernière que nous trouvons, soit à sa surface, soit dans son intérieur, les organes reproducteurs du végétal, organes qui ne ressemblent en rien aux étamines ou au pistil, et qui se réduisent à une ou plusieurs boîtes appelées *sporanges*, *urnes* ou *thèques* et à un certain nombre de corpuscules nommés *spores*, qui sont analogues aux grains, mais qui en diffèrent en ce qu'ils forment un tout homogène, dont chaque partie peut devenir indistinctement la racine ou la tige, tandis que dans les premiers on trouve une tigelle et une radicule, qui ne peuvent jamais remplir la fonction l'une de l'autre. D'ailleurs on n'a pu s'assurer jusqu'ici qu'il fallût que les *spores*, pour être propres à reproduire la plante, reçussent l'influence d'un corps semblable au pollen ; on n'a même jamais pu trouver dans les *acotylédones* aucun organe que l'on pût regarder avec certitude comme analogue à l'étamine.

Cet embranchement nous offre peu de végétaux utiles aux arts ou à l'économie domestique ; à l'exception de quelques champignons et de quelques lichens dont l'homme fait quelquefois sa nourriture, et de quelques autres espèces qu'il emploie dans les arts, tout le reste semble avoir été destiné par la nature à cacher l'aridité des rochers et des terres ingrates, qui ne peuvent produire de végétaux plus utiles, ou à peupler les eaux et les marais que ces plantes tendent à dessécher par l'accumulation de leurs débris.

L'étude des *acotylédones* est extrêmement difficile quand on veut l'approfondir ; mais on peut assez facilement se faire une idée des principales familles, sans avoir besoin de pénétrer trop avant dans leur organisation intérieure. Ces familles sont au nombre de six : les *équisétacées*, les *fougères*, les *mousses*, les *lichénées*, les *champignons* et les *algues*.

### Ire Famille. — Equisétacées.

Cette première famille ne comprend qu'un seul genre, celui des PRÊLES *equisetum*, végétaux demi-aquatiques, qui ne se plaisent que sur le bord des eaux ou au milieu des marais, d'où ils élèvent dans les airs une tige fistuleuse et articulée qui ressemble en petit à celle de certains conifères. Ce sont les seules cryptogames dans lesquelles on trouve encore quelque chose qui ressemble à une fleur. A l'extrémité de leur tige, on aperçoit un épi composé d'écailles épaisses, analogues aux fleurs mâles de plusieurs conifères, et surtout de l'if, excepté qu'elles n'enveloppent jamais d'étamines. C'est à la face intérieure de ces écailles qu'on trouve les capsules remplies des spores reproducteurs.

Les *prêles* présentent à certaines époques un phénomène très-curieux ; leurs écailles florales se roulent en spirale, embrassent les corps globuleux qu'elles entourent, et que certains auteurs regardent comme le pistil, et, les étreignant avec force, les détachent du réceptacle, se déroulent ensuite avec élasticité et s'élancent avec eux à une hauteur considérable. Ce phénomène remarquable, qui se répète plusieurs fois en une minute, peut être observé à l'œil nu.

Le nom de *prêle* ou presle est formé par corruption de l'italien *asparello* (rude) ; il a été donné à cette plante à cause des inégalités qui hérissent sa tige et qui paraissent être de petits grains de sable que la plante ramasse dans la terre. Ces inégalités sont tellement dures, que les tourneurs et les menuisiers emploient les *prêles* pour polir leurs ouvrages. Mais il faut pour cela choisir les vieilles tiges ; car les jeunes sont au contraire recherchées par les bestiaux et se mangent même en Italie en guise d'asperges.

### II<sup>e</sup> Famille. — Fougères.

Les *fougères* ressemblent autant que les prêles aux plantes cotylédonées par leur port, et surtout par leur tige et par leurs feuilles ; mais leurs organes reproducteurs, au lieu d'être placés sur la tige, dans l'aisselle des feuilles, se remarquent à la face inférieure de ces dernières, et consistent en un anneau élastique qui se rompt quand la séminule est mûre, et laisse échapper celle-ci ou la lance à distance.

Dans nos contrées, les *fougères* sont des plantes vivaces, mais herbacées, dont la hauteur ne dépasse presque jamais un mètre; mais dans les contrées intertropicales ce sont de véritables arbres, qui parviennent jusqu'à vingt et même vingt-cinq pieds d'élévation, et qui rivalisent avec les palmiers par leur taille et par leur port. Cependant, quoique celles de nos pays ne puissent pas aller de pair avec ces fières rivales, elles ne laissent pas que d'avoir leur mérite et leur utilité. On voit toujours avec plaisir la découpure délicate de leurs feuilles, ces organes roulés en crosse avant de s'étaler horizontalement, la verdure de leurs rameaux, qui contraste si agréablement avec le sol aride où elles croissent, et surtout la disposition, tantôt régulière, tantôt bizarre, mais toujours élégante, de leurs organes fructificateurs. On jouit surtout avec reconnaissance des services que leurs cendres rendent à l'art du verrier, auquel elles fournissent une excellente potasse, et à l'agriculture, pour laquelle elles servent d'engrais.

Quoique toutes les *fougères* aient un port analogue, on a pu cependant les diviser en une vingtaine de genres, d'après la forme et la disposition de leurs organes reproducteurs. Les principaux sont l'**ADIANTHE** (*adianthum*), dont une espèce, la *capillaire*, est employée en médecine comme adoucissante; la **DORADILLE** (*asplenium*), dont une espèce fut surnommée par les anciens *sauve-la-vie*, à cause des propriétés médicinales qu'ils lui supposaient ; le **POLYPODE** (*polypodium*), dont la *fougère mâle* est une espèce renommée par ses propriétés anthelmintiques (contre les vers intestinaux) ; le **PTÉRIS**, dont l'*aigle impériale* est une espèce qui a été ainsi surnommée parce que sa tige, coupée en travers, présente des traits qui rappellent la figure d'un aigle à deux têtes, etc.

### IIIe Famille. — Mousses.

Considérées en masses serrées, comme elles se trouvent naturellement, les *mousses* forment des touffes épaisses, dans lesquelles on ne distingue aucune figure bien déterminée. Mais quand on les examine séparément, on voit que chacune d'elles est une petite plante garnie de rameaux et de feuilles qui nous présentent en miniature toutes les parties d'un végétal plus parfait, à l'exception des fleurs. Leurs organes de la fructification consistent en des capsules ou *urnes* portées sur une longue soie, et s'ouvrant au sommet par la séparation d'une calotte ou *coiffe* circulaire qui ressemble à un couvercle de marmite. C'est par cette ouverture que s'échappent les séminules reproductrices.

Toutes les *mousses* recherchent les lieux bas et humides et l'ombre des forêts ; c'est là que, pressées les unes contre les autres, elles forment ces beaux tapis de verdure qui remplacent dans les bois ceux que les graminées forment au milieu des prairies. Certaines espèces couvrent les vieux arbres et les grosses branches d'un manteau protecteur qui les préserve des vicissitudes atmosphériques. D'autres envahissent les marais, et, par l'accumulation successive de leurs débris, soulèvent peu à peu le sol et finissent par former les tourbières, dépôts précieux de combustibles pour certains pays privés de bois. Ces plantes nous rendent donc trois services importants, d'abord en garantissant nos arbres de l'action des froids trop rigoureux, ensuite en desséchant les marais, qu'elles rendent ainsi propres à l'agriculture, et enfin en nous procurant une substance combustible qui remplace le bois et le charbon de terre dans les pays qui en sont dépourvus. Nous ne parlons pas de l'emploi qu'on en fait pour emballer les objets fragiles et pour garnir les matelas, parce que ces usages sont trop peu importants si on les compare aux trois autres.

On connaît plus de mille espèces de *mousses*, qu'on trouve répandues dans toutes les parties du monde, mais surtout dans les régions septentrionales, dont elles forment la principale végétation. On les a divisées eu une cinquantaine de genres, dont les principaux sont les **SPHAGNES** *sphagnum* qui peuplent les marais; les **BRYES** *bryum*, qui forment de si belles pelouses à l'ombre des forêts; les **MNIES** *mnium*, qui cachent l'aridité des rochers; les **FONTINALES** *fontinalis*, dont une espèce, commune dans toute l'Europe, a été surnommée *incombustible*, parce qu'on dit qu'elle empêche la communication du feu; les **HYPNES** *hypnum*, très-répandues partout, et toutes remarquables par leurs formes élégantes.

En parlant des *mousses*, nous ne devons pas passer sous silence le **LYCOPODE** *lycopodium*), qui a tant d'analogie avec elles, quoiqu'on le place dans une famille différente, à laquelle il a donné son nom. Il habite les mêmes lieux que les véritables mousses, les terrains humides et ombragés, les pays de montagnes, et surtout les Alpes. Une des espèces de ce genre, le *sélago*, était autrefois célèbre dans les cérémonies supestitieuses des druides, qui ne le cueillaient que furtivement et l'enveloppaient, aussitôt après l'avoir détaché, dans un morceau de toile neuve ; car, sans cette précaution, le *sélago* perdait ses admirables propriétés, entre autres celle d'empêcher les maléfices. Une seconde espèce, le *lycopode en massue*, n'a pas cette vertu surnaturelle, mais il en a de plus réelles ; la poudre jaune contenue dans ses urnes reproductrices, qui s'enflamme avec rapidité en répandant un éclat très-vif, est d'un grand usage dans les théâtres pour imiter les incendies et pour former les torches dont on arme les esprits infernaux, parce qu'elle a l'avantage de ne pas communiquer le feu aux objets qu'elle touche. On s'en sert encore beaucoup pour saupoudrer les pilules gluantes, ainsi que les plaies qui se forment si facilement aux aines des petits enfants nouvau-nés ; aussi se fait-il en Suisse un commerce considérable de cette substance.

### IV<sup>e</sup> Famille. — *Lichénées.*

Les cryptogames nous offrent encore quelque analogie avec les plantes ordinaires ; on y trouve une tige, des feuilles, des racines et même des organes reproducteurs, quoique ces derniers soient essentiellement différents des graines véritables ; enfin ils ont, du moins à

un certain âge, des trachées et des vaisseaux. Au contraire, dans les végétaux de la dernière classe, nous ne
trouvons plus rien qui rappelle la forme des espèces
cotylédonées ; ils ne nous présentent plus qu'une masse
homogène diversement découpée, quelquefois même
arrangée avec une certaine symétrie, mais jamais aucune partie qu'on puisse comparer à une tige, à une
feuille ou à une fleur. On sait, il est vrai, qu'ils ont des
organes reproducteurs, et l'on est même parvenu à en
multiplier artificiellement certaines espèces; mais les
séminules et les sporanges sont si peu distincts du reste
de la substance du végétal, qu'il est quelquefois difficile de les apercevoir. Quand on les distingue bien, on
les trouve placés tantôt à la surface, tantôt dans l'intérieur de la plante. Enfin on ne leur a jamais pu découvrir jusqu'ici aucune trace de vaisseaux ni de trachées;
aussi la plupart d'entre eux peuvent-ils se reproduire
par section comme les polypes; c'est même à cette circonstance qu'ils doivent leur nom d'*amphigames,* qu'ils
portent également.

Cette classe peu nombreuse se compose de trois familles, les *lichénées* les *fungacées* et les *algues.*

Les *lichénées* composent une famille nombreuse et
difficile à caractériser à cause de la diversité de leurs
formes, de leur consistance et de leur structure ; le plus
souvent ce sont des expansions membraneuses imitant
assez bien des feuilles, excepté qu'elles sont plus coriaces et ornées de couleurs différentes, quelquefois très-
vives; plus rarement ce sont des filaments simples ou
ramifiés, qui ont des rapports avec le polypier de cer-

tains zoophytes, et surtout du corail. Quelquefois enfin ce sont de simples grains pulvérulents qui n'ont aucune forme déterminée. Leur reproduction s'opère assez souvent par division; mais le plus ordinairement il existe pour cette fonction des organes particuliers, dont les uns servent simplement d'enveloppe, et les autres sont de véritables séminules. Il faut cependant observer qu'il a été jusqu'ici impossible de découvrir ces organes dans un assez grand nombre d'espèces.

La plupart des *lichénées* croissent sur des rochers arides, sur les murs et sur les pierres nues, sur lesquels leurs débris forment une légère couche de terre végétale, qui permet à d'autres plantes d'un ordre plus élevé de venir s'y établir. Il est évident que ces espèces ne peuvent vivre qu'aux dépens des particules organiques répandues dans l'atmosphère. Il pourrait n'en être pas de même de celles qui naissent sur l'écorce des arbres; mais comme on a observé que leur présence, bien loin de nuire au développement de ces derniers, leur était au contraire favorable, on en a conclu que les espèces parasites se nourrissent, comme les autres, des matières que l'air leur apporte continuellement; aussi il faut bien se garder d'arracher en grande quantité les *lichénées* qui croissent sur les plantes; leur ablation nuirait à ces dernières et pourrait même leur devenir funeste. Il paraît que ces amphigames, en absorbant l'humidité surabondante de l'atmosphère, empêchent qu'elle n'exerce une influence pernicieuse sur le végétal cotylédoné; car on remarque que tous les *lichens* sont très-avides d'eau et redoutent la sécheresse; la pre-

mière leur donne constamment une couleur verte, que
la seconde leur fait perdre en peu de temps. Jamais ils
ne végètent mieux que durant l'automne et dans les
contrées septentrionales ; ce sont même les seules plantes qui se trouvent dans le voisinage des régions polaires, où elles rendent d'immenses services à leurs mal-
heureux habitants. En effet, les *lichénées* contiennent
une certaine quantité de matière nutritive, qui devient
pour eux et pour leurs animaux domestiques une res-
source inappréciable. Tout le monde sait que le renne
des Lapons se nourrit presque exclusivement d'une espèce de cette famille, surtout pendant l'hiver, et cette
nourriture lui est si favorable, qu'il engraisse considérablement durant cette saison. Que dire du *lichen d'Is-
lande*, dont les propriétés pectorales, si généralement
préconisées, ne sont rien en comparaison de son utilité
comme plante économique ?

Il fournit à la teinture une couleur estimée, à la bras-
serie un principe amer qui remplace le houblon dans la
fabrication de la bière, au bétail et surtout aux chevaux
un aliment réparateur, qui leur rend promptement les
forces et l'embonpoint qu'ils avaient perdus. L'homme
lui-même s'en nourrit ; il ne faut, pour le rendre propre
à cet usage, que lui ôter un peu de son amertume par
des lavages et des décoctions répétés ; on en fait ensuite une farine qui, mêlée au lait ou avec tout autre
liquide, fournit une bouillie fort nourrissante.

Mais ce n'est pas seulement dans le Nord que les lichens rendent des services ; en France nous avons sur
les rochers volcaniques de l'Auvergne le *lichen parelle*,

et sur les côtes arides de l'Océan le *lichen roccelle*, qui sont d'un usage journalier dans la teinture en violet, sous le nom d'*orseille d'Auvergne* et d'*orseille des Canaries.*

### V<sup>e</sup> *Famille. — Fungacées.*

Sous le nom de *fungacées*, on comprend une multitude innombrable (plus de trois mille) de plantes amphigames, que l'on désigne vulgairement sous le nom de *champignons*, appelés en latin *fungus.* Les espèces de cette famille ne varient pas moins que celles de la précédente en forme, en consistance, en structure. Véritables protées de la botanique, ces végétaux nous présentent quelquefois la forme d'un chapeau, d'une coupe, d'une mitre, avec une consistance charnue et des couleurs brillantes. Presque toutes ces espèces sont enveloppées, au moment de leur sortie de terre, d'une espèce de coiffe ou *volva* qui ne tarde pas à se déchirer, quand elles sont exposées à l'air. D'autres fois ce sont des masses informes, sans figure déterminée et d'une consistance analogue à celle du liége. Dans quelques espèces, nous ne trouvons qu'une matière homogène, noire, presque liquide, ou bien une certaine quantité de filaments plus ou moins longs, sans aucune solidité. Leur fructification consiste en une poussière très-fine, composée de spores microscopiques, tantôt placés à la surface du *champignon*, tantôt renfermés dans des capsules particulières et dans la substance même du végétal.

On voit par là que certaines amphigames de cette

famille se rapprochent de celles de la précédente ; mais il est un caractère qui les distinguera toujours, c'est que les *champignons* ne deviennent jamais verts dans quelques circonstances qu'ils se trouvent, tandis que les lichens prennent cette couleur toutes les fois qu'ils sont exposés à l'humidité ; d'ailleurs les premiers sont d'une consistance généralement moindre que les seconds et ont les formes plus épaisses.

Les *champignons* sont des végétaux généralement éphémères, dont la croissance est aussi rapide que l'existence est courte ; souvent quelques heures suffisent au développement d'individus assez gros. Ils naissent de préférence dans les lieux bas et humides et surtout à l'ombre ; ils abondent également sur les troncs d'arbres abattus, et sur les matières végétales et animales en putréfaction. C'est en automne et au printemps qu'on les voit pulluler de tous côtés ; ces deux saisons, ordinairement pluvieuses, sont on ne peut pas plus favorables à leur multiplication. C'est alors qu'on recueille dans les campagnes les espèces comestibles, soit pour les manger sur-le-champ, soit pour les faire sécher et les conserver pour les saisons suivantes.

Mais il faut être très-circonspect dans le choix de ces végétaux ; de deux espèces à peine différentes en apparence, il arrive souvent que l'une est un mets agréable et l'autre un violent poison ; il n'y a que l'habitude qui puisse apprendre à faire cette distinction. On peut cependant en général regarder comme dangereux : 1° tous ceux qui changent de couleur quand on les coupe ; 2° ceux qui contiennent un suc laiteux ; 3° ceux qui en vieillissant se fondent en eau noire ; 4° ceux qui ont une consistance subéreuse ou coriace, ou une saveur âcre et styptique.

Pour peu qu'on ait d'incertitude sur la qualité d'un *champignon*, il faut le rejeter, d'autant plus qu'il est facile de s'en procurer de parfaitement sains et bons par le moyen des couches. Il suffit pour cela de faire des assises alternatives de fumier de cheval et de terre, et de les entrelarder de *blanc de champignon*, qui n'est autre chose que des fragments de ce végétal. Par ce procédé on en obtient autant qu'on veut et de bonne qualité ; malheureusement on ne peut faire venir ainsi qu'une seule espèce, le *champignon de couche* ; mais c'est une des plus agréables au goût après la truffe.

Il est extrêmement difficile de diviser les champignons en genres ; cependant des naturalistes infatigables sont paavenus à rapporter à soixante groupes assez bien caractérisés, les trois mille espèces connues de cette famille. Nous allons en citer quelques-uns des plus importants.

Les **MORILLES** (*morchella*) sont faciles à reconnaître en ce qu'elles ont un chapeau de forme conique et couvert de rides et de crevasses, supporté sur **un** pédicule. Toutes les espèces de ce genre sont bonnes à manger, et ont cet avantage qu'elles ne peuvent être confondues avec aucune espèce vénéneuse. La principale est la *morille comestible*, qui croit abondamment dans les champs, dans les vignes, etc.

Les **BOLETS** (*boletus*) forment un genre nombreux et facile à distinguer, en ce qu'il a comme le précédent un chapeau et un pédicule, dont le premier est cons'amment garni à sa face inférieure, de tubes qui contiennent les séminules reproductrices. C'est à ce groupe que se rapportent les plus grosses espèces de champignons ; il y en a dont le chapeau a plus de dix pouces de diamètre. Tels sont le *bolet amadouvier*, le *bolet ongulé*, qui servent à fabriquer l'*amadou*, et le *bolet comestible*, le *ceps noir*, etc., dont la chair blanche est excellente à manger.

Les **AGARICS** (*agaricus*) ne diffèrent des bolets qu'en ce que leur chapeau est garni inférieurement de feuillets rayonnés, au lieu de tubes. Du reste ce genre est excessivement nombreux et comprend plus de mille espèces, qui croissent toutes à terre, à l'exception d'un petit nombre qui viennent sur le bois mort. Ces champignons sont importants à connaître en ce que, parmi quelques espèces très-délicates, il s'en trouve beaucoup de vénéneuses qui en diffèrent très-peu ; les principales espèces sont : l'*agaric délicieux*, dont le goût est aussi agréable que l'odeur suave ; l'*agaric meurtrier*, très-analogue au précédent pour la forme et non pour les propriétés ; l'*agaric comestible*, qui est l'espèce qu'on cultive sur couche, l'*oronge* qui est très-estimée, mais que l'on redoute à cause de sa similitude avec la *fausse oronge*, qui est vénéneuse, etc.

Au contraire des autres champignons qui cherchent la lumière, la **TRUFFE** (*tuber*) ne vit qu'au sein de la terre, où rien n'indiquerait sa présence sans le parfum qui la trahit. Comme elle n'est située qu'à quelques pouces de la surface du sol, les personnes qui ont l'habitude de la chercher, la flairent fort bien sans remuer la terre ; les cochons, qui en sont friands, sont aussi très-habiles à la déterrer, et on les emploie en beaucoup de pays pour fouiller la terre où elle se trouve. On connaît trois espèces de ce genre qui sont également bonnes : la *noire*, la *grise* et la *violette* ; c'est à la première que les gourmets donnent la préférence ; aussi les marchands de Paris ont-ils l'habitude de les teindre toutes de cette couleur. C'est du reste un aliment peu nutritif, et qui est même en général fort indigeste.

Les URÉDO (*uredo*) sont de petits champignons parasites qui naissent sous la cuticule des végétaux, surtout sur les espèces herbacées, auxquelles elles causent une véritable maladie, qui ne tarde pas à les épuiser et à les faire périr. Les principales espèces sont : le *charbon*, qui attaque la glume du blé et des autres graminées ; la *rouille*, qui se développe dans l'intérieur du grain du froment ; l'*urédo du maïs*, qui produit sur cette plante d'énormes bourses de poussière noire, etc.

Les MOISISSURES (*mucedo*) sont des végétations qui naissent sous la forme de filets plus ou moins épais, sur toutes les matières végétales ou animales en décomposition.

Enfin les BYSSUS (*byssus*) se développent dans tous les lieux humides, sur les planches mouillées, etc., sous la forme de flocons blancs que l'on trouve partout.

### VI<sup>e</sup> *Famille.* — *Algues.*

Sous le nom d'*algues* ou d'*hydrophytes*, on désigne un nombre très-considérable de plantes aquatiques, dans lesquelles il est impossible de distinguer quelque chose qui ressemble à une fleur et même qui rappelle une plante ; ce sont en général des filaments, tantôt minces, déliés et sans aucune consistance, tantôt gros, arrondis, aplatis et souvent ramifiés de la manière la plus bizarre. Leur couleur est généralement verte et leur consistance herbacée ; mais on en trouve aussi de coriaces et de cornées, sur lesquelles on voit briller des couleurs éclatantes. Comme elles sont destinées à flotter dans les eaux, leurs frondes sont toujours garnies de cellules intérieures, qu'elles peuvent remplir d'air ou de tout autre gaz, afin de pouvoir se soutenir plus aisément dans leur sein. Pour descendre au fond, il leur suffit de chasser le fluide des vésicules aériennes ; leur corps, devenu moins volumineux, se précipite sur-le-champ par son propre poids, à une profondeur d'autant plus considérable, que le vide a été plus complet.

Toutes ces plantes jouissent de la propriété de se ranimer, lorsqu'après avoir été desséchées par une trop longue exposition à l'air, elles sont de nouveau mises en contact avec l'eau. Tout le monde sait que ce qu'on nomme *limon*, qui n'est autre chose qu'un amas de petits individus de cette famille, après avoir passé plusieurs mois sur le bord des mares dont on l'a retiré, reprend sa couleur verte naturelle, lorsqu'il reçoit quelques ondées de pluies. Il en est de même de presque toutes les espèces d'*algues*.

La reproduction de ces amphigames s'opère généralement par la division mécanique des filaments qui les composent, et dont chaque fragment devient absolument semblable au tout ; de plus elles se propagent par des *séminules* renfermées dans des sporanges ; mais il est inutile de dire qu'il s'en faut de beaucoup que ces organes aient été observés dans toutes les espèces de la famille. On voit par là que, sous le rapport de la reproduction, ces êtres se rapprochent beaucoup de certains zoophytes.

Les *algues* se divisent très-bien en deux tribus, les *confervées* et les *thalassiophytes*.

### *I*re *Tribu*. — CONFERVÉES.

On appelle ainsi toutes les espèces d'algues qui vivent dans les eaux douces, qui croissent sur la terre par les temps pluvieux, ou qui viennent dans les endroits très-humides. Elles se composent en général d'une multitude infinie de filaments déliés, simples ou bifurqués, qui, s'entrelaçant de mille manières, constituent un feutre épais. On en distingue deux genres principaux : les *conferves* et les *trémelles*.

On donne une origine assez singulière au mot CON-FERVE (*conferva*). Un homme, étant tombé du haut d'un arbre qu'il émondait, s'était fracturé presque tous les os; il fut guéri très-promptement par le soin qu'on prit de lui envelopper tout le corps de *conferve*, ayant l'attention de l'humecter à mesure qu'elle se séchait. Ce fut d'après cette miraculeuse guérison, que la plante fut appelée *conferve*, du latin *conferruginare*, qui veut dire souder.

Quoi qu'il en soit de l'étymologie, ces plantes sont extrêmement communes dans toutes les eaux douces.

tantôt couvrant le fond du bassin, tantôt flottant dans leur sein, et formant toujours par leur accumulation des tapis de verdure, semblables à ceux dont les mousses et les graminées embellissent les forêts et les prairies.

Les *conferves* présentent aux changements de temps un phénomène curieux, dont on peut être facilement témoin, quand on a à sa portée une mare tranquille. Lorsque l'air est sec et serein, elles restent au fond de l'eau, mais si le temps tourne à la pluie, on les voit s'élever à sa surface, et y demeurer jusqu'à ce que le mauvais temps cesse. On peut regarder ce phénomène comme un indice des variations atmosphériques, aussi sûr pour le moins que les meilleurs baromètres.

Les **TRÉMELLES** (*tremella*) ou *nostochs* sont beaucoup plus curieuses qu'utiles. Ce sont de grandes vessies, minces et transparentes, dont l'intérieur est traversé, en différents sens, par des filaments allongés et fistuleux. On trouve ces végétations sur les bords des chemins, dans les allées des jardins, etc.; mais elles ne sont visibles que pendant les temps pluvieux. Elles se montrent alors sous la forme de masses gélatineuses et tremblantes, forme à laquelle elles doivent leur nom de *trémelles*. Dès que la pluie cesse et que le soleil reparaît, l'eau qui les avait pénétrées s'évapore, et il ne reste plus qu'une membrane ridée, que l'on distingue à peine sur la terre ou dans l'herbe. Aussi les anciens, persuadés que l'existence de ces plantes avait quelque chose de surnaturel, les avaient nommées *émanations du ciel*. Mais l'examen attentif de leur structure suffit pour expliquer leurs changements; les vésicules dont elles sont composées, absorbant l'eau pluviale à mesure qu'elle tombe, lui donnent cette forme gélatineuse qu'elles ont par les temps humides; et, lorsque la pluie cesse, la chaleur atmosphérique leur enlève toute leur humidité, et les rend ainsi à peu près invisibles.

## II<sup>e</sup> *Tribu.* — THALASSIOPHYTES.

Le nom de *thalassiophytes*, qui veut dire *plantes marines*, indique suffisamment la nature de leur séjour. Toutes les espèces se composent d'un tissu cellulaire homogène, qui prend toutes sortes de formes, mais qui est le plus souvent disposé en frondes simples ou rameuses, dont la longueur va souvent jusqu'à cinq cents et même quinze cents pieds; et des tiges aussi développées ne tiennent à la terre, ou plutôt aux rochers, que par quelques radicules déliées appelées *crampons*, qui adhèrent tellement que, lorsqu'on cherche à les arracher, il n'est pas rare d'enlever en même temps des portions de rocher assez considérables. Réunies en masses énormes, ces algues ont quelquefois assez de force pour empêcher la navigation en certains parages. Ce fut la rencontre d'un de ces bancs herbacés, qui faillit jeter le découragement parmi les compagnons de Christophe Colomb, et qui aurait empêché la découverte du nouveau monde, sans l'ascendant que cet habile navigateur avait su prendre sur son équipage.

Le genre le plus important de cette tribu nombreuse est celui des VARECS (*fucus*) ou *algues marines*. C'est à lui qu'appartiennent les espèces les plus grandes, ces *goëmons* gigantesques, dont les *crampons* ou racines sont insérés dans les fentes des rochers qui garnissent les côtes, tandis que leurs frondes immenses flottent au sein des eaux, à une distance de plusieurs centaines de pieds du rivage. Ces plantes ont été de tout temps célèbres par leur grande taille, et par la disproportion qui existe entre leur base, qui n'a que quelques lignes de diamètre, et leur extrémité qui est aussi grosse que la tête d'un homme. Mais ce qui les fait le plus remarquer, ce sont les usages variés auxquels nous pouvons les employer ; la médecine emploie le *fucus helminthocorton* comme vermifuge, sous le nom de *mousse de Corse*. Les *varecs sucré, comestible, doigté, bulbeux* et quelques autres espèces, renferment une substance sucrée et mucilagineuse, qui les fait rechercher comme aliments en certains pays. En Écosse, en Irlande et dans les pays plus septentrionaux, le peuple se nourrit en grande partie de ces plantes. Mais les produits les plus importants que l'homme retire de ces thalassiophytes, sont la soude et l'iode. La première, qui s'obtient par l'incinération de ces végétaux, préalablement desséchés, est d'un usage général, soit pour fabriquer les savons, ou pour blanchir le linge. Quant à l'*iode*, il se retire par des procédés chimiques de la cendre des *varecs*; il est fréquemment employé en médecine pour dissiper les tumeurs scrofuleuses et les goîtres.

On se procure des *varecs* lorsque la marée est basse; il suffit pour cela d'en aller couper la quantité dont on a besoin, quand ensuite le flux arrive, il les soulève et les amène au rivage.

# GÉOLOGIE.

La *géologie* est cette science qui apprend à connaître la structure intérieure de notre planète, et la disposition que présentent les grandes masses minérales qui la composent.

La terre, considérée dans son ensemble, et à l'extérieur seulement, se présente à nos yeux comme une sphère légèrement aplatie vers les pôles, configuration remarquable en ce qu'elle est telle qu'elle serait, si elle avait été primitivement fluide. La distance de sa surface au centre est de 1,500 lieues ; sa circonférence est d'environ 9,000 lieues ; et sa surface près de 12 millions de lieues carrées.

La matière dont elle est formée n'est point homogène dans toutes ses parties ; car on remarque que son poids est incomparablement plus fort que si elle était uniquement composée d'eau, ou des matières minérales que nous connaissons. D'où l'on a conclu avec raison que ses parties centrales sont plus denses et plus pesantes que celles qui sont situées à sa surface : conclusion qui s'accorde parfaitement avec les lois de la gravitation. Sa densité moyenne est cinq fois et demie plus forte que celle de l'eau distillée.

La terre est entourée de toutes parts d'une couche de gaz et de vapeurs qui s'élève jusqu'à une hauteur indéterminée, mais qu'on présume être de dix-huit à vingt

lieues. Cette partie de notre planète, quoique paraissant
en quelque sorte en être distincte et séparée, en fait
néanmoins partie intégrante ; car elle est tout à fait indispensable à tous les êtres organisés qui la peuplent,
en ce qu'elle leur fournit à tous l'élément nécessaire à
la respiration, ainsi que nous l'avons dit en parlant de
cette fonction commune aux plantes et aux animaux.

De plus, l'atmosphère est un réservoir pour la vapeur
d'eau que la chaleur enlève journellement de la surface
de la terre ; et après qu'elle y a séjourné quelque temps,
elle nous revient sous la forme de pluie, débarrassée de
toutes les impuretés dont elle était souillée. La cause de
ce phénomène réside dans l'action dissolvante de l'air.
Quand la température est élevée, l'eau, réduite en vapeur, est absorbée par l'atmosphère, et, en vertu de sa
légèreté qui est inférieure à celle de l'air, elle en gagne
les hautes régions. Mais comme la chaleur atmosphérique diminue en raison de la distance de la surface du
sol, et que d'ailleurs la température change à chaque
instant, la vapeur ne tarde pas à se condenser, et, devenue trop lourde pour pouvoir être soutenue dans l'atmosphère, elle retombe sur la terre en brouillard, pluie,
neige, grêle, etc. C'est de cette manière que se forment
les sources, lesquelles donnent naissance aux rivières,
aux fleuves, et en général à tous les courants.

Mais ce n'est pas seulement sous ces deux rapports
que l'atmosphère est indispensable à tous les êtres qui
vivent sur la terre. Quoique les gaz et les vapeurs qui
la composent soient d'une légèreté très-grande, quand
on en considère de petits volumes, et qu'on les compare

avec les corps solides ou liquides que nous voyons journellement, ils ne laissent pas que de former par leur réunion une masse totale, dont le poids est incroyable ou
plutôt effrayant : car on a calculé qu'il équivalait à celui
d'une masse d'eau de onze mètres d'épaisseur qui envelop-
perait la terre de toutes parts, ou à une couche de plomb
fondu d'environ trois pieds qui serait répandue également sur toute sa surface ; poids immense, sans lequel
la plupart des liquides seraient immédiatement réduits
en vapeur (l'alcool, par exemple), et plusieurs solides
seraient liquéfiés ou rendus liquides. C'est au point que
l'on a calculé que la quantité d'air qui pèse sur un
homme de moyenne taille, n'est pas moindre de quinze
mille livres.

### De la terre ferme.

En parcourant la surface de la terre, on ne peut s'empêcher d'abord de remarquer les inégalités qu'elle présente ; ici se trouvent des collines isolées qui s'élèvent
au milieu d'une plaine immense ; là sont d'énormes
chaînes de montagnes qui s'étendent sur la plus grande
partie d'un continent tout entier, et dont le sommet est
si étendu, qu'il forme un vaste plateau qui domine de
plusieurs milliers de mètres le niveau de la mer ; ailleurs on rencontre des vallées plus ou moins profondes,
au milieu desquelles serpentent des fleuves majestueux,
se précipitent de rapides torrents, murmurent des ruisseaux limpides ; plus loin, des plaines unies s'étendent à
perte de vue, sans qu'aucune éminence vienne inter-
rompre la régularité du cercle formé par l'horizon.

Sans doute ces inégalités ne sont pas considérables, si on les compare à la masse totale du globe, car les plus hautes montagnes n'ont pas plus de huit mille mètres d'élévation, et les plus grands abîmes de l'Océan n'ont pas la moitié de cette profondeur; ce qui ne donne pas tout à fait douze mille mètres pour les plus grandes inégalités de notre planète; or, si l'on fait attention à la grandeur du diamètre de la terre, on verra que ces inégalités ne sont pas aussi fortes, par rapport à elle, que les petites saillies de l'orange la plus fine, par rapport à ce fruit. Mais lorsqu'on réfléchit à l'importance dont elles sont pour l'homme, et surtout lorsqu'on cherche la cause qui a pu les produire, on trouve que, toutes petites qu'elles sont, elles n'en sont pas moins dignes de toute notre attention et de notre intérêt. Sans parler des avantages que l'agriculture et la métallurgie peuvent retirer de leur connaissance, qui ignore l'influence qu'elles exercent sur le climat, et par conséquent sur tous les êtres organisés qui vivent dans leur voisinage? Telle plante croît dans les prairies, telle autre recherche les montagnes; certains animaux se plaisent dans les contrées froides ou tempérées, d'autres ne peuvent vivre que dans les lieux soumis à de fortes chaleurs; or, toutes les différences de températures du globe dépendent tellement des irrégularités de sa surface, qu'il est sous la zone torride des montagnes couvertes de neiges perpétuelles.

Mais l'homme ne s'est pas borné à la connaissance de la superficie de la terre, il a voulu en connaître l'intérieur, du moins autant qu'il lui a été donné d'y pénétrer. Néanmoins, ses notions sur sa structure sont bien peu étendues ; les plus grandes profondeurs auxquelles nous soyons parvenus ne dépassent pas huit cents mètres, ce qui n'est rien quand on songe que la distance de la surface de la terre à son centre est de quinze cents lieues. Cependant, les résultats obtenus par la seule considération de cette fraction minime, ont suffi pour tirer des conséquences très-importantes, et pour déduire d'une manière assez plausible un système de *géogénie* satisfaisant pour notre intelligence, et parfaitement d'accord avec le récit des livres saints ; résultat d'autant plus remarquable, qu'à l'époque où ces livres furent écrits on n'avait encore aucune connaissance directe sur la structure de la terre.

Quand on ouvre une mine dans un pays de plaines, au lieu de trouver une masse parfaitement homogène, on rencontre constamment, après la terre végétale qui a été formée par des débris organiques mêlés à ceux de certains minéraux, une série de couches *stratifiées*, c'est-à-dire placées par assises horizontales et disposées avec régularité les unes au-dessus des autres ; c'est même à cette diversité des couches qu'est due la diversité des minéraux que l'on retire du sein de la terre.

Que si, au lieu de fouiller dans une plaine, on fait ses recherches dans un pays de montagnes ou du moins incliné en pente, on trouve encore la même stratification ; mais les couches, au lieu d'être horizontales, sont presque toujours obliques, quelquefois perpendiculaires ou même renversées. Bien plus, au-dessus de ces bancs obliques ou verticaux, on voit quelquefois s'étendre d'autres bancs placés horizontalement ; souvent une couche change de direction, et, après avoir été oblique, devient horizontale ou oblique dans un sens opposé, de sorte qu'elle forme une série d'ondulations. Dans quelques cas même une couche se trouve brusquement rompue en un point, et l'on voit que les deux faces qui ont été primitivement affrontées sont maintenant séparées par une vallée intermédiaire.

Il arrive souvent que l'intervalle ainsi formé par la rupture d'une couche est rempli de minéraux tout différents de ceux qui constituent cette dernière, minéraux qui n'ont pu y être déposés qu'après le brisement de la couche, et à plus forte raison après sa formation. Ces minéraux ainsi intercalés dans les couches ont été appelés *filons* quand ils sont très-longs et peu épais, et *amas* quand ils sont à peu près égaux dans toutes leurs dimensions.

Enfin, si au lieu de fouiller dans une plaine ou sur les flancs de quelque colline peu considérable, on s'élève au sommet des grandes chaînes de montagnes, on n'y trouve aucune espèce de stratification ou distinction de couches ; tout leur intérieur offre une masse plus ou moins étendue, mais d'une épaisseur toujours considérable.

D'après cette observation, on a divisé la masse solide qui compose la terre en deux sortes de terrains : les uns *stratifiés* ou composés de couches superposées, les autres *massifs*, dans lesquels on ne distingue aucune trace de stratification, et dont toutes les parties sont parfaitement homogènes.

Mais ce n'est pas seulement par leur disposition dans

le sein de la terre que les masses minérales se distinguent les unes des autres : leur nature et la matière qui
les composent nous offrent des différences plus ou moins
considérables. En général les géologues donnent le nom
de *roches* à ces amas de matière minérale, quelle que soit
d'ailleurs leur consistance ; et pourvu qu'elles soient à
peu près homogènes, il n'est aucunement nécessaire
qu'elles aient cette dureté que l'on attribue vulgairement au mot roche. Pour eux, la terre glaise et le sable sont des roches aussi bien que le granit, le quartz
et le calcaire.

La diversité de roches, que nous offrent les différentes
espèces de terrains et les dispositions variables qu'elles
présentent au sein des masses minérales, sont des phénomènes trop importants pour que les géologues n'aient
pas cherché à s'en expliquer l'origine. Pendant longtemps ils se sont exclusivement livrés à leur imagination pour en donner une explication plus ou moins plausible ; et leur théorie a obtenu, selon le plus ou moins
de talent de l'auteur, une vogue plus ou moins dura-
ble. Mais depuis la fin du siècle dernier, les savants se
sont mis à observer simplement ce qui se passe journellement sous les yeux, et par cette méthode ils n'ont
pas tardé de trouver, dans les phénomènes dont ils sont
continuellement les témoins, une explication toute naturelle des faits géologiques anciens. Examinons par conséquent les effets que produisent actuellement sur notre globe, l'air atmosphérique, l'eau dans ses divers
états, les zoophytes et surtout les polypes ; enfin les
volcans et les tremblements de terre.

## § I^er. — *Action de l'atmosphère.*

Les fluides gazeux qui constituent l'enveloppe atmosphérique ne restent jamais en repos, et subissent sans cesse des déplacements irréguliers ou périodiques, qu'on désigne sous le nom générique de *vents*. Ces mouvements qui, lorsqu'ils sont impétueux, constituent les *ouragans*, enlèvent continuellement à la surface de la terre des parcelles des roches solides qui se trouvent à sa surface, et emportent des masses considérables de celles qui sont désagrégées : c'est ainsi que dans les landes et surtout dans les plaines sablonneuses de l'Afrique, on voit des montagnes de sables transportées par des vents violents à d'énormes distances, engloutir sous leur masse non-seulement des individus et des caravanes, mais encore des armées entières.

## § II. — *Action de l'eau.*

A cette première cause, qui est peu importante, nous devons ajouter l'action de l'eau qui est bien plus puissante; et pour en expliquer plus complétement l'influence sur la surface de la terre, nous la considérerons à l'état de vapeur, à l'état liquide et à l'état de glace.

1° L'eau est à l'état de vapeur dans toutes les parties de l'atmosphère, et s'infiltre dans tous les corps qui se trouvent à la surface de la terre. Bientôt, par suite du refroidissement qui ne tarde pas à survenir, la vapeur se liquéfie et se condense de manière à occuper beaucoup moins d'espace ; si la température baisse encore elle passe à l'état de glace, en contractant adhérence avec les parois des roches qu'elle a pénétrées. Mais le retour de la chaleur liquéfie la glace ; le liquide cesse d'adhérer à la roche, et celle-ci perdant son équilibre se précipite avec fracas sur les flancs da la montagne où elle se trouvait placée. Telle est l'origine des ces avalanches, dont les débris recouvrent quelquefois plusieurs myriamètres de terrains, interceptent des courants, détruisent des villages, etc., etc.

2° L'eau *à l'état liquide* produit des effets plus prononcés encore : les *eaux sauvages* ravinent incessamment le sol, les *torrents* entraînent tout sur leur passage ; mais leur action n'est que momentanée. Les *ruisseaux*, les *rivières* et les *fleuves*, au contraire, ont, il est vrai, le cours moins impétueux ; mais ils agissent d'une manière continue, et enlevant incessamment et partout des parcelles de toute nature, finissent par former des dépôts, qui sont surtout très-considérables aux confluents et dans les embouchures de tous les courants : c'est ainsi que se forment des îles et des *delta* dont l'étendue est souvent de plusieurs myriamètres carrés.

Mais en même temps que les matières inorganiques se déposent ainsi, des animaux et de végétaux entiers ou disloqués se trouvent confondus avec elles et demeurent ensevelis au milieu de leurs masses. Telle est l'origine des *fossiles*, qui ne sont que des débris d'êtres organisés, qui se sont conservés parfaitement reconnaissables au milieu des masses minérales.

Il ne faudrait pas croire que l'eau courante n'enlève des débris qu'à des roches désagrégées et sans consis-

tance : elle corrode les minéraux les plus résistants, tels
que le calcaire, le marbre et même le grès : témoin la
cataracte du Niagara qui était autrefois à cinq myriamètres du lac Erié, et qui s'en est rapprochée de plusieurs
kilomètres, depuis que les Européens se sont établis en
Amérique.

Mais ce ne sont pas seulement les courants qui dégra-
dent le sol : les amas d'eaux stagnantes y contribuent
également ; d'abord ces eaux ne sont jamais complètement tranquilles, et leurs vagues agissent sur les bords
du bassin comme les eaux courantes agissent sur leurs
rives. De plus il croît au milieu des eaux stagnantes une
multitude de plantes et d'animaux aquatiques qui meurent plus ou moins promptement, et dont les débris s'accumulent journellement au fond du bassin ; le fond de
ce dernier s'exhausse graduellement par suite de ces
dépôts successifs, et l'eau venant enfin à déborder produit une débâcle, dont les dégâts sont proportionnés à la
masse d'eau qui s'échappe par l'échancrure qu'elle a faite.

Que si des amas d'eau aussi peu considérables peuvent dégrader la surface de la terre, que sera-ce des
eaux marines, dont la masse est si imposante et le poids
si effroyable ? Quels effets ne produiront pas leurs vagues lorsque leur action sera centuplée par l'impulsion
des ouragans ? Les habitants des côtes savent avec
quelle violence la mer enlève, pendant la tempête, les
énormes blocs de pierre qui entrent dans la construction
des digues que l'art humain oppose à son action toujours envahissante. Tout le monde sait que le Zuyderzée
était autrefois une plaine couverte de villes, de bourgs

et de hameaux, et que la mer envahit un jour pour ne plus la quitter. Et quel amas de débris n'a pas dû entraîner avec elle une aussi vaste masse d'eau ! Que d'êtres organisés n'a-t-elle pas dû ensevelir avec eux !

La mer peut donc former des dépôts aussi remarquables par leur étendue que par la nature des fossiles qu'ils récèlent. Et comme son action dure depuis le commencement du monde, est-il étonnant qu'elle ait laissé autant de couches que nous en trouvons dans le sein de la croûte solide de la terre ?

Nous ne terminerons pas cet article sans parler de l'action de l'eau à l'état solide. Presque toutes les hautes montagnes de l'univers ont le sommet recouvert d'une immense calotte de glace, qui attire continuellement à elle la vapeur d'eau suspendue dans l'atmosphère. C'est ce qui constitue un *glacier*, immense réservoir d'eau, qui donne presque toujours naissance à quelque courant remarquable par sa fécondité et surtout par l'abondance de liquide qu'il fournit durant les plus fortes chaleurs. Il semblerait d'après cela que l'épaisseur de cette couche glacée devrait augmenter incessamment et exhausser par conséquent la montagne. Il n'en est pourtant rien ; bien plus, on a observé que les glaciers tendent à abaisser la hauteur des élévations qu'ils recouvrent : fait qui paraît extraordinaire au premier abord, mais qui n'est pas inexplicable.

La calotte de glace entretient entre elle et la montagne une température toujours plus élevée que celle du dehors. Il en résulte que la glace se liquéfie sans cesse, s'épanche sur les flancs de la montagne, et coule vers sa base, entraînant avec elle une quantité plus ou moins considérable de débris. Ce sont ces débris qui, déposés sur le penchant de la montagne, y forment ces amas de cailloux et de pierres roulées qu'on désigne sous le nom de *moraines*.

La glace peut produire un autre résultat plus important que celui qui précède : il arrive souvent qu'elle enveloppe de toutes parts des blocs plus ou moins considérables de roches de diverses natures. Tant que la température demeure basse, il ne se passe rien de remarquable ; mais lorsque la glace vient à fondre, il arrive souvent que le bloc, conservant autour de lui une grande quantité de glace solide, se trouve plus léger que l'eau liquéfiée, et est emporté par celle-ci à des distances quelquefois incroyables. C'est ainsi qu'on explique l'origine de ces *blocs erratiques* qu'on trouve dans presque tous les pays du monde , en Suisse, en Pologne, en Lithuanie, en Asie, en Afrique et en Amérique.

### § III. *Action des polypes.*

Les polypes pullulent avec une rapidité prodigieuse, surtout dans les mers intertropicales, et forment sur tous les hauts-fonds d'immenses amas de polypiers ou de matière calcaire ; et cette matière, s'accumulant depuis le commencement du monde, a fini par donner naissance à de vastes récifs et même à des îles entières d'une étendue considérable. Les mers du Sud nous en offrent de nombreux exemples, ainsi que nous l'avons vu à l'article de la zoologie que nous avons consacré à ces petits zoophytes.

Parmi les espèces de polypiers que l'on rencontre le plus communément dans ces masses de calcaire d'origine animale, nous citerons les *caryaphyllées*, les *méandrines*, les *astrées*, les *madrepores*, etc.

## § IV. — *Action des volcans.*

Si les trois ordres de causes que nous venons de faire connaître ont évidemment contribué à la formation des terrains aqueux, il est impossible de leur rapporter celle des terrains massifs. Ceux-ci sont certainement le résultat du refroidissement d'une matière rendue liquide par l'action de la chaleur.

Pour s'expliquer cette origine, il faut savoir que la croûte solide de la terre présente une température d'autant plus élevée qu'on l'examine à une plus grande distance de sa surface ; et que cette élévation de température se fait dans une proportion constante, qui est d'environ trois degrés pour chaque épaisseur de cent mètres. D'où il résulte que, si à une profondeur donnée, l'eau est bouillante, à une profondeur plus grande le plomb d'abord, puis le fer et enfin toutes les substances que nous connaissons passeront à l'état liquide, sous l'influence de cette énorme accumulation de chaleur. Il est donc tout à fait probable qu'il existe au-dessous de l'enveloppe solide que nous offre la terre, un noyau central à l'état de fusion complète ; c'est à ce noyau que l'on donne le nom de *masse incandescente.*

Cette masse liquide, pas plus que celle de la mer, ne demeure dans un état constant de repos : elle s'agite intérieurement et cherche à se faire jour au dehors à travers les parois de sa prison. Lorsque l'enveloppe est assez solide pour résister, les habitants de la terre n'ont aucune connaissance du mouvement central ; mais il arrive de temps en temps que la violence de la masse incandescente est telle qu'elle se fait jour à travers les terrains environnants, s'avance vers la surface et finit par y faire irruption, après avoir fait une ouverture plus ou moins considérable. C'est à cette sortie violente des matières souterraines que l'on donne le nom de *volcan* : l'ouverture par où elles s'échappent se nomme *cratère*, et les matières répandues autour du cratère portent le nom de *laves*.

La sortie de ces dernières est accompagnée de phénomènes aussi terribles qu'admirables. C'est d'abord un bruit souterrain, sourd et profond, à la suite duquel on voit sortir un nuage de fumée épaisse. Bientôt le bruit acquiert plus d'intensité, et devient semblable à celui du tonnerre ou d'une batterie composée de plusieurs pièces d'artillerie de fort calibre. En même temps la terre se met à trembler, la fumée devient plus épaisse, le ciel s'obscurcit, et tout à coup on voit s'élancer du cratère une colonne de cendre ou de sable enflammé, dont la lueur sinistre fait un contraste effrayant avec les ténèbres de l'atmosphère.

Cependant le bruit et les secousses intérieures redoublent encore ; l'effort expansif des matières comprimées qui cherchent à se faire jour au dehors, pousse devant lui les obstacles qui s'opposent à son passage, et rejette avec violence des pierres et des quartiers de roches qu'il lance à des distances incroyables. Enfin les laves rompent leur prison avec fracas et se répandent sur les bords du cratère, autour duquel elles s'accumulent et forment, par leur refroidissement, un cône renversé.

Les phénomènes volcaniques ne sont pas continus; quand les matières ont été vomies en grande quantité, le calme intérieur se rétablit, et le volcan reste dans l'inaction pendant un temps plus ou moins considérable. Le Vésuve s'était reposé pendant plus de quinze cents ans, lorsque vers la fin du siècle dernier il fit une éruption plus terrible que toutes celles dont l'histoire fait mention.

La rapidité avec laquelle les laves s'écoulent sur les flancs de la montagne volcanique est très-variable, mais toujours proportionnée à l'inclinaison de leur pente; il faut que cette dernière soit extrêmement forte pour que les laves franchissent une lieue à l'heure; le plus souvent elles coulent avec beaucoup de lenteur, et ne parcourent que quelques mètres durant cet intervalle; mais dans ce cas elles coulent longtemps; il n'est pas rare d'en voir marcher pendant des années entières; on en a même vu qui coulaient encore dix ans après leur éruption. On juge bien, d'après la durée de leur marche, qu'elles doivent parcourir de grandes distances; aussi en rencontre-t-on fréquemment à plusieurs lieues du cratère.

On sent que la réitération des phénomènes volcaniques et la superposition des laves doivent nécessairement former à la longue des élévations considérables; aussi tous les volcans sont-ils placés sur des montagnes entièrement formées de laves. Presque toutes celles de l'Auvergne sont dans ce cas; il en est de même de celles du Vivarais et des Cévennes. La plus haute des Cordilières (l'Antisana) est entièrement volcanique; et qu'on ne s'imagine pas qu'il faille beaucoup de temps à un volcan pour donner naissance à de semblables élévations : l'île de Santorin, qui a près de huit lieues carrées de surface, s'est formée en quelques années par les éruptions d'un volcan sous-marin.

On connaît environ deux cents volcans en activité : mais il paraît qu'ils étaient autrefois en bien plus grand nombre, si l'on en juge par la quantité de montagnes volcaniques que l'on rencontre partout, et dont l'origine est d'autant moins douteuse, qu'on distingue soit à leur sommet, soit sur leurs flancs, les cratères par lesquels sont sorties les laves qui les ont formés. C'est à ces cratères, inactifs depuis un temps immémorial, qu'on donne le nom de *volcans éteints*, quoiqu'on ne puisse pas dire qu'ils ne reprendront pas leur activité, puisque le Vésuve a repris la sienne après quinze siècles de calme.

### § V. *Tremblements de terre.*

Les tremblements de terre n'agissent pas d'une manière moins puissante que les volcans sur la croûte solide du globe, et paraissent avoir la même origine qu'eux. On comprend en effet que la masse incandescente, lorsqu'elle ne peut se faire jour au dehors, en déchirant le sol, ébranle ce dernier dans une étendue considérable, et y produise des bouleversements non-seulement à la surface, mais encore à d'immenses profondeurs. En effet, non-seulement les édifices sont renversés, les arbres déracinés, la terre déchirée, etc., mais les couches qui servent de bassins à d'immenses réservoirs d'eau venant à se fendre, ceux-ci sont précipités à des profondeurs considérables, de sorte que les courants auxquels ils donnaient naissance se trouvent immédiatement taris. Par contre, des réservoirs intérieurs, qui jusqu'alors n'avaient aucune communication avec la surface du sol, se font jour à travers les fentes de la terre, et donnent lieu à des sources et par suite à des courants, dont les uns disparaissent peu de temps après leur formation, tandis que les autres continueront à couler à perpétuité. Des lacs, des montagnes même disparaissent par la même cause. Que dis-je? on a vu deux montagnes voisines s'éloigner, et deux montagnes éloignées se rapprocher.

Il est évident, d'après l'origine que nous donnons aux tremblements de terre, que leur action peut et doit se faire sentir à de grandes distances : c'est ainsi que celui qui détruisit Lisbonne au milieu du siècle dernier, ébranla les côtes européennes de l'océan Atlantique jusqu'en Suède et en Norwège ; celui de Lima, au Pérou, se propagea à travers l'Océan jusque dans les mers d'Europe ; enfin celui de la Guadeloupe, dont nous avons été témoins il y a quelques années, bouleversa la plupart des Antilles et ébranla les vaisseaux qui voguaient en pleine mer à plus de cent kilomètres des côtes.

Mais les mouvements du sol ne se font pas toujours par secousses brusques et saccadées. En observant le niveau de la mer dans plusieurs contrées diverses, on a

remarqué que dans les unes l'eau paraît s'élever graduellement, tandis qu'en d'autres endroits son niveau
semble descendre. En Suède, par exemple, la mer baisse
tous les ans d'environ soixante centimètres ; du côté de
Naples au contraire elle s'élève d'une manière moins
marquée, mais pourtant bien sensible. Ce qui le prouve,
c'est que les colonnes d'un temple de Sérapis, qui avait
été bâti sur le rivage de la Méditerranée, ont maintenant
leur base enfoncée dans l'eau de plusieurs décimètres.
C'est à ces changements de niveau dans le sol que les
géologues donnent le nom de *soulèvements* ; phénomène
curieux auquel est due peut-être la formation des principales chaînes de montagnes qui sillonnent notre planète.

Les considérations que nous venons de présenter relativement aux diverses causes qui altèrent tous les
jours la régularité du globe terrestre, suffisent pour expliquer d'une manière rationnelle celles qui ont dû, à des
époques reculées, produire les accidents que nous remarquons dans la disposition et la nature des roches, qui
composent deux sortes de terrains dont nous avons parlé,
et que nous allons maintenant étudier d'une manière
spéciale.

### I<sup>re</sup> CLASSE. — TERRAINS STRATIFIÉS.

Cette classe de terrains est la plus intéressante à connaître, non-seulement à cause de cette superposition régulière des couches qui les composent et de la grande
quantité de minéraux qu'elle fournit aux arts et à l'industrie, mais encore parce qu'elle nous donne la preuve

incontestable d'un fait de la plus haute importance :
c'est que la mer a autrefois couvert toutes les plaines du
globe, et s'est même élevée jusqu'au sommet de très-
hautes montagnes. Quelle autre cause, en effet, aurait
pu produire cette série de couches si régulièrement superposées, si ce n'est un liquide qui en tenait les matériaux en suspension ? L'eau a donc occupé ces contrées
où s'élèvent maintenant des cités populeuses et floris-
santes; elle y a même séjourné à plusieurs reprises, car
on ne saurait expliquer autrement la diversité des minéraux dont sont formées les couches, et la séparation
si marquée qui les distingue les unes des autres. Si, en
effet, ces matériaux avaient été déposés en même temps
et par le même liquide, les couches seraient complètement homogènes et confondues pêle-mêle.

On trouve d'ailleurs une autre preuve de ce fait dans
la nature même de ces couches : les unes sont formées
de matières qui ont été tenues en dissolution dans l'eau
douce, tandis que les autres doivent leur origine à la
mer. Enfin, en examinant avec soin ces différents terrains, on trouve dans presque tous des débris d'êtres
organisés, que les eaux, de quelque nature qu'on les
suppose, ont engloutis dans leur sein, et qu'elles ont déposés ensuite avec les substances minérales qu'elles contenaient; or, parmi ces corps organisés, il en est qui n'ont
pu vivre que dans les eaux douces, et d'autres qui ne pouvaient habiter que la mer; et ces corps ne se trouvent
presque jamais confondus ensemble; ils sont constamment enfouis dans des couches différentes, alternant les
uns avec les autres, et cela plusieurs fois de suite. Il faut

donc admettre que non-seulement la mer a séjourné
dans tous les endroits où nous trouvons des couches d'o-
rigine différente ainsi superposées, mais qu'elle y a séjourné à différentes époques, et que, dans l'intervalle
pendant lequel elle s'est retirée, elle y a été remplacée
par d'immenses lacs d'eau douce qui y ont laissé leurs
dépôts, comme la mer y avait laissé les siens.

On doit conclure de tous ces faits que notre planète a
été plusieurs fois en proie à d'effroyables catastrophes ;
qu'elle a été bouleversée par des révolutions épouvantables, qui ont anéanti ou plutôt englouti dans son sein
la plupart des végétaux qui croissaient à sa surface, et
des animaux qui l'habitaient.

Pour terminer ces généralités concernant les terrains
sédimentaires, nous allons parler des *fossiles* qu'ils contiennent, des *roches* qui entrent dans leur composition,
des *sources* qui en sortent et des *moyens* qu'on a de les
étudier.

1° La quantité de *fossiles* existant dans les divers terrains est en rapport inverse de l'ancienneté de ces dernières. C'est ainsi que dans les couches les plus profondes
on n'en trouve qu'un très-petit nombre, et ils sont tellement éloignés les uns des autres, qu'on a pu croire pendant longtemps que ces terrains n'en contenaient pas du
tout. Dans les terrains supérieurs, au contraire, les débris abondent et se trouvent quelquefois en telle quantité, qu'ils forment à eux seuls la couche tout entière :
c'est ce qu'on observe dans les terrains qu'on a nommés
supercrétacés. De plus, la nature de ces débris est d'autant plus éloignée de celle des organismes actuellement

vivants, qu'ils ont été retirés de terrains plus anciens. C'est ainsi que les couches les plus inférieures que les géologues aient observées nous offrent les *trilobites*, qui n'ont point d'analogues parmi les animaux maintenant existants. Au contraire, nous trouvons dans les terrains modernes des coquilles, des cerfs, des loups, etc., absolument semblables à ceux qui vivent encore aujourd'hui.

Les *fossiles* ne se présentent pas toujours sous le même aspect : tantôt le corps organisé a été pénétré par la substance qui l'a fossilisé, et les molécules organiques ayant été détruites, il n'est resté que la matière minérale : c'est le *fossile* véritable ; d'autres fois, au contraire, le corps a été enveloppé par le minéral, et a formé autour de lui un *moule* qui nous a conservé l'empreinte du premier, que le temps a détruit.

Remarquons, avant de terminer, ce qui est relatif aux fossiles, qu'il ne faut pas les confondre avec les *pétrifications :* les premiers ne se forment qu'avec une extrême lenteur ; il faut plusieurs siècles avant que les molécules inorganiques aient pénétré le tissu des organismes ; au contraire, les corps se pétrifient avec une rapidité prodigieuse, par suite du dépôt que fait à leur surface l'eau chargée de silice ou de calcaire.

2° Quoique le nombre des couches aqueuses soit extrêmement considérable, les *roches* qui entrent dans leur structure ne diffèrent pas autant qu'on pourrait le supposer. On peut, en effet, les rapporter toutes à trois catégories : les unes sont *calcaires*, les autres *quartzeuses*, et les dernières *argileuses*.

Les *roches calcaires* ont pour base la chaux, substance tellement abondante partout, qu'elle tire son nom du latin, *calcare*, fouler aux pieds. Du reste, cette roche se présente sous bien des aspects différents : tantôt c'est un corps tendre et grossier qu'on désigne sous le nom de moellon, de pierre à plâtre, de pierre à bâtir ; tantôt elle est dure et constitue le *marbre*, dont les espèces sont si variées, et dont la plus belle, le marbre de Carrare ou statuaire, se tire des terrains les plus anciens ; d'autres fois elle unit à la dureté de la précédente une légère transparence, qui se manifeste surtout vers les bords ; c'est alors l'*albâtre*, dont on distingue deux espèces : le gypseux qui est blanc et le calcaire qui est jaune.

Les *roches argileuses* ont pour base l'argile ou la *terre glaise ;* elles se trouvent dans toutes les contrées du monde, et forment quelquefois des masses énormes par leur étendue superficielle et par leur épaisseur énorme. Pures, elles constituent la *terre de pipe* et la *faïence ;* unies au sable et salies par des substances étrangères, elles constituent la *glaise*, avec laquelle on fabrique la poterie grossière, les tuiles et les briques. Mélangées d'une certaine proportion de chaux, elles forment les diverses espèces de marnes, etc.

Les *roches quartzeuses* sont principalement formées de silice, substance qui se vitrifie par l'action de la chaleur secondée par celle des alcalis, tels que la potasse et la soude. Elles sont extrêmement variées. A l'état de pureté, elles constituent le *cristal de roche*, qui peut être incolore ou nuancé de toutes sortes de couleurs ; altérées par le mélange de substances étrangères, elles forment le sable, les galets, le grès à paver, etc.

3° On désigne sous le nom de *sources* des ouvertures qui se montrent à la surface du sol, et qui donnent issue à un courant d'eau pure, minérale ou thermale. Leur origine est assez facile à expliquer. La pluie qui tombe de l'atmosphère s'infiltre dans la terre, entre les couches qui constituent les terrains stratifiés, et ne s'arrête qu'autant qu'elle trouve un lit imperméable. Arrivée là, elle s'accumule en quantité plus ou moins considérable. Cependant l'arrivée incessante du liquide finit par remplir le bassin, et même par le faire déborder. Alors l'eau s'échappe par la partie la plus déclive de ses bords, et, filtrant à travers le sol, va se faire jour à une distance variable du réservoir, et former une source plus ou moins abondante. Si l'eau n'a rien enlevé aux couches qu'elle a traversées, ou si elle ne leur a pris que des quantités insignifiantes de matière, elle demeure pure, et forme une source ordinaire ; mais si, en passant, elle se charge de substances salines ou gazeuses, elle donne naissance à une *source minérale.*

Lorsque le réservoir qui entretient la source se trouve placé à peu de profondeur, l'eau n'a que la température ordinaire du pays d'où elle sourd. Mais si le bassin est à une grande distance de la surface du sol, il acquiert une chaleur proportionnée à cette distance, et l'eau qui s'en échappe va former une *source thermale.*

Il arrive quelquefois que les couches d'une contrée sont concaves en haut et convexes en bas, et qu'un certain nombre de ces couches étant perméables, celle qui les recouvre et celle qui leur sert de soutien sont complétement imperméables. Il en résulte que toute la pluie qui arrive au milieu du terrain perméable s'accumule entre les deux lits de matières imperméables, et se trouve emprisonnée entre eux sans pouvoir s'échapper. Si, dans ce cas, l'homme fore un puits sur un point quelconque de la couche supérieure, l'eau se précipite dans l'ouverture qui lui est offerte, et va former à la surface du sol un jet plus ou moins fort, selon que les bords du réservoir sont plus ou moins élevés par rapport au niveau de l'endroit où se trouve placé l'orifice du puits : c'est à ces sortes de jets artificiels qu'on donne le nom de *puits artésiens*.

4° Il est difficile de concevoir comment on a pu parvenir à connaître la structure des plus anciens terrains, lorsqu'on sait que les couches qui constituent les diverses sortes de terrains stratifiés forment, en s'ajoutant les unes aux autres, une épaisseur de plusieurs myriamètres. Sans parler de la dificu.té et des frais énormes qu'entraînerait le percement d'un puits de cette profondeur, nous savons qu'avant d'arriver au fond, on trouverait la masse incandescente, qui serait un obstacle insurmontable.

Pour comprendre comment on a pu obtenir la connaissance dont nous parlons, il faut savoir que les diverses sortes de terrains ont tous été formés dans des bassins d'autant plus étendus que le terrain est plus ancien, et que chaque bassin débordait le suivant, sinon par toute sa circonférence, du moins par une partie plus ou moins considérable de ses bords ; en sorte que cette partie est toujours demeurée à la surface de la terre, où l'on a toujours pu et où l'on peut encore les étudier à son gré. C'est ainsi qu'on peut étudier le *terrain tertiaire* aux environs de Paris, de Londres, de Bruxelles, etc.; le *terrain crétacé*, en Provence, en Hongrie, etc.; le *terrain jurassique*, en Lorraine, en Bavière, etc.; le *terrain triasique*, dans l'Auvergne, le Wurtemberg, etc.; le *terrain houiller*, dans la Haute-Loire, le pays de Liége, etc.; le *terrain cambrien*, en Bretagne, en Ecosse, etc. Quant aux *terrains massifs* et *volcaniques*, on les trouve au milieu de tous les autres terrains, mais surtout parmi les plus anciens; ainsi l'Auvergne, la Corse, etc., nous en offrent des étendues plus ou moins considérables.

Il résulte de là qu'on a pu étudier la composition de la croûte solide du globe non-seulement sans frais, mais avec avantage; presque toutes les connaissances acquises, relativement à la géologie, sont dues aux travaux des mineurs qui extrayaient de la terre les minerais que l'industrie voulait exploiter, ou les matériaux qu'elle destinait aux constructions de nos demeures ou de nos monuments.

Maintenant que nous connaissons les phénomènes généraux que nous offre l'étude des terrains stratifiés, nous allons exposer brièvement les bases de leur division en groupes, et les caractères les plus importants que chacun de ces groupes présente.

Tous les géologues s'accordent pour diviser les terrains en deux classes : les terrains stratifiés et les terrains massifs. Mais lorsqu'il s'agit de la division même des terrains stratifiés, le même accord n'existe plus; les uns accordent plus d'importance aux fossiles, les autres à la nature des roches, d'autres, enfin, à l'époque où ils ont été formés. Pour nous, nous les partagerons, comme la plupart des auteurs modernes, en sept groupes principaux : les *terrains modernes*, les *terrains tertiaires*, les *terrains crétacés*, les *terrains oolitiques*, les *terrains triasiques*, les *terrains houillers* et les *terrains métamorphiques*.

### § I<sup>er</sup>. — *Terrains modernes.*

C'est une remarque générale que l'atmosphère, la mer, les courants et même les eaux dormantes, agissent constamment sur les corps, même les plus durs, avec lesquels ils se trouvent en contact, de manière à en détacher des fragments plus ou moins considérables, et à les transporter dans les endroits les plus bas; là ils s'entassent en quantités proportionnées à la rapidité de la pente sur laquelle ils roulent, à la force de l'action qui les entraîne, et à la résistance que le corps oppose à cette action destructrice. Il n'est pas rare de voir ces débris s'accumuler dans le fond des vallées en amas si considérables, qu'ils ont quelquefois plus de trente mètres d'épaisseur; et ce sont ces débris qui, mêlés avec une certaine quantité de *terreau* ou de matières organiques décomposées, constituent la *terre végétale*, sans laquelle le sol ne pourrait pas produire la plupart des plantes destinées à la nourriture de l'homme et des animaux. La manière dont ces terrains ont été formés, leur a fait donner le nom d'*alluvions*.

On reconnaît ces sortes de terrains en ce qu'ils contiennent des débris d'organismes vivant encore dans la contrée même où on les observe, ainsi que des objets qui ont été évidemment fabriqués par la main de l'homme.

L'eau contribue d'une autre manière à la formation des terrains modernes ; c'est par sa propriété dissolvante. Ce liquide, en passant dans l'intérieur de la terre, à travers les masses minérales de nature saline ou siliceuse, en dissout des quantités plus ou moins considérables, et y forme des vides qui, à la longue, se trouvent transformés en cavernes. Mais l'eau ne conserve pas toujours le sel ou la silice qu'elle a dissous ; lorsqu'elle s'évapore, elle le laisse dans le bassin où elle se trouve au moment de son évaporation ; et ces dépôts forment quelquefois des masses très-étendues, que l'on nomme *travertin*. Il faut même remarquer qu'on trouve assez souvent dans ces sortes de dépôts des débris organiques que l'on pourrait prendre pour des *fossiles*, mais qui, dans la réalité, ne sont que des *pétrifications :* tel est le squelette humain que l'on découvrit, il y a quelques années, à la Guadeloupe, et qu'on voulait d'abord faire passer pour un *anthropolithe*.

Ces terrains sont encore formés de laves récentes que les volcans actifs lancent de temps en temps de leurs brûlants cratères. Ajoutons y pareillement les récifs et îles madréporiques que les zoophytes de toutes les mers, et surtout ceux de l'océan Pacifique et de l'archipel Indien accumulent incessamment dans tous les bas-fonds.

Nous allons terminer ce que nous avions à dire sur les *terrains modernes*, par quelques réflexions sur leur utilité. Ce sont eux qui forment la terre végétale ; ils nous fournissent aussi quelques *paillettes d'or* et des pierres précieuses, que l'on tire du sable que roulent certains courants de l'ancien et du nouveau continent. Nous y trouvons également les *tourbières*, ces mines précieuses de combustibles pour les pays qui n'ont pas de forêts ni de mines de houille.

### § II. — *Terrains tertiaires.*

Tandis que les terrains modernes, formés par l'accumulation des débris d'anciens terrains que les éléments ont détruits, occupent les parties les plus basses de la terre et gisent aux pieds des montagnes et au milieu des vallées, les *terrains tertiaires* sont répandus à la surface de vastes plaines, où ils forment une immense épaisseur de couches successives, dont les unes sont dues à l'eau douce, et le plus grand nombre à la mer. Ces couches sont généralement dans une position horizontale ou à peine inclinée ; dans ce dernier cas elles constituent de petites collines peu considérables, à sommet arrondi ; mais jamais elles ne s'élèvent sur de hautes montagnes. Ces terrains, qu'on appelle encore *terrains supercrétacés*, occupent toute l'épaisseur de la croûte terrestre comprise entre les *alluvions modernes* dont nous venons de parler et la *craie* que nous verrons composer presque exclusivement tout le terrain qui suit.

C'est dans ces terrains que nous trouvons ces immenses *amas de coquilles*, dont quelques-uns ont plusieurs lieues d'étendue ; ces *cailloux roulés*, que les eaux fluviales ont longtemps ballottés dans leur sein avant de les déposer ; ces énormes *blocs erratiques* qui, s'étant détachés des montagnes anciennes, ont été transportés à des distances plus ou moins considérables du rocher dont ils se sont séparés ; ces *brèches et cavernes à ossements,* qui nous offrent des débris d'animaux dont les espèces existent encore aujourd'hui, tels que les ours, les hyènes, les cerfs, les chiens, etc. Nous y trouvons aussi, mais dans des couches inférieures, ces anoplothères, ces paléothères, ces dinothères, ces mégathères et ces mastodontes, qui ont tant de rapport avec nos pachydermes actuels, mais qu'ils surpassaient en général par leur taille beaucoup plus considérable. En un mot, ce n'est que dans ce terrain que se trouvent des fossiles appartenant à la classe des mammifères.

Les *coquilles* que l'on y trouve sont, sinon identiques, du moins très-analogues à celles qui vivent maintenant dans nos mers ou sur nos continents ; et l'on observe que le nombre des espèces fossiles semblables aux espèces vivantes, va en augmentant à mesure qu'on s'élève vers les couches qui se rapprochent des terrains modernes. Dans ces dernières en effet il y en a cinquante pour cent d'identiques ; dans les inférieures il n'y en a que deux ou trois, et dans les intermédiaires on en compte environ dix-huit.

Les principaux minéraux que nous exploitons dans cette sorte de terrain, sont d'abord l'*argile* ou *terre glaise,* dont les usages sont si variés, et dont on se sert pour garantir les fentes des réservoirs d'eau et des aqueducs, et surtout pour fabriquer des briques, des tuiles et de la poterie grossière. Viennent ensuite ces *grès ou pierres meulières,* dont les unes sont employées pour la construction des murailles exposées à l'humidité : les autres servent à la fabrication des meules de moulin ; la plus grande partie au pavage des grandes routes et des rues. On en retire aussi des *marnes* pour amander la terre, du *gypse*, dont une espèce fournit la *pierre à plâtre*, et l'autre se réduit, par la calcination, en poussière de plâtre ; du *calcaire*, qui est tantôt friable et utile seulement pour améliorer les terres, et tantôt assez dur pour pouvoir être employé comme pierre à bâtir. et même pour être poli aussi bien que le marbre. Il est aussi très-riche en lignites et en oxyde de fer, que l'on exploite en certains endroits.

C'est à ce groupe que se rapporte le *terrain parisien* que les travaux de G. Cuvier et de M. A. Brongniart ont rendu si célèbre, qui renferme dans ses couches tant de débris de mammifères que ces deux savants ont. pour ainsi dire, ressuscités, et qui de plus fournit à l'industrie du bâtiment tant de matériaux précieux, et à celle du potier tant d'espèces différentes de terres argileuses, que sa main transforme en tuiles, en briques, et en vases de tant de sortes.

## § III. — *Terrains crétacés.*

Au contraire des terrains précédents, dont les couches sont presque toujours horizontales ou à peine inclinées, les *crétacés* ont souvent une stratification oblique et même sinueuse ; ils s'élèvent quelquefois à des hauteurs considérables et s'enfoncent à de grandes profondeurs ; il est par conséquent inutile de dire qu'ils ne sont pas toujours recouverts par les terrains précédents; ils forment souvent la partie la plus superficielle de la terre, qui est alors aride et impropre à la végétation ; la Champagne pouilleuse, par exemple. Ils ont pour base la *craie*, laquelle est tantôt presque pure et semblable à du *blanc d'Espagne*, tantôt altérée et mélangée à des substances étrangères qui en changent la nature. Mais ce n'est pas à ce caractère vague qu'on pourrait reconnaître les terrains dont nous parlons; ce qui les caractérise, c'est la présence de monstrueux reptiles, tels que les ichthyosaures, les plésiosaures, les ptérodactyles, les mosasaures, etc., et surtout de ces énormes bancs de coquillages parmi lesquels dominent les *ammonites*, qui ont fait appeler ces terrains *ammonéens*. On y trouve aussi une grande quantité de baculites, de bélemnites, de nommulites et d'autres céphalopodes fossiles. Ils doivent être évidemment plus étendus qu'aucun des terrains précédents, puisqu'ils leur servent partout de lit, et qu'en plusieurs endroits ils n'en sont pas recouverts. Ils semblent former un immense bassin dont les bords s'aperçoivent en Angleterre, et se prolongent d'un côté vers la basse Normandie, la Touraine, la Saintonge, le Périgord, le Languedoc, le nord de l'Espagne, l'Italie, la Sicile, les îles Baléares, la Grèce, l'Asie mineure, et de l'autre vers la haute Normandie, la Picardie, l'Artois, la Belgique, la Champagne, l'Allemagne, le Danemark, la Suède, la Russie et les provinces danubiennes. Ces terrains servent par conséquent de lit à l'Europe, à laquelle leurs parties les plus saillantes servent pour ainsi dire de limites. Les couches qui les forment sont généralement très-épaisses, au point qu'on pourrait croire en certains endroits que ce sont des terrains massifs, si l'existence de débris organiques ne rendait cette croyance impossible. Un fait très-remarquable dans ces terrains, qui doivent évidemment leur origine à la mer, c'est que l'on trouve au-dessous d'eux un groupe de couches qui ont été formées par les eaux douces, ainsi que le prouvent les paludines, les anodontes, les cypris, les tortues et les poissons de rivière qu'on y rencontre, tantôt épars sur une grande surface, d'autres fois accumulés en grande quantité dans les mêmes localités.

Ces terrains sont peu riches en filons métalliques ; cependant on y rencontre çà et là quelques mines de fer, de galène et de céruse. Il paraît même que les couches les plus inférieures contiennent aussi quelques traces de minerai de cuivre.

### § IV. — *Terrains oolitiques.*

On nomme terrains oolitiques une réunion immense en étendue et en profondeur de couches calcaires qui succèdent immédiatement à ce groupe de terrains d'eau douce dont nous avons parlé à l'article précédent. Leur nature est presque entièrement calcaire ; mais celui-ci se distingue de celui des deux terrains précédents par une structure toute particulière qui lui a valu le nom d'*oolite* ou de *calcaire à œufs* ; c'est en effet une pâte minérale au milieu de laquelle sont répandus avec profusion une énorme quantité de grains pierreux, qui ressemblent tout à fait à des œufs de poisson. Et comme le calcaire du mont Jura présente presque partout ce caractère, on donne également aux terrains oolitiques le nom de *terrains jurassiques*. Ces terrains sont remarquables par la quantité de *fossiles* qu'ils présentent, fossiles qui leur appartiennent exclusivement : ainsi la *gryphée arquée* caractérise seule le lias qui forme les couches inférieures de ces terrains. Ces mêmes couches nous présentent, et pour la première fois, une mâchoire ayant appartenu à un mammifère de l'ordre des marsupiaux. On y trouve encore les *ichthyosaures* et les *plesiosaures*, êtres amphibies qui devaient tenir à la fois et du reptile et du poisson ; les *pterodactyles* et les *mégalosaures*, reptiles remarquables, le premier par ses ailes analogues à celles de la chauve-souris, le second par sa taille monstrueuse, qui devait être de quinze à vingt mètres. On y trouve de plus une grande quantité de coquilles, de polypiers, de poissons de mer, de conifères, et de cycadées ; on y a même rencontré l'aile bien reconnaissable d'un coléoptère du genre *bupreste* et des poches de sèche qui contiennent encore l'encre qui constitue la sépia, et dans un assez bon état de conservation pour qu'on ait pu l'employer en peinture. Une particularité fort singulière que présentent les fossiles que nous venons de citer, c'est l'état de conservation parfaite dans lequel on les trouve. Presque tous les squelettes sont entiers et contiennent même des restes d'aliments qui n'étaient pas entièrement digérés, ce qui prouve évidemment qu'ils ont dû être engloutis subitement au milieu de la masse où on les voit encore.

Du reste, si le terrain jurassique est riche en fossiles, il l'est beaucoup moins en matériaux utiles à l'industrie.

Cependant, la pierre lithographique de Solenhofer, en Bavière, est l'objet d'une exploitation considérable et fructueuse ; on trouve aussi du peroxyde de fer dans l'Ardèche, des minerais de plomb dans la Lozère, l'Aveyron, etc.

### § V et VI. — *Terrain triasique et houiller.*

Le premier de ces terrains a été nommé *trias* parce que les trois roches qui le constituent s'y offrent avec des caractères tout à fait particuliers. Elles sont en général très-variées en couleurs ; le grès est bigarré, les marnes irisées et le calcaire bicolore. Néanmoins le grès y domine, et comme il est en général coloré en rouge, les Anglais lui ont donné le nom de nouveau grès rouge (*new red sandstone*, pour exprimer en même temps la teinte qui le caractérise et l'époque récente du terrain où il se trouve. Leurs fossiles n'ont rien de remarquable, si ce n'est qu'on trouve parmi eux des vestiges de vertébrés, dont les caractères sont assez peu tranchés pour qu'on les ait rapportés tantôt aux marsupiaux, tantôt aux oiseaux, tantôt aux reptiles batraciens. Le seul minéral exploitable que l'on y trouve, c'est du sel commun, qu'on retire en Lorraine, en Allemagne, en Angleterre, etc., des sources salifères qui abondent dans ces pays.

Le *terrain houiller* est certainement le plus important des terrains stratifiés par l'immense quantité de combustible qu'il fournit à l'industrie et à l'économie domestique. Répandu dans toutes les parties du monde, il présente partout des bassins plus ou moins étendus et remplis de cette substance compacte, huileuse et inflammable qu'on appelle *houille* ou *charbon de terre*. Ce minerai est placé au milieu de masses arénacées auxquelles on donne le nom de *grès houiller*, et d'un calcaire qu'on désigne sous le nom de *calcaire métallifère* ou de montagne.

Les fossiles qu'on rencontre dans le terrain houiller sont des coquilles qui n'ont plus d'analogues parmi les espèces vivantes, tels sont les *orthocéras*, les *goniatites*, les *bellérophons*, les *spirifères* et les *productus ;* des dents et des mâchoires de poissons de la famille des squales ; quelques anodontes et petits crustacés d'eau douce ; et surtout une immense quantité de végétaux, dont les principaux sont des fougères, des prêles, des calamites et même des conifères.

Parmi les minéraux de ce terrain que l'industrie exploite avec avantage, nous citerons, outre la houille, qui est si connue de tout le monde, le *calcaire*, qui est assez compacte et assez fin pour former du marbre (petit granite, marbre Sainte-Anne, etc.), le sulfure de plomb (blende), de zinc (calamine), de fer (pyrite martiale), de cuivre (pyrite cuivreuse), l'argent, l'oxyde de manganèse, l'antimoine, le cobalt, et même des pierres gemmes, telles que le grenat, la tourmaline, la zircone, etc.

## § VII. — *Terrains métamorphiques.*

Les terrains stratifiés dont il est ici question sont les plus anciens dépôts que l'eau ait formés dans son sein. La terre avait alors des habitants complétement différents de ceux qui la peuplent aujourd'hui ; sa végétation même ne ressemblait aucunement à la nôtre, et différait même de ce qu'elle fut à l'époque de la formation de la houille. Il paraîtrait même que la population de l'un et de l'autre règne était moins nombreuse qu'aux époques postérieures, si l'on s'en rapporte du moins à la rareté des fossiles que nous y trouvons. Mais, malgré leur rareté, ils ne laissent pas que d'offrir un grand intérêt, à cause de la singularité des êtres qu'ils nous représentent. Tels sont ces animaux articulés que les géologues nomment *trilobites*, et dont on compte jusqu'à cinquante espèces, divisées en sept ou huit genres. Les mollusques sont encore plus considérables, et sont représentés par des espèces qui appartiennent aux groupes du terrain précédent, mais qui s'en distinguent par leurs caractères spécifiques.

La stratification de ces masses est généralement plus irrégulière que celle des couches supérieures. On conçoit, en effet, qu'ayant été formées dans les premiers temps, et ayant par conséquent subi toutes les révolutions qui ont agité notre planète, elles ont dû être soulevées, redressées, brisées, fracturées dans tous les sens ; aussi les voyons-nous s'élever presque toujours au sommet des plus hautes montagnes et s'enfoncer à d'immenses profondeurs. Les couches qu'elles forment ont quelquefois une telle épaisseur, qu'elles ne semblent pas stratifiées ; ce qui rend très-souvent difficile la distinction de ces terrains et de ceux de la deuxième classe, qui ne le sont pas du tout. Néanmoins on trouve en général dans les roches stratifiées des débris de roches précédentes qui ne peuvent jamais se rencontrer dans les roches primitives.

Le nom de *métamorphiques* donné à ces terrains maintenant, exprime l'idée que les roches qui les forment ont éprouvé une espèce de transformation ou de métamorphose par l'action calorifique de la masse incandescente, dans le voisinage de laquelle ils se trouvent ou se sont trouvés jadis placés. Cette influence leur a imprimé, pour ainsi dire, un cachet de cristallisation que n'ont pas les minéraux qui n'y ont pas été soumis. Ainsi le calcaire se trouve transformé en *marbre statuaire*, la *houille* a perdu toute son huile et est devenue *anthracite*.

Une remarque importante à faire relativement aux terrains métamorphiques, c'est qu'ils nous présentent, parmi des roches sédimentaires, des roches cristallines qui doivent leur naissance à une véritable cristallisation. Ils nous fournissent, entre autres substances, le *cristal de roche*, le *calcaire saccaroïde*, que sa blancheur, sa dureté et sa finesse font rechercher par les sculpteurs, et qui est si célèbre sous le nom de *marbre de Carrare*.

Ce mélange de roches stratifiées et de roches massives a fait donner aux terrains qui nous occupent le nom de *terrain intermédiaire* ou de *transition*, parce qu'on les regarde comme établissant, pour ainsi dire, la nuance entre les terrains en couche et les terrains massifs.

Ce qui rend ces terrains précieux, indépendamment des deux minéraux que nous avons cités, c'est la présence des gîtes métalliques qu'ils renferment. On y trouve les plus riches mines d'étain, d'argent, de platine et d'or que l'on connaisse. C'est de là que nous tirons presque tout l'or et l'argent du commerce; une seule, celle de Guanaxuato, à la Nouvelle-Espagne, fournit annuellement plus de 556,000 marcs d'argent.

Tout le monde a entendu parler de celles de la Californie et de l'Australie, dont les produits sont peut-être supérieurs à ceux des anciennes mines de l'ancien et du nouveau continent.

## II<sup>e</sup> CLASSE. — TERRAINS MASSIFS.

Ces terrains, que l'on nomme *massifs* d'après leur structure, sont aussi appelés *pyrogènes* d'après leur origine, et s'appelaient autrefois *promordiaux* ou *primitifs*, parce qu'on croyait qu'ils avaient été formés avant les précédents. Mais, quoiqu'une grande partie d'entre eux aient en effet été formés avant les terrains stratifiés, il en est une certaine quantité qui ont évidemment une origine postérieure, non-seulement aux terrains anciens tels que le métamorphique et le houiller, mais même au crétacé et au tertiaire ; en sorte qu'il est infiniment probable qu'il se forme encore des terrains pyrogènes, tout comme des terrains sédimentaires ou volcaniques. On conçoit en effet que le noyau incandescent, agissant sans cesse sur les couches qui l'emprisonnent, les fendille, y produit des déchirures irrégulières dans lesquelles il s'infiltre ; et comme la température y est beaucoup plus basse qu'au milieu de la masse centrale, la matière infiltrée se solidifie et forme des amas ou des filons plus ou moins considérables.

Il est évident qu'aucun être organisé n'a jamais pu vivre au milieu d'une température aussi élevée que celle qui existe au centre de la terre ; et comme d'un autre côté tout organisme doit être détruit quand il se trouve exposé à l'action d'une chaleur aussi violente, il est impossible que les terrains massifs contiennent des fossiles ; ceux mêmes qui les touchent immédiatement ne peuvent en recéler. Aussi ne nous en offrent-ils aucune trace. On y rencontre même peu de filons métallifères ; l'étain, l'arsenic et le manganèse paraissent être les seuls métaux qu'on y trouve en assez grande abondance pour pouvoir être exploités avec avantage. On y trouve également de l'or, du cuivre et du mercure, mais en assez petite quantité.

Mais si les métaux y manquent, on en retire des matériaux très-précieux pour la construction de nos édifices et surtout pour l'érection des monuments destinés à transmettre de grands événements à la postérité. Comme les roches qui entrent dans la composition de ces terrains sont en général d'une dureté remarquable, et qu'elles sont en très-grands fragments, on s'en sert pour faire des colonnes, des monolithes et des arcs de triomphe.

Nous avons vu que les terrains stratifiés avaient pour base trois sortes de roches, lesquelles diversement combinées entre elles et modifiées par leur mélange avec quelques autres substances, produisaient tous les minéraux qui entrent dans leur composition. Celles qui font

partie des terrains massifs sont beaucoup plus nombreuses; mais comme elles n'ont pas toutes la même
importance ni la même étendue, nous nous contenterons d'en citer un certain nombre, parmi lesquelles
nous choisirons le *granit*, le *porphyre*, le *gneiss*, le *mica*,
le *feldspath*, la *serpentine*, la *basalte*, la *lave*, la *trachyte*
et la *pierre-ponce*.

Le *granit* est la roche la plus ancienne et la plus
commune des terrains pyrogènes : formé de trois éléments cristallins, il présente une structure granuleuse,
à laquelle il doit son nom. Doué d'une dureté considérable, il sert à faire des monolithes, des piédestaux, des
bordures et des trottoirs.

Le *porphyre* est très-analogue au précédent pour la
composition, mais il renferme de gros cristaux de feldspath qui lui donnent un aspect particulier.

Le *gneiss* est encore composé des mêmes éléments
(feldspath, quartz et mica', mais sa structure, au lieu
d'être granuleuse, est feuilletée et schisteuse, comme
celle de l'ardoise : elle doit cette structure à la prédomi-
nence du mica sur les deux autres éléments.

Le *mica* n'a pas, à beaucoup près, la dureté des espèces précédentes; bien loin de rayer les autres pierres
dures, il est rayé par toutes et même par l'ongle. Cette
mollesse, son éclat doré, argentin ou bronzé, sa douceur
au toucher, et surtout sa texture lamelleuse, font le caractère distinctif de cette espèce, qui est assez répandue,
mais peu utile. Cependant il paraît qu'on en peut tirer
parti, quand il est composé de grandes lames; en Sibérie, on en trouve quelquefois qui ont près de deux mètres

carrés. Comme elles sont transparentes, elles peuvent remplacer le verre pour le vitrage des croisées, des châssis, etc. Elles sont surtout très-employées dans la marine russe, parce que, étant très-flexibles et très-élastiques, elles ne se cassent pas par les détonations de l'artillerie ; mais elles ont le grave inconvénient de retenir la poussière, de sorte qu'elles ne tardent pas à perdre leur transparence.

Quand le *mica*, au lieu de former ainsi de grandes lames, se trouve en petites paillettes d'une belle couleur jaune d'or ou d'argent, les artistes s'en servent pour brillanter divers ouvrages d'agrément et de peu de valeur ; il est d'autant plus propre à cet usage, que ses lames acquièrent quelquefois une ténuité incroyable ; plusieurs milliers superposés n'auraient pas un pouce d'épaisseur. Si le *mica* est en paillettes trop petites pour cet usage, on le réduit en poussière fine, et il constitue alors ce que les marchands de fournitures de bureaux appellent *poudre d'or ;* poudre dont on fait un usage journalier pour boire l'encre superflue, et pour l'empêcher de tacher.

Le *feldspath* est presque aussi dur que le quartz, raye facilement le verre, fond aisément à une forte chaleur et forme un émail qui a la blancheur de la porcelaine. On emploie le *feldspath*, quand il est bien transparent ou qu'il offre de belles nuances, aux mêmes usages que le grenat ; cependant il a moins de prix, parce qu'il est plus commun et plus altérable à l'air. Mais s'il est moins précieux, le *feldspath* est beaucoup plus utile ; quand il se décompose dans l'intérieur du globe, il donne naissance à une espèce de terre fine appelée *kaolin*, laquelle est susceptible de se transformer en pâte et sert à la fabrication de la porcelaine.

La *serpentine* est une roche cristilline peu remarquable par sa dureté ; mais comme elle est ornée de couleurs assez agréablement variées, on l'emploie pour faire des colonnes, des tables, des socles, des chambranles, etc., qui produisent un très-bel effet : son nom lui vient des taches veinées ou ponctuées qui donnent à sa surface l'aspect d'une peau de serpent.

La *lave*, le *basalte*, le *trachyte* et la *pierre-ponce*, sont des roches volcaniques qui ne diffèrent que par des caractères peu importants ; ainsi les *laves* sont des roches de diverse nature, qui se distinguent des trois autres, en ce qu'elles se présentent sous la forme d'une vaste nappe étendue sur les flancs ou au pied d'une montagne. Les *basaltes* sont en masses dures et compactes, qui se divisent en colonnes, comme on l'observe en Irlande dans la grotte de Fingal. Les *trachytes* diffèrent des laves et des basaltes par un aspect rugueux, dont ils tirent leur nom ; enfin les *ponces* ont pour caractère une grande légèreté unie à une dureté considérable.

---

Maintenant que nous connnaissons les diverses sortes de terrains, nous allons tâcher de déterminer leur âge respectif, au moyen des connaissances que nous a procurées l'étude précédente. Pour obtenir cette détermination, il faut savoir que toute couche en discordance avec une autre est nécessairement d'un âge différent : il est en effet impossible qu'un liquide, tenant une matière en suspension ou en dissolution, l'ait déposé autrement que sur un plan horizontal : lors donc qu'il y a dérangement dans cette disposition, ce dérangement est le résultat d'un affaissement ou d'un soulèvement survenu postérieurement à la formation de la couche déposée. Quant au degré d'ancienneté, il sera facile de le connaître en examinant l'ordre de superposition des couches discordantes : celles qui sont inclinées sont évidemment antérieures à celles qui sont horizontales. Il n'est pas moins certain qu'une couche qui renferme des débris d'une autre est d'origine plus récente que celle-ci.

Guidé par ces deux principes bien simples, M. Elie de Beaumont est parvenu à déterminer douze soulèvements principaux, auxquels est due la formation des terrains que nous avons énumérés. Toutefois, il serait encore prématuré d'affirmer que ce sont là les seuls bouleversements que la terre ait éprouvés : il est possible que de nouvelles connaissances acquises nécessitent l'admission de quelques autres soulèvements. En attendant voici ceux qu'admet le célèbre géologue.

Le 1er qui s'est produit est celui qui est survenu après le dépôt du terrain *cambrien*, c'est-à-dire après la formation des couches métamorphiques les plus inférieures : il a servi de lit au terrain silurien, c'est-à-dire aux couches métamorphiques supérieures

Le 2e a suivi le dépôt de ces dernières et a formé

le bassin dans lequel s'est déposé le terrain houiller.

Le 3e a soulevé le terrain houiller et a été recouvert par le *terrain pénéen* qui lui succède immédiatement.

Le 4e est venu après le dépôt pénéen et avant le grès vosgien, deux terrains peu considérables, dont nous n'avons pas parlé dans la description que nous avons faite des terrains stratifiés.

Le 5e a eu lieu après la formation du *grès vosgien* et avant celle du trias.

Le 6e a redressé le trias et servi de lit au terrain jurassique.

Le 7e a soulevé le terrain jurassique et a reçu la mer où s'est formé le grès vert, partie inférieure du terrain crétacé.

Le 8e s'est fait après la formation du grès vert et avant celle des étages supérieurs de la craie.

Le 9e est survenu après le dépôt des étages supérieurs de la craie et avant celui du terrain parisien, partie inférieure du terrain tertiaire.

Le 10e a incliné les couches du calcaire parisien, et a servi de lit à la mer de la molasse, partie moyenne du terrain tertiaire.

Le 11e a soulevé la molasse et reçu la mer du terrain subapennin, troisième étage du terrain tertiaire.

Le 12e a eu lieu entre le terrain subapennin et les alluvions anciennes.

On peut en ajouter un 13e entre les alluvions anciennes qui sont antérieures à l'apparition de l'homme sur la terre, et les alluvions modernes qui sont survenues après cette apparition.

27

Telles sont en abrégé les révolutions qui ont bouleversé notre planète ; révolutions qu'il est impossible de se figurer dans son imagination, sans être saisi d'étonnement et d'horreur. Mais; pour peu que l'on y fasse attention, on verra qu'elles étaient nécessaires pour que les organismes de toutes sortes, et notamment l'homme, cette image imparfaite de la Divinité, pussent trouver sur la terre un séjour habitable pour eux. Sans ces soulèvements, et par conséquent sans ces révolutions, le globe terrestre aurait été à jamais enseveli sous une immense nappe d'eau, et n'aurait pu nourrir aucune sorte d'êtres organisés ; les espèces aquatiques elles-mêmes n'auraient pu y vivre que peu de temps, jusqu'à la consommation de tout l'oxigène atmosphérique et à sa transformation en acide carbonique. Au contraire, dès que les premières montagnes eurent été formées, elles se couvrirent d'une végétation riche et luxuriante, laquelle put, en même temps qu'elle servit de nourriture aux animaux, décomposer l'acide carbonique produit par ces derniers, et établir dans la composition de l'atmosphère, cet équilibre sans lequel nul être organisé ne pourrait vivre sur le globe terrestre.

Après avoir exposé les faits que nous présente l'étude des masses minérales qui constituent la masse solide du globe terrestre, il n'est pas hors de propos de remonter à l'origine de notre planète.

## GÉOGÉNIE.

Parmi les physiciens qui se sont occupés de la formation et de l'origine de la terre, les uns prétendent qu'elle fut formée directement et lancée dans l'espace, où elle se mit à circuler dans son orbite autour de notre soleil. Les autres, au contraire, lui attribuent la même origine qu'aux autres planètes, et la regardent comme une masse détachée de l'astre qui forme le centre du monde dans lequel nous vivons. Mais quelle que soit celle des deux opinions que l'on admette, on est forcé de convenir que la terre ayant été créée dans un état de fusion et d'incandescence, le froid qui régnait dans l'espace ne tarda pas à en solidifier la surface, et cette croûte solide devint une enveloppe pour le reste. Mais toute la masse fluide ne fut pas ainsi emprisonnée; les gaz et les vapeurs restèrent au dehors et formèrent autour de la croûte solide une atmosphère immense.

Cette dernière resta par conséquent exposée à l'action du froid qui régnait dans l'espace, et les vapeurs qu'elle contenait s'étant condensées, tombèrent à la surface de la terre, qu'elles environnèrent d'une grande nappe d'eau.

Cependant la masse incandescente, trop resserrée dans sa prison, faisait des efforts pour s'échapper; et comme la croûte était légère, elle parvenait toujours à se faire jour au dehors et à se répandre sur la surface extérieure de la terre, où elle se solidifiait à son tour en augmentant l'épaisseur de l'enveloppe solide.

Celle-ci prenait donc peu à peu plus de force, et bientôt elle opposa plus de résistance à l'action expansive du fluide intérieur; elle ne se laissa plus toujours briser, comme elle l'avait fait jusqu'à ce moment; elle cédait souvent sans se rompre, et s'élevait en voûtes immenses qui donnèrent naissance à des montagnes d'autant plus grandes, que la force intérieure était plus puissante, et celle de résistance plus faible. Il y eut dès lors à la surface de la terre des parties élevées et des parties basses, dont les unes restèrent couvertes d'eau, tandis que les autres furent mises à nu. Telle fut l'origine de ces immenses chaînes de montagnes dites *primitives*, dont la cime domine encore les parties les plus élevées du globe, et de cet immense océan, auquel nous allons voir jouer un si grand rôle dans la formation de notre planète. En effet, les eaux, en se déplaçant, entraînèrent avec elles beaucoup de débris qu'elles avaient enlevés à la portion solide qui leur avait servi de bassin; et lorsqu'elles se furent mises en équilibre dans leur nouveau lit, elles les y déposèrent en formant une couche proportionnée à la quantité des débris qu'elles avaient emportés.

De nouveaux tremblements de terre, ou si l'on aime mieux, de nouveaux efforts faits par la masse interne pour sortir de sa prison, amenèrent de nouveaux déplacements des eaux; de nouvelles montagnes se formèrent, en soulevant avec elles une partie de la couche que les eaux venaient de déposer à leur surface. Plusieurs de ces bouleversements s'étaient déjà opérés, sans que la terre présentât encore aucune trace d'êtres organisés. Mais elle ne tarda pas à en produire, et ils s'y développèrent avec d'autant plus de vigueur, que l'humidité était alors plus abondante et la température plus élevée.

Mais la masse interne ne demeura pas tranquille dans sa prison, parce que la surface du globe s'était couverte d'habitants. Des catastrophes, sans cesse renaissantes, changeaient continuellement le bassin des mers, et les eaux, en se portant ainsi d'un endroit à l'autre, formaient toujours de nouveaux dépôts, et ensevelissaient sous ces derniers les organismes qui vivaient dans les bassins qu'elles envahissaient en sortant de leur ancien lit.

Telle fut l'origine de ces immenses bancs de coquilles que l'on trouve dans la plupart des couches souterraines, et dont les unes, plus anciennes, ont complétement disparu de la surface de la terre, tandis que d'autres, plus récemment enfouies, ont encore leurs analogues parmi les espèces vivantes. Telle fut aussi la cause de la formation de ces immenses amas de houilles que les mers siluriennes engloutirent lors du deuxième soulèvement.

De semblables accidents engloutirent les reptiles et les mammifères, dont les débris, que nous découvrons tous les jours dans le sein de la terre, rendent hautement témoignage de ces bouleversements et de ces catastrophes.

Mais à mesure que la croûte solide prenait de l'épaisseur, la masse interne en éprouvait plus de résistance dans les efforts qu'elle faisait pour se faire jour au dehors; les volcans devenaient par conséquent plus rares; car tout prouve que dans les premiers temps de l'existence de notre planète, ces terribles accidents étaient presque continuels; effectivement une grande partie de la terre est couverte de leurs laves qui, non-seulement se sont répandues à la surface des couches, mais qui se sont encore infiltrées dans les brèches que leurs efforts y avaient opérées.

Ce ne fut que lorsque la croûte fut suffisamment solidifiée, et que tout eut été préparé pour le recevoir, que l'*homme* fut mis sur la terre; et il y vécut longtemps paisible, et sans être témoin ou du moins victime de catastrophes analogues aux précédentes : car on ne trouve dans l'intérieur du globe aucun de ses ossements, qui puisse faire présumer qu'il ait péri, comme l'ont fait tant d'animaux dont la terre recèle les débris. Mais une dernière révolution que tous les monuments historiques et toutes les observations géologiques, d'accord avec les livres saints, font remonter à quatre mille et quelques années, vint troubler cette tranquillité ; le *déluge*, si célèbre dans les annales de tous les peuples et dans les récits de tous les poëtes, envahit toute la surface de la terre, et fit périr tous les êtres animés, à l'exception d'un petit nombre qui échappèrent à cette destruction générale.

Nous ne finirons pas ces considérations géologiques sans faire une observation importante relativement à la création du monde, telle qu'elle a été racontée dans la Genèse. A une époque où l'on croyait généralement que la lumière était une émanation solaire, et non un fluide particulier distinct des corps qui la produisent, Moïse, sans faire aucune observation relative à l'opinion commune, se contente de mettre dans la bouche de l'Eternel ces paroles aussi simples que sublimes : *Que la lumière soit, et la lumière fut.* A cette remarque particulière nous ajouterons une observation générale. L'Auteur inspiré, dont les connaissances géologiques devaient être extrêmement bornées, comme elles le furent jusqu'au milieu du siècle dernier, admit et décrivit les créations successives des êtres organisés, telles qu'il a plu à Dieu de les manifester, et telles que les fouilles ultérieures nous les ont fait découvrir dans le sein de la terre, où leurs débris semblent s'être conservés comme pour rendre témoignage à la vérité de ces faits, dont l'homme, encore dans le néant, n'avait pu garder le souvenir.

FIN.

FIN DE LA TABLE.